"十四五"时期国家重点出版物出版专项规划项目
材料研究与应用丛书

钎 焊

Brazing and Soldering

（第2版）

主　编　朱　艳
副主编　赵　霞　钱兵羽

哈尔滨工业大学出版社
HARBIN INSTITUTE OF TECHNOLOGY PRESS

内容提要

本书的主要内容包括三部分:第一部分(第1~6章)为有关钎焊的基础理论,包括钎焊的基本原理、钎焊方法及设备、钎料及钎剂的种类及使用、钎焊工艺的选择、钎焊的缺陷及检验以及钎焊过程中的安全与防护等;第二部分(第7~10章)为各种材料的钎焊,包括铜、铝等常用金属、硬质合金与金属、金属与非金属、复合材料的钎焊工艺、钎焊与钎剂的选择;第三部分(第11章)为电子封装技术中的软钎焊。本书力求理论联系实际,突出基本问题,注重工程实际能力的培养,并适当反映国内外的最新研究成果和发展趋势。

本书可作为高等院校材料成型及控制工程专业(或焊接方向)的主干课教材,亦可供从事钎焊工艺及设备等领域工作的工程技术人员参考。

图书在版编目(CIP)数据

钎焊/朱艳主编. —2 版. —哈尔滨:哈尔滨工业大学
出版社,2018.3(2025.1 重印)
ISBN 978 - 7 - 5603 - 7246 - 4

Ⅰ.①钎… Ⅱ.①朱… Ⅲ.①钎焊–高等学校–教材
Ⅳ.①TG454

中国版本图书馆 CIP 数据核字(2018)第 020791 号

策划编辑 许雅莹
责任编辑 许雅莹
封面设计 刘 乐
出版发行 哈尔滨工业大学出版社
社 址 哈尔滨市南岗区复华四道街 10 号 邮编 150006
传 真 0451 - 86414749
网 址 http://hitpress. hit. edu. cn
印 刷 哈尔滨市石桥印务有限公司
开 本 787mm×1092mm 1/16 印张 16.5 字数 361 千字
版 次 2012 年 11 月第 1 版 2018 年 3 月第 2 版
2025 年 1 月第 5 次印刷
书 号 ISBN 978 - 7 - 5603 - 7246 - 4
定 价 38.00 元

第 2 版前言

钎焊作为一种材料连接方法,具有悠久的历史,它是最早的材料连接方法之一。近年来,随着科学技术的发展,钎焊在飞机、火箭、核电、车辆、家电、医疗器械、仪表等产品制造过程中得到了广泛应用。对于先进结构材料和复杂结构件的连接,钎焊显现出其独特的技术优势,甚至是某些新材料和复杂结构唯一的连接方法。随着新型热源的出现,钎焊加热方法也在不断增多,在传统的火焰加热、电阻加热和感应加热的基础上,又出现了电子束加热、光束加热、电弧加热等新型钎焊方法,这些方法的出现为构件的局部钎焊提供了更多的技术途径。

但是自从焊接专业纳入"材料成型及控制工程"专业以后,钎焊作为焊接方法的一个分支,很多院校都将其归入焊接方法的教学中。由于课时及大纲要求等原因,钎焊部分的课时相对较少,又没有专门的教材。随着钎焊技术应用的广泛性和重要性,目前迫切需要大专院校的毕业生系统地掌握钎焊的基本原理及工艺要求、操作技术和各种常用材料的钎焊要求,因此需要将钎焊作为一门课程单独授课。编写《钎焊》一书正是为了满足目前没有专用的钎焊教材这种需求。

全书共 11 章,其中第 1、2 章由钱兵羽编写,第 7、8、9、10、11 章由朱艳编写,第 3、4、5、6 章由赵霞编写。全书由朱艳统编定稿。

本书可作为高等学校焊接专业本科生的教材,也可供从事钎焊工作的研究人员和技术人员参考。

由于作者的专业知识和水平有限,书中难免存在不足,请广大读者批评指正。

编　者
2018 年 1 月

目　　录

第1章 绪 论

1.1 钎焊及其特点

钎焊是采用(或过程中自动生成)比母材熔化温度低的钎料,采取低于母材固相线而高于钎料液相线的操作温度,通过熔化的钎料将母材连接在一起的一种焊接技术。钎焊时钎料熔化为液态而母材保持为固态,液态钎料在母材的间隙中或表面上润湿、毛细流动、填充、铺展、与母材相互作用(溶解、扩散或产生金属间化合物),冷却凝固形成牢固的接头,从而将母材连接在一起。钎焊是一项比较精密的连接技术,与熔焊、压焊共同构成了现代焊接技术的三大主要组成部分。

由于钎焊在原理、设备、工艺过程方面与其他焊接方法不同,因此钎焊技术在工程应用中表现出以下独特的优点:

(1)钎焊加热温度一般远低于母材的熔点,因而对母材的物理化学性能影响较小;焊件整体均匀加热,引起的应力和变形小,容易保证焊件的尺寸精度。

(2)钎焊技术具有很高的生产效率,钎焊可一次完成多缝多零件的连接。例如,苏联制造的推力为 750 N 的液体火箭发动机,其燃烧室内的钎缝长度达 750 m,可通过钎焊一次完成;火箭发动机不锈钢面板/波纹板芯推力室壳体,采用钎焊连接,数百条焊缝一次钎焊完成。

(3)钎焊技术可用于结构复杂、精密和接头可达性差的焊件。例如,采用真空钎焊技术可实现多层复杂结构铝合金雷达天线和微波器件的精密钎焊。而具有复杂内部冷却通道的航空发动机高压涡轮工作叶片和导向叶片,也只有采用钎焊方法才能实现优质连接。

(4)钎焊技术特别适用于多种材料组合连接。不但可以连接常规金属材料,对于其他一些焊接方法难以连接的金属材料以及陶瓷、玻璃、石墨及金刚石等非金属材料也适用,此外,还较易实现异种金属、金属与非金属材料的连接。因此,许多采用其他焊接方法难以进行甚至无法进行连接的结构或材料,采用钎焊方法便可以解决。

钎焊技术有很多优点,同时也存在不足:

(1)钎焊接头的强度一般较低,特别是没有通过特殊工艺处理的接头强度更低;

(2)耐热能力较差;

(3)由于较多地采用搭接接头,因而增加了母材的消耗量和结构的重量;

(4)镍基、铜基等高温钎料通常含有 Si、B 等降熔元素,致使钎焊接头脆性大。

因此应根据产品的材质、结构特点和工作条件等因素,合理选择焊接方法和焊接材料。对于那些精度要求高、尺寸小、结构复杂、接头可达性差,以及涉及异种材料连接等问题的工件,应优先考虑采用钎焊方法焊接。

随着钎焊材料及钎焊技术的发展,钎焊的不足之处在不断地改善中,钎焊技术越来越多地用于重要承力构件以及和复杂构件的制造,在新型特种材料的连接中显示出重要的作用,对于某些材料、某些构件甚至是唯一可行的连接方式。

1.2　钎焊分类

按照不同的特征和标准,钎焊有如下分类:

(1)按照钎料的熔点分

按照美国焊接学会推荐的标准,钎焊分为两类:所使用钎料液相线温度在 450 ℃以上的钎焊称为硬钎焊;在 450 ℃以下的钎焊称为软钎焊。

(2)按照钎焊温度的高低分

可将钎焊分为高温钎焊、中温钎焊和低温钎焊,但是这种分类不规范,高、中、低温的划分是相对于母材的熔点而言的,其温度分界标准也不十分明确,只是一种通常的说法。例如,对于铝合金来说,加热温度在 500～630 ℃范围内称为高温钎焊,加热温度在 300～500 ℃时称为中温钎焊,而加热温度低于 300 ℃时称为低温钎焊。铜及其他金属合金的钎焊有时也有类似情况,但温度划分范围不尽相同。通常所说的高温钎焊,一般是指温度高于 900 ℃的钎焊。

(3)按照热源种类和加热方式分

可将钎焊分为烙铁钎焊、火焰钎焊、炉中钎焊、感应钎焊、电阻钎焊、电弧钎焊、浸渍钎焊、红外钎焊、激光钎焊、电子束钎焊、气相钎焊和超声波钎焊等。

(4)按照环境介质及去除母材表面氧化膜的方式分

可将钎焊分为有钎剂钎焊、无钎剂钎焊、自钎剂钎焊、刮擦钎焊、气体保护钎焊和真空钎焊等。

此外,随着材料科学和焊接技术的不断发展,出现了一些新的钎焊方法或由钎焊方法派生出一些新的焊接方法,如接触反应钎焊(又称共晶钎焊或 LID 焊接)和过渡液相扩散焊(TLP 扩散焊)等。

1.3　钎焊的发展及应用

钎焊是一种古老的连接方法,已知最早的钎焊现象出现在美索不达米亚地区苏美尔文明的乌贝德时期(公元前 3000 年)的一件铜制嵌板上,其上饰有两只雄鹿,它们的牙齿和主干由钎焊连成一个整体。公元 79 年被火山爆发埋没的庞贝城的废墟中,残存着由钎焊连接的家用铅制水管的遗迹,使用钎料的成分为 $\omega(Sn):\omega(Pb)=1:2$,类似现代使用的钎料成分。

中国古代的钎焊技术起源很早,约发明于西周晚期,但使用量较少,到了春秋战国时期,钎焊技术逐渐推广开来。在湖北曾侯乙墓出土的大量精美青铜器中,钎焊技术得到了广泛应用,其中最精美的尊盘在制造时大量使用了钎焊技术,钎料为铅锡合金。我国最早见诸于文献记载的钎焊是汉代班固所撰《汉书》,书中记载:"胡桐泪盲似眼泪也,可以汗金银也,今工匠皆用之"。1637 年出版的明代宋应星科技巨著《天工开物》中记载"中华小钎用白铜末,大钎则竭力挥锤而强合之"。清朝郑复光《镜镜詅痴》中记载"锡工小焊,低锡不可宜也,高亦不可,何也? 盖焊,必较本身易化;故金银工焊用银参铜及硼砂;铜铁焊用焊药参硼砂。…… 咸取其易化也,焊药之锡过高,则焊药未化而本身先化矣。"和"锡大焊方,先用锡化大著松香,屡捞搅之,以去其灰。再逼出净锡,离火稍停,再参水银,自不飞。汞视锡六而一,不可过多,锡内水银过多则易碎。"加入松香是为了去除锡料杂质和防止焊料氧化,经充分搅拌,去除渣滓,得到纯净的锡铅合金熔液。而松香至今仍在作为钎剂使用,同时用做钎剂的还有硼砂、盐胆、胡桐泪等。加入汞是为降低焊料的熔点,这样可以用于低熔点金属的焊接。

钎焊技术虽然发明较早,且较早就达到了较高的水平,但是它的发展历程也经历了时代的考验。从 19 世纪初,英国的戴维斯发现电弧和氧乙炔焰两种能局部熔化金属的高温热源开始,熔化焊进入了发展的快车道,而钎焊步入了发展的困难期。在很长的历史时期中,钎焊技术没有得到很大的发展。进入 20 世纪后,其发展也远落后于熔化焊技术。直到 20 世纪 30 年代,在冶金和化工技术发展的基础上,钎焊技术才有了较快发展,并逐渐成为一种独立的工业生产技术。尤其是第二次世界大战后,由于航空航天、电子和核能工业的迅速发展,为满足构件的轻质量、高强度、高刚度、高导电性和导热性等,以及某些恶劣的工况条件(如高温、高压、抗疲劳、耐腐蚀等)和低制造成本的需要,采用了大量的新材料、新结构、新工艺和新设备,对连接技术提出了更高的要求,钎焊技术因能满足这些要求,而受到更大的重视,以前所未有的速度发展起来,同时钎焊技术在民用产品,如家电、汽车、轻工等行业也获得了大量应用。

目前钎焊的基体材料主要有碳钢、不锈钢、铝合金、铜合金、高温合金、钛合金、硬质合金、陶瓷和金刚石等;所用钎料主要有锡基、铝基、银基、铜基、锰基、镍基、钛基和金基等;采用的钎焊方法主要有软钎焊(如波峰焊、再流焊等)和硬钎焊(如炉中钎焊、高频感应钎焊、火焰钎焊等)。

由于钎焊技术是一种近无余量的加工制造技术,它可以连接各种复杂、精密的零部件,并使焊件质量和制造成本显著降低。因此广泛应用于航空航天、电子、核工业、机械、汽车、家电、轻纺、石油、煤炭、仪器、仪表、交通、建筑等行业,已成为许多工业产品优先选择的连接技术。例如,机械制造业中各种硬质合金刀具、硬质合金钻头、采煤机上的截煤齿、压缩机叶轮,汽车工业中各种铝制的蒸发器、冷凝器、换热器、水箱等电机部件,以及大型发电机转子线圈等构件都广泛采用钎焊技术。在轻工业生产中,从医疗器械、金属植入假体、乐器到家用电器、炊具、自行车都大量采用钎焊技术。对于电子工业和仪表制造业,在很大范围内钎焊是唯一可行的连接方法,如各种不同电子元器件的引线(或无引线的焊球)与印制电路板(PCB)焊盘的连接,制造不同类型的集成电路器件。在核电站和船舶核动力装置中,燃料元件定位架、换热器、中子探测器等重要部件也常采用钎焊结构。在航空航天领域,钎焊技术更发挥了重要的作用,如航空发动机中的导流叶片、高压涡轮导向器叶片、燃油总管等部件使用的结构材料多为不锈钢、钛合金和铝、钛含量较高的高温合金,它们的熔焊性能一般很差,因此主要依靠真空或气体保护钎焊连接。

复习思考题

1. 阐述钎焊与熔化焊、压力焊的不同。
2. 什么是钎焊? 有何优缺点?
3. 钎焊的分类方法有哪些?
4. 钎焊的应用领域有哪些? 列举其典型实例。

第2章 钎焊接头的形成

钎焊生产主要包括钎焊前准备、零件装配和固定、钎焊、钎焊后清理及质量检验等工序。钎焊工序是形成优质的钎焊接头的决定性工序。钎焊接头是在一定的条件下，液态钎料自行流入固态母材之间的间隙，并依靠毛细作用力保持在间隙内，经冷却后钎料凝固形成的。显然，钎焊包含两个过程：一是钎料填满钎缝的过程；二是钎料与母材相互作用的过程。但是并非任何熔化的钎料都能顺利填入接头的间隙中，即填缝必须具备一定的条件。液态钎料对固态母材的润湿铺展以及钎焊接头间隙的毛细作用是熔化钎料填缝的基本条件，而且液态钎料要与母材发生润湿，必须要清除金属表面的杂质及氧化膜。

本章主要讨论钎焊接头形成过程所涉及的液态钎料的润湿和填缝过程、液态钎料与固态母材之间的相互作用。

2.1 钎料的润湿与铺展

2.1.1 固体金属的表面结构

固体金属的表面结构如图 2.1 所示，最外层表面有一层 0.2 ~ 0.3 nm 的气体吸附层。随着金属性质的不同，吸附气体的种类和厚度有一定差别，一般主要吸附的是水蒸气、氧、二氧化碳和硫化氢等气体。在吸附层之下有一层 3 ~ 4 nm 厚的氧化膜层，一般情况下这一层并不是单纯的氧化物，而常常是由氧化物的水合物、氢氧化物和碱式碳酸盐等成分组成。有的呈低结晶态，这种形态的膜结构比较致密，能保护基底金属免于进

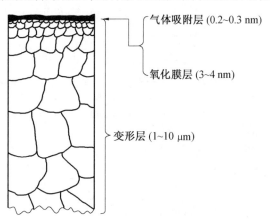

气体吸附层 (0.2~0.3 nm)

氧化膜层 (3~4 nm)

变形层 (1~10 μm)

图 2.1　固体金属的表面结构

一步的氧化,如 $\gamma\text{-}Al_2O_3$、Cu_2O(红色)等;有的则较为疏松多孔,如 Fe_2O_3、CuO 等。在氧化膜之下是一层厚度为 $1\sim10~\mu m$ 的变形层,这一层是由于金属在成形加工(如压力加工)时所形成的晶粒变形的结构。在氧化膜与变形层主体之间还有 $1\sim2~\mu m$ 厚的微晶组织。

由于合金表面结构复杂得多,通常表面能较低的亲氧组元在固态情况下也会扩散并富集于表面,形成复杂多元组成的表面膜。随着存储期的延长,这层膜还会进一步增厚。

在实际钎焊过程中,所涉及的母材表面都会有一层前述的表面结构。为使钎焊过程得以顺利进行,要根据膜的基本性质,采用还原性酸(如 HCl、HF、稀硫酸、有机酸)、氧化性酸(如 HNO_3)或碱(如 $NaOH$、KOH)等去除。经过酸洗的表面仍不是理想表面或清洁表面,它在钎焊前还可能氧化,并形成一层较薄的氧化膜,钎焊过程通常就是在这样的表面上进行的。

2.1.2　润湿与铺展

钎焊时,熔化的钎料与固态母材接触,液态钎料必须很好润湿表面才能填满钎缝。所谓润湿是液相取代固相表面气相的过程,按其特征可分为附着润湿、浸渍润湿和铺展润湿。附着润湿是指固体与液体接触后,将液气相界面和固气相界面变为固液相界面的过程(见图 2.2);浸渍润湿是指固体浸入液体的过程,在此过程中固气相界面为固液相界面所取代,而液相表面没有变化(见图 2.3);铺展润湿是液滴在固体表面上铺开的过程,即以液固相界面和新的液气相界面取代固气相界面和原来的液气相界面的过程(见图 2.4)。

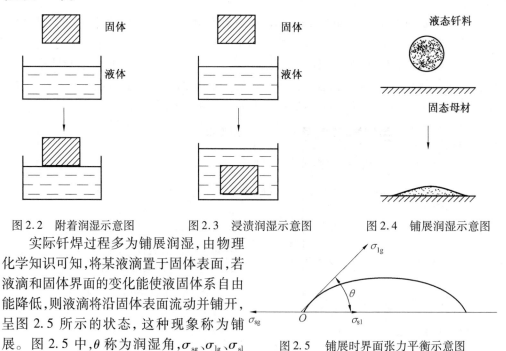

图 2.2　附着润湿示意图　　　图 2.3　浸渍润湿示意图　　　图 2.4　铺展润湿示意图

实际钎焊过程多为铺展润湿,由物理化学知识可知,将某液滴置于固体表面,若液滴和固体界面的变化能使液固体系自由能降低,则液滴将沿固体表面流动并铺开,呈图 2.5 所示的状态,这种现象称为铺展。图 2.5 中,θ 称为润湿角,σ_{sg}、σ_{lg}、σ_{sl}

图 2.5　铺展时界面张力平衡示意图

分别表示固 – 气、液 – 气、固 – 液相界面间的界面张力。液滴在固体表面铺展后的最终形状可由杨氏(Young)方程(或称润湿平衡方程)描述

$$\sigma_{sg} = \sigma_{sl} + \sigma_{lg} \cos \theta \qquad (2.1)$$

由杨氏方程可以推导出润湿角与各界面张力的关系

$$\cos \theta = (\sigma_{sg} - \sigma_{sl}) / \sigma_{lg} \qquad (2.2)$$

润湿角的大小表征了体系润湿与铺展能力的强弱。由式(2.2)可知,润湿角 θ 与各界面张力的关系,θ 大于还是小于 90° 取决于 σ_{sg} 与 σ_{sl} 数值的大小。若 $\sigma_{sg} > \sigma_{sl}$,则 $\cos \theta > 0$,即 $0° < \theta < 90°$,此时认为液体能润湿固体,θ 越小,则液体对固体润湿效果越好,其极限情况是 $\theta = 0°$,即液体能完全润湿固体,如水滴在清洁的玻璃表面可完全铺开;若 $\sigma_{sg} < \sigma_{sl}$,则 $\cos \theta < 0$,即 $90° < \theta < 180°$,这种情况称为液体不润湿固体,其极限情况是 $\theta = 180°$,即完全不润湿,如在玻璃表面滴一滴水银,则水银将会形成一个球体在玻璃板上滚动。钎焊时液态钎料在母材上的润湿角应小于 20°。

2.1.3 影响钎料润湿铺展性的因素

由杨氏方程可知,任何使 σ_{sl}、σ_{lg}、σ_{gs} 发生变化,从而使接触角 θ 发生变化的因素都将影响到钎料对母材的润湿性。从热力学观点来看,界面张力与各相的物性、成分、温度有关,所以润湿角必然受这些因素的影响。从动力学观点来看,润湿角必然受时间的影响。并且,在实际钎焊过程中,常常不可避免地发生母材向钎料中溶解及钎料与母材之间的扩散,而溶解过程及扩散过程都与母材及钎料的物性、成分、温度和时间有关。

界面张力是材料本身的特性之一,它反映的是材料内部的原子对原子吸引力的强弱,因此,对不同的材料来说,其界面张力显然不同。改变三相物质任一相的组成,就相应地改变了界面张力,这必然要影响到钎料对母材的润湿性。表 2.1 ~ 2.3 列出了主要液态纯金属在其熔点时的表面张力、一些固态金属的表面张力以及一些金属系统的界面张力的数据。除液态金属的表面张力数据比较齐备外,后两项数据为数很少。至于钎料(通常均为多元合金的),上述各项数据更为稀少,因此无法借助式(2.2)指导生产实践。实践经验表明,下述因素对钎料润湿性影响甚大。

表 2.1 一些液态金属在其熔点时的表面张力

金属	$\sigma_{lg} / (N \cdot m^{-1})$	金属	$\sigma_{lg} / (N \cdot m^{-1})$	金属	$\sigma_{lg} / (N \cdot m^{-1})$	金属	$\sigma_{lg} / (N \cdot m^{-1})$
Ag	0.93	Cr	1.59	Mn	1.75	Sb	0.38
Al	0.91	Cu	1.35	Mo	2.10	Si	0.86
Au	1.13	Fe	1.84	Na	0.19	Sn	0.55
Ba	0.33	Ga	0.70	Nb	2.15	Ta	2.40
Be	1.15	Ge	0.60	Nd	0.68	Ti	1.40
Bi	0.39	Hf	1.46	Ni	1.81	V	1.75
Cd	0.56	In	0.56	Pb	0.48	W	2.30
Ce	0.68	Li	0.40	Pd	1.60	Zn	0.81
Co	1.87	Mg	0.57	Rh	2.10	Zr	1.40

表 2.2　一些固态金属的表面张力

金属	温度 $t/℃$	$\sigma_{sg}/(N \cdot m^{-1})$
Fe	20	4.0
Fe	1 400	2.1
Cu	1 050	1.43
Al	20	1.91
Mg	20	0.70
W	20	6.81
Zn	20	0.86

表 2.3　一些金属系统的界面张力

系　统	温度 $t/℃$	$\sigma_{sg}/(N \cdot m^{-1})$	$\sigma_{lg}/(N \cdot m^{-1})$	$\sigma_{ls}/(N \cdot m^{-1})$
Al–Sn	350	1.01	0.60	0.28
Al–Sn	600	1.01	0.56	0.25
Cu–Ag	850	1.67	0.94	0.28
Fe–Cu	1 100	1.99	1.21	0.44
Fe–Ag	1 125	1.99	0.91	>3.40
Cu–Pb	800	1.67	0.41	0.52

(1)钎料和母材成分的影响

一般来说,如果钎料与母材在液态和固态下均无相互作用,则它们之间的润湿性就很差;若钎料和母材之间能相互溶解或形成金属间化合物,则液态钎料就能较好地润湿母材。属于前一种情况的有 Fe-Ag、Fe-Bi、Fe-Cd、Fe-Pb 等系统。例如:Fe-Ag 在液态和固态下均无相互作用,在 1 125 ℃下,Ag 在 Fe 上润湿时,体系的界面张力值分别为:$\sigma_{sg}=1.99$ N/m、$\sigma_{lg}=0.91$ N/m、$\sigma_{ls}\geq2.48$ N/m,由杨氏方程可求出接触角 $\theta\approx122.5°>90°$,故不发生钎料铺展。然而,在 1 000 ~ 1 200 ℃时银稍溶于镍($W_{Ag}=3\%~4\%$),银对镍的润湿性比它对铁的润湿性有所改善;779 ℃时银在铜中的溶解度为 $W_{Ag}=8\%$,因而银在铜上的润湿性极好。这种关系也反映在界面张力的数值上,例如,液态银与铁的界面张力极大,而与铜的界面张力则不大于 0.28 N/m(表 2.3),润湿性增加。所以,同样以银为钎料,对于不同的母材,随着它们之间相互作用的加强,液—固界面张力减小,润湿性提高。

对同一母材,如果改变钎料成分,也会产生同样的结果。

而 Cu 和 Sn 在液态下可互溶,在固态下可形成金属间化合物,当其在 300 ℃下,Sn 在 Cu 上润湿时,体系的界面张力值分别为:$\sigma_{sl}=1.54$ N/m、$\sigma_{lg}=0.55$ N/m、$\sigma_{sg}=1.67$ N/m,由杨氏方程求出接触角 $\theta\approx76°<90°$,因此可以铺展。

图 2.6 给出了在真空中 300 ℃下 Sn-Pb 钎料在 Cu 母材上的润湿情况。由图可见,当钎料成分变化时,其润湿角也发生变化,其基本趋势是接近共晶成分时的润湿角较小,而高 Pb 含量时润湿角明显增大,并会出现不润湿的情况。这是 Pb 与 Cu 在固态

下无互溶,其相互作用较弱的缘故。

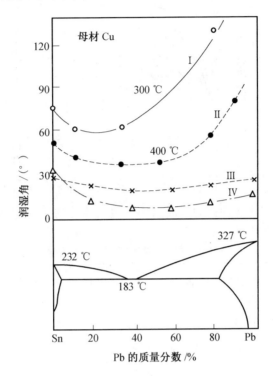

图 2.6 润湿角与 Sn-Pb 钎料成分的关系

为了考察合金元素对提高钎料润湿性的作用强弱,进行如下试验:在银铜共晶钎料中加入不同数量的钯、锰、镍、硅、锡、锌等元素,考察钎料对钢的润湿性变化。试验结果如图 2.7 所示。由图可见,上述元素对钎料润湿性的影响具有不同的特点:锌、锡、硅虽可提高钎料的润湿性,但作用较弱;钯、锰则作用很强,添加少量即可得到明显效果;镍含量少时与钯、锰效果相近,但超过一定数量后反使润湿性变差。从它们对钎料表面张力 σ_{lg} 的影响分析,银铜共晶 1 000 ℃时表面张力约为 0.97 N/m,各元素在其熔点温度的表面张力值见表 2.1,锌、锡、硅均低于此值;钯、锰、镍则大大高于它。即加入前三种元素可使钎料表面张力减小;而后三者会使之增大。因此,元素对钎料表面张力的影响不是判断它们对钎料润湿性影响的根据。由这些元素与铁的相互作用证明:锌、锡、硅均与铁形成金属间化合物;钯、锰、镍与铁形成无限固溶体。因此,合金元素改善钎料润湿性的作用,主要取决于它们对液态钎料与母材界面张力 σ_{sl} 的影响。合金元素与母材存在相互作用时均能使此力减小;但对与母材形成金属间化合物的元素,其减小界面张力的作用有限,故虽有助于提高钎料润湿性,但作用较弱;能与母材无限固溶的合金元素可显著减小此界面张力,从而使钎料润湿性得到明显改善。至于含镍量高时对钎料润湿性的不利影响是由它可使钎料熔点提高造成的。

此外,钎料中添加表面活性物质时,可明显减少液态钎料的表面张力,改善钎料对母材的润湿性。所谓表面活性物质,即液态钎料中表面张力小的组分将聚集在液体表

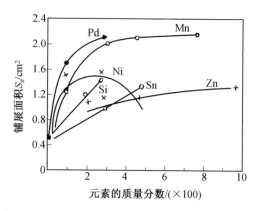

图 2.7 合金元素对银铜共晶钎料在钢上的铺展面积的影响

面层呈现正吸附,使液体表面张力显著减小。表面活性物质的这种有益作用已在实际钎焊中得到应用,表 2.4 是一些钎料中应用表面活性物质的实例。

表 2.4 钎料中表面活性物质的含量

钎料	表面活性物质		母材	钎料	表面活性物质		母材
	化学式	质量分数/%			化学式	质量分数/%	
Cu	P	0.04 ~ 0.08	钢	Ag	Ba	1	钢
Cu	Ag	<0.6	钢	Ag	Li	1	钢
Sn	Ni	0.1	铜	Ag-28.5Cu	Si	<0.5	钢,钨
Ag	Cu_3P	<0.02	钢	Cu-37Zn	Si	<0.5	钢
Ag	Pd	1 ~ 5	钢	Al-11.3Si	Sb,Ba,Br,Bi	0.1 ~ 2	铝

(2)金属表面氧化物的影响

在常规条件下,大多数金属表面都有一层氧化膜。氧化物的熔点一般都比较高,在钎焊温度下为固态。它们的表面张力值很低,因此,钎焊时将导致 $\sigma_{sg} < \sigma_{sl}$,所以产生不润湿现象,表现为钎料成球,不铺展。

另外,许多钎料合金表面也存在一层氧化膜。当钎料熔化后被自身的氧化膜包覆,此时其与母材之间是两种固态的氧化膜之间的接触,因此产生不润湿。例如:当用 Al-Si 共晶钎料(熔点 577 ℃)置于 Al 母材(熔点 660 ℃)上加热到 600 ℃时,钎料熔化但不在母材表面上铺展。液态钎料因受固态氧化膜的制约而成为不规则球形,此时用钢针刺入钎料并刺破母材表面的氧化膜,钎料就会在母材 Al 与其表面的 Al_2O_3 膜之间铺展,从而将 Al_2O_3 膜“抬起”,形成“皮下潜流”现象。所以在钎焊过程中必须采取适当的措施去除母材和钎料表面的氧化膜,以改善钎料对母材的润湿。

(3)钎剂的影响

钎剂对液态钎料润湿性的影响,主要表现在两个方面:当用钎剂去除了母材和钎料表面的氧化膜后,液态钎料就可以和母材金属直接接触,从而改善润湿。另外,当母材和钎料表面覆盖了一层液态钎剂后,系统的界面张力就发生了变化(见图 2.8),当铺展

达到平衡时,由杨氏方程有:

$$\sigma_{sf} = \sigma_{sl} + \cos\theta \cdot \sigma_{lf} \qquad (2.3)$$

$$\cos\theta = \frac{\sigma_{sf} - \sigma_{sl}}{\sigma_{lf}} \qquad (2.4)$$

式中　σ_{sf}——母材与钎剂间的界面张力;

　　　σ_{sl}——母材与钎料间的界面张力;

　　　σ_{lf}——钎剂与钎料间的界面张力。

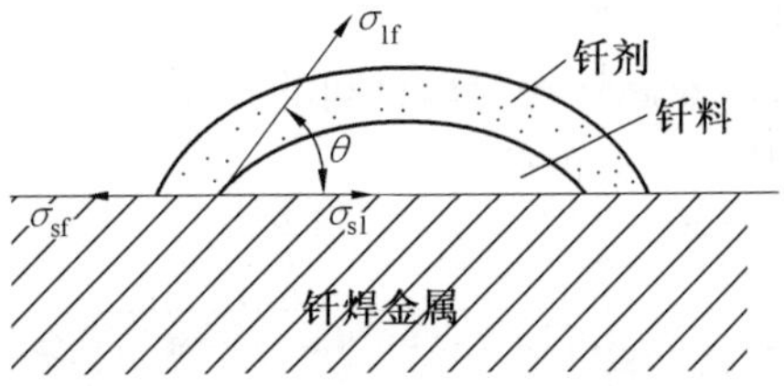

图 2.8　使用钎剂时界面张力平衡示意图

与无钎剂时的情况相比,要满足 $\sigma_{lf} < \sigma_{lg}$ 或 $\sigma_{sf} > \sigma_{sg}$,就可以增强钎料对母材的润湿性。钎剂除了能清除母材表面氧化物,使 σ_{sf} 增大外,还可以减小液态钎料的界面张力 σ_{lf},改善钎料的润湿铺展性能。

(4)母材表面粗糙度的影响

由于母材的实际表面并不是可以满足杨氏方程的理想表面,因而,母材的表面状态必然影响钎料的润湿行为。曾有人做过如下试验:把紫铜片和 LF21 铝合金圆片分成四等分,分别采用抛光、钢丝刷刷、砂纸打磨和化学清洗四种方法清理这四等分表面。然后在紫铜片和 LF21 片的中心分别置放相同体积的 S-Sn60Pb40 和 S-Sn80Zn20 钎料,分别加热到各自的钎焊温度,保温 5 min,冷至室温后测量钎料的铺展面积。结果表明,紫铜片上,S-Sn60Pb40 钎料在钢丝刷刷过的区域铺展面积最大,在抛光区域铺展面积最小;而在 LF21 铝合金片上,S-Sn80Zn20 钎料在不同方法处理的区域铺展面积几乎相同。Ag-20Pd-5Mn 钎料在不锈钢上的铺展与 S-Sn60Pb40 钎料在紫铜片上有类似的现象:分别采用酸洗、喷砂和抛光方法清理不锈钢表面,然后放置 Ag-20Pd-5Mn 钎料,加热到 1 095 ℃,冷却后测量钎料的铺展面积,发现钎料在酸洗过的表面铺展面积最大,在抛光表面上铺展面积最小,如图 2.9 所示。

以上试验现象说明,当钎料与母材的相互作用弱时(如 S-Sn60Pb40 钎料与紫铜母材,Ag-20Pd-5Mn 钎料与不锈钢母材),母材表面粗糙度对钎料的润湿铺展性有明显影响,这是因为较粗糙的母材表面布满纵横交错的细槽,对液态钎料起到特殊的毛细管作用,从而促进钎料在母材表面的铺展,改善润湿性。但当钎料与母材相互作用较强时(如 S-Sn80Zn20 钎料与 LF21 铝合金母材),较粗糙母材表面所存在的细槽会迅速被液态溶解而不复存在,因此母材表面粗糙度的影响不明显。

(5)温度的影响

液体的表面张力 σ_{lg} 与温度 T 呈下述关系:

$$\sigma A_m^{\frac{2}{3}} = K(T_0 - T - \tau) \qquad (2.5)$$

式中　A_m—— 一个摩尔液体分子的表面积;

　　　K—— 常数;

　　　T_0—— 表面张力为零时的临界温度;

　　　τ—— 温度常数。

由式(2.5)可知,随着温度的升高,液体的表面张力不断减小。液体的表面张力随着温度升高而降低(见图 2.10),因此升高温度有助于提高钎料的润湿铺展性能。钎料的润湿铺展性随温度提高而改善的原因,除了由于液态钎料本身的表面张力 σ_{lg} 减小外,液态钎料与母材间的界面张力 σ_{sl} 降低也有较大作用,这两个因素都有助于提高钎料的润湿铺展性。

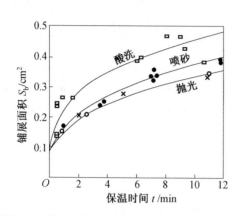

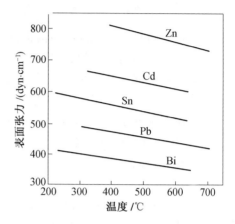

图 2.9　表面处理方法对 Ag–20Pd–5Mn 钎料在
　　　　不锈钢上铺展面积的影响(1 095 ℃)

图 2.10　部分熔态金属的表面张力与温度的
　　　　　关系

总之,温度越高,液态钎料对母材的润湿性越好,在母材表面的铺展面积也越大。但并非钎焊温度越高越好,温度过高,钎料铺展能力过强,会造成钎料流失,即钎料流散到不需要钎焊的部位,而不易填满钎缝。同时温度过高还可能造成母材晶粒长大、过热、过烧及钎料溶蚀母材等问题。因此必须综合考虑钎焊温度的影响,在实际钎焊过程中,通常钎焊温度较钎料液相线高 30 ~ 80 ℃。

2.2　液态钎料的填缝

钎焊时,当把钎料放在钎缝间隙附近,钎料熔化后有自动填充间隙的能力,即钎料填缝,这是由液态钎料对母材润湿而产生弯曲液面所致。如果将金属细管插入液态钎料中,管子的半径足够小,则在管壁处的液面就呈现连续的弯曲液面,因而产生附加压力,使钎料沿细管上升,这就是毛细现象。由于钎缝间隙通常都比较小,因此具有明显的毛细作用,这是钎料自动填缝的原因。毛细现象对于钎焊过程具有实际的意义。

2.2.1　液态钎料在垂直放置的平行间隙中的填缝

当将两互相平行的金属板垂直插入液态钎料中时,假设平行金属板无限大,钎料量无限多,由于存在毛细作用,如果钎料可以润湿金属板,则会出现图 2.11(a)所示的情形,否则会出现图 2.11(b)所示的情形。

设两平行板所构成的间隙为 a,液体在两平行板的间隙中上升或下降的高度 h 由下式确定

$$h = \frac{2\sigma_{lg}\cos\theta}{a\rho g} = \frac{2(\sigma_{sg}-\sigma_{ls})}{a\rho g} \tag{2.6}$$

式中　a——平行板的间隙,钎焊时即为钎缝间隙;

　　　ρ——液体(钎料)的密度;

　　　g——重力加速度。

由式(2.6)可见,当固气相界面张力 σ_{sg} 大于固液相界面张力 σ_{sl} 时(此时 $\theta<90°$),有 $h>0$,即液态钎料可以填缝,并且随着接触角 θ 减小,上升高度 h 值增大。此外,由于上升高度 h 与间隙 a 成反比,即间隙越小,毛细作用越强,钎料填缝能力也就越强;而当固气相界面张力 σ_{sg} 小于固液相界面张力 σ_{sl} 时(此时 $\theta>90°$),有 $h<0$,即液态钎料不能填缝。

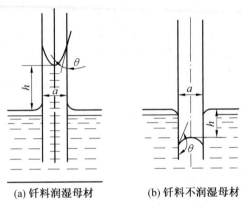

(a) 钎料润湿母材　　　　(b) 钎料不润湿母材

图 2.11　两平行板间液体的毛细作用

从上述分析可知,液体钎料对母材的润湿性越好,间隙值越小,液态钎料的爬升高度越大,因此钎料填充间隙的好坏取决于其对母材的润湿性。同时,以小间隙为佳,即为使液态钎料能填满间隙,在接头设计和装配时必须保证小的间隙。

2.2.2　液态钎料在水平位置的平行间隙中的填缝

液态钎料在水平位置的平行间隙中的填缝更接近于实际钎焊时的情况。由于间隙是处于水平位置,液态钎料填缝时的附加压力与重力垂直,所以重力不起抵消附加压力的作用。液态钎料在水平位置的平行间隙中的填缝长度为

$$L^2 = a\sigma_{\text{lg}}\cos\theta \cdot t/2\eta \tag{2.7}$$

式中　a——平行板的间隙,钎焊时即为钎缝间隙;

　　　t——钎焊时间;

　　　η——液态钎料的黏度。

由式(2.7)可知,钎料在水平位置的平行间隙中的填缝长度随着间隙 a 的增大而增加,而黏度增加会使填缝长度减小。但是,由于在水平间隙内填缝时附加压力与重力垂直,造成无平衡态存在,也就是说,当钎料量无限多时,填缝过程可以一直进行下去。因此,液态钎料在水平位置的平行间隙中的填缝能力无法用填缝长度来衡量,所以常用液态钎料的流动速度来衡量液态钎料在水平位置的平行间隙中的填缝能力,液态钎料在毛细作用下的流动速度可表示为

$$v = \frac{\sigma_{\mathrm{lg}} a \cos \theta}{4 \eta L} \tag{2.8}$$

由式(2.8)可见,润湿角越小,$\cos \theta$ 越大,则流动速度越大,即钎料良好的润湿性可促使钎料迅速填满钎缝间隙;流动速度与液体的黏度成反比;流动速度还与填缝长度成反比,即液体钎料填缝初期流动快,以后随着 L 的增大而逐渐变慢。因此,为了保证钎料填满钎缝间隙,应有足够的钎焊加热保温时间。

在实际钎焊的过程中,很多情况下需要将钎料预先放置在钎缝的间隙内(图2.12(a)),此时润湿和毛细作用仍具有重要的意义。当钎料对母材润湿性良好并且钎缝间隙适宜时,液态钎料填满间隙并在钎缝四周形成过渡圆滑的钎角(图2.12(b));若润湿性不好,会造成钎缝填充不良,外部不能形成良好的钎角;若间隙过大,会造成液态钎料流失,不能形成钎焊接头;如果钎料对母材完全不润湿,则液态钎料会流出间隙,聚集成钎料球(图2.12(c)),也不能形成钎焊接头。

上述规律是在液体与固体没有相互作用的条件下得到的。在实际钎焊过程中,液体钎料与母材或多或少地存在相互扩散,使液态钎料的成分、密度、黏度和熔点发生变化,从而使毛细填缝现象复杂化。

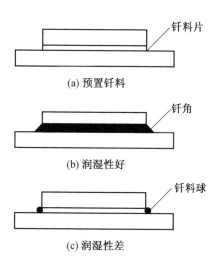

(a) 预置钎料 —— 钎料片

(b) 润湿性好 —— 钎角

(c) 润湿性差 —— 钎料球

图 2.12 预置钎料时的润湿情况

2.3 液态钎料与固态母材的相互作用

液态钎料在毛细填缝的同时与母材发生相互作用,这种相互作用的推动力是由钎料与母材间的浓度梯度(严格地说是化学位梯度)所造成的扩散。这种作用分为两类,一是母材向液态钎料中的溶解,二是钎料组分向固态母材中的扩散。这些相互作用的结果会对钎焊接头的性能产生很大的影响,因此有必要研究其规律性。

2.3.1 母材向钎料的溶解

如果钎料和母材在液态下是能够相互溶解的,则钎焊过程中一般发生母材溶于液态钎料的现象。例如用 Cu 钎焊钢时,在钎缝中可发现 Fe 的成分;用 Al 钎料钎焊铝合金时,钎缝中 Al 的含量增多;在 SnPb 钎料中浸渍钎焊铜时,液态钎料中有 Cu 的成分。

溶解作用对钎焊接头质量的影响很大。母材向钎料的适当溶解可改变钎料的成分。如果改变的结果有利于最终形成的钎缝组织,则钎焊接头的强度和延性提高;如果母材溶解的结果在钎缝中形成脆性化合物相,则钎缝的强度和延性降低。母材的过度溶解会使液态钎料的熔化温度和黏度提高,流动性变坏,导致不能填满接头间隙。有时,过量的溶解还会造成母材溶蚀缺陷,严重时甚至出现溶穿。

母材向钎料溶解作用的大小取决于母材和钎料的成分(即它们之间形成的状态图)、钎焊温度、保温时间和钎料数量等。

(1)母材与钎料成分的影响

不同成分的母材在不同成分的液态钎料中的溶解情况是不同的,这主要取决于母材组分在液态钎料中的极限溶解度和极限固溶度。如果钎料与母材在固、液态下都不相互作用,则不发生母材向液态钎料中溶解,如 Ag-Fe、Pb-Cu 系,不发生 Fe 向 Ag、Cu 向 Pb 中的溶解。

如果母材 A 和钎料 B 在固态下无互溶,在液态下完全互溶,形成如图 2.13 所示的简单共晶相图,则在温度 T 下钎焊时,A 在 B 中的溶解量取决于 A 在 B 中的极限溶解度(线段 L),极限溶解度越大,溶解量越多。共晶点 E 的位置对 A 的溶解量也有很大影响:E 点越靠近 A,则液相线 DE 越倾斜,L_1 线段越长,A 的溶解量越小。如果用共晶成分的 A-B 合金钎料钎焊 A,则钎焊温度 T 下,A 在共晶钎料中的溶解量取决于线段 $L-L_1$ 的长度,且共晶点越靠近 A,$L-L_1$ 线段越短,A 的溶解量也越小。因此为了减少母材的溶解,可在钎料中加

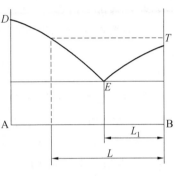

图 2.13 简单共晶相图

入母材金属的组分。例如,用 Al-Si 钎料钎焊铝时,钎料中含 Al 量越高,Al 向钎料中的溶解量越少;又如在 Sn-Pb 钎料中加入少量的 Cu 或 Ag,可以减弱母材中 Cu 或 Ag 向钎料中的溶解。

(2)钎焊温度的影响

固态母材向液态钎料中溶解的速度与温度之间存在如图 2.14 所示的关系,其中图 2.14(a)是母材与钎料形成固溶体或简单共晶的情况。随着钎焊温度的升高,母材向液态钎料中溶解的速度增大,单位时间内的溶解量增多。如果钎焊时在钎料/母材界面形成金属间化合物层,则溶解速度与温度呈现图 2.14(b)的关系,总体趋势仍为随温度升高溶解速度升高,但在某一温度区间内溶解速度下降。如 Cu 在 Sn 中的溶解速度(见图 2.15),温度低于 340 ℃时,随着温度升高,溶解速度增大。在 340 ~ 410 ℃温度

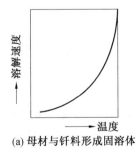

(a) 母材与钎料形成固溶体

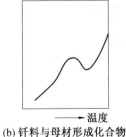

(b) 钎料与母材形成化合物

图 2.14 母材向液态钎料中溶解的速度与温度的关系

区间,随着温度升高,溶解速度减小。此温度区间内,在钎料/母材界面处开始形成金属间化合物。化合物层的出现,阻碍了母材向液态钎料中扩散,使溶解速度降低。当温度超过410 ℃时,界面处形成的化合物层已具有一定厚度,此时的溶解为化合物层向液态钎料中溶解,其溶解速度又随温度的升高而增大。为了防止母材溶解过多,钎焊温度不能过高。

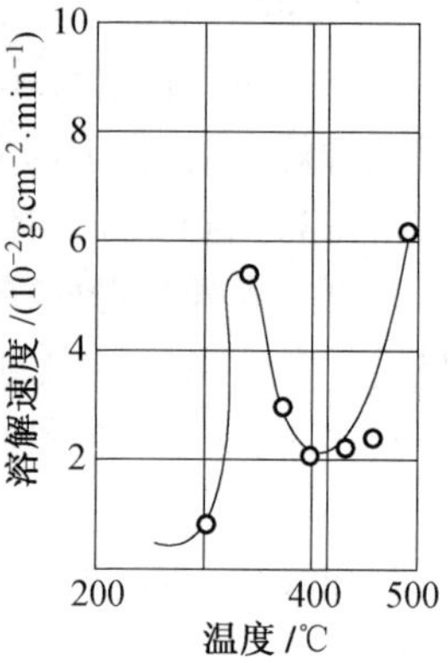

（3）钎焊保温时间的影响

固态母材在液态钎料中扩散较快,比钎料组分在固态母材中的扩散速度大得多。

扩散深度 x 与时间 t 呈下列关系：

$$x = \sqrt{2D_T t} \tag{2.9}$$

式中　D_T——温度 T 时的扩散系数。

固态金属在液相中的扩散系数约在 10^{-5} cm²/s 数量级,而它们在固体中的扩散系数为 $10^{-8} \sim 10^{-9}$ cm²/s 数量级。

一般来说,在达到极限溶解度之前,溶解量随保温时间增长而增加,基本符合抛物线规律,即溶解量与时间的平方根成正比。

（4）钎料量的影响

钎料量的增加会导致溶解量的增加,例如,在熔融钎料中进行浸渍钎焊时,由于钎料量多,容易发生溶蚀。而在毛细钎焊时,钎缝间隙内的钎料量很少,母材的溶解很快达到饱和状态,但在钎角处聚集钎料较多,容易产生溶蚀。

上述分析表明,固态母材向液态钎料中的溶解同钎料/母材的成分组合、钎焊工艺参数密切相关,因此合理选择钎料和钎焊工艺参数将有助于控制固态母材的溶解。

图 2.15　Cu 在 Sn 中的溶解速度曲线

2.3.2　钎料组分向固态母材的扩散

钎焊时,在母材向液态钎料溶解的同时,也出现钎料组分向母材的扩散。根据扩散定律,钎焊时钎料向母材中的扩散可确定如下

$$d_m = -DS \frac{dC}{dx} dt \tag{2.10}$$

其中　d_m——钎料组分的扩散量；

　　　D——扩散系数；

　　　S——扩散面积；

　　　dC/dx——在扩散方向上扩散组分的浓度梯度；

　　　dt——扩散时间。

由式（2.10）可见,钎料组分的扩散量与浓度梯度、扩散系数、扩散时间和扩散面积有关。扩散自高浓度向低浓度方向进行,当钎料中某组元的含量比母材中高时,由于存在浓度梯度,就会发生该组元向母材金属中的扩散。浓度梯度越大,扩散量就越多。

用 Cu 钎焊 Fe 时,会发生液态 Cu 向 Fe 中的扩散。图 2.16 给出了在 1 100 ℃下 Cu 在 Fe 中的分布。随着保温时间的延长,不但 Cu 的扩散深度增大,而且扩散层中的 Cu 含量也增多。用 Al-28Cu-6Si 钎料钎焊铝合金时,也可发现钎料组分向母材铝合金中扩散的现象(见图 2.17)。在钎缝中靠近界面处的母材上可以看到一条与钎缝平行的明亮条带,它是钎焊时液态钎料中的 Si 和 Cu 向母材 Al 中扩散形成的固溶体。

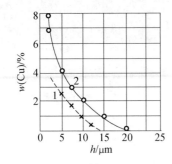

图 2.16　铜钎焊铁时,铜在扩散区中的分布
1—保温 1 min,2—保温 1 h

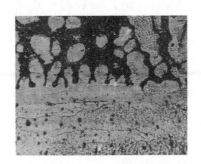

图 2.17　Al-28Cu-6Si 钎料钎焊铝合金时的金相组织

上述扩散均为体扩散。如果扩散进入母材的钎料组分浓度在饱和溶解度之内,则形成固溶体组织,这对接头的性能没有不良影响。若冷却时扩散区发生相变,则组织会产生相应的变化,并因此而影响到接头的性能。

除了体扩散之外,钎焊时也可能发生钎料组分向母材的晶间渗入,表 2.5 给出了几种钎焊接头出现晶间渗入的实例。由表可见,钎料和母材所构成的状态图中都具有低熔点共晶体(见图 2.18)。晶间渗入的产生是因为在液态钎料与母材接触中,钎料组分向母材中扩散,由于晶界处空隙较多,扩散速度较快,结果造成了在晶界处首先形成钎料组分与母材金属的低熔点共晶体。由于其熔点低于钎焊温度,会在晶界处形成了一层液态层,会晶间渗入。

表 2.5　几种钎料-母材体系中出现的晶间渗入

母材	钎料	系统	状态图类型	钎料的溶解度	晶间渗入
Zn	Sn	Zn-Sn	图 2.17(a)	约 0.1	中等
Bi	Sn	B-Sn	图 2.17(a)	约 0.1	中等
Ni	Ni-4B	Ni-B	图 2.17(b)	0	强烈
Ni	Ni-3Be	Ni-Be	图 2.17(b)	2.7	中等
Cu	Ni-8P	Cu-P	图 2.17(b)	1.75	中等

当采用含硼镍基钎料钎焊不锈钢和高温合金时,可能发生硼向母材晶间渗入的情况(见图 2.19)。晶间渗入的产物大都比较脆,会对钎焊接头产生极为不利的影响,尤其是在钎焊薄件时,晶间渗入可能贯穿整个焊件厚度而使接头脆化,因此应尽量避免接头中产生晶间渗入。

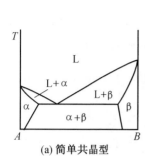 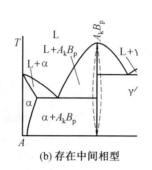

(a) 简单共晶型　　　(b) 存在中间相型

图 2.18　产生晶间渗入的系统典型状态图

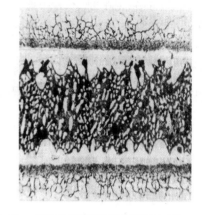

图 2.19　含硼镍基钎料钎焊不锈钢时的
晶间渗入

2.3.3　钎焊接头的显微组织

由于母材与钎料间的溶解与扩散,改变了钎缝和界面母材的成分,使钎焊接头的成分、组织和性能同钎料及母材本身往往有很大差别。它往往是不均匀的。钎焊接头基本上由三个区域组成(见图 2.20):母材上靠近界面的扩散区、钎缝界面区和钎缝中心区。扩散区组织是钎料组分向母材扩散形成的。界面区组织是母材向钎料溶解、冷却后形成的,它可能是固溶体或金属间化合物。钎缝中心区由于母材的溶解和钎料组分的扩散以及结晶时的偏折,其组织也不同于钎料的原始组织。

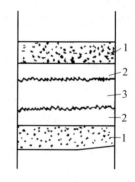

图 2.20　钎缝组织示意图
1—扩散区;2—钎缝界面区;3—钎缝中心区

钎料与母材的相互作用可以形成下列组织。

(1)固溶体

当母材与钎料具有同一类型的结晶点阵和相近的原子半径,在状态图上出现固溶体时,则母材熔于钎料并在钎缝凝固结晶后,会出现固溶体;当钎料与母材具有相同基体时,也往往可能形成固溶体。属于前者的情况有用铜钎焊镍;属于后者的情况有用铜基钎料钎焊铜、铝基钎料钎焊铝及铝合金等。尽管钎料本身不是固溶体组织,但在近邻钎缝界面区以及钎缝中可出现固溶体组织。

又如前所述,由于钎料组元向母材的体积扩散,母材界面区会形成固溶体层,如用铝硅钎料钎焊铝时就会发生这种现象。

固溶体组织具有良好的强度和延性,钎缝和界面区出现这种组织对于钎焊接头性能是有利的。

(2)化合物

如果钎料与母材具有形成化合物的状态图,则钎料与母材的相互作用将可能使接头中形成金属间化合物。例如 250 ℃ 时以 Sn 钎焊 Cu（图 2.21），由于 Cu 向 Sn 中溶解，冷却时在界面区形成 Cu_6Sn_5 化合物相。如果母材与钎料能形成几种化合物，则在钎缝一侧界面上可能形成几种化合物。如用 Sn 钎焊 Cu，当钎焊温度超过 350 ℃，除形成 Cu_6Sn_5 外，还在 Cu_6Sn_5 相与 Cu 之间出现了 ε 相。用多数钎料钎焊 Ti 时，在钎缝一侧界面上也往往形成化合物相。当接头中出现金属间化合物相，特别是在界面区形成连续化合物层时，钎焊接头的性能将显著降低。

（3）共晶体

钎缝中的共晶体组织可以在以下几种情况中出现，一是在采用含共晶体组织的钎料时，如铜磷、银铜、铝硅、锡铅等钎料，这些钎料均含有大量共晶体组织；二是母材与钎料能形成共晶体时，如用银钎料钎焊铜。

图 2.22 是一个典型的共晶钎缝。1 000 ℃ 时用纯银钎焊铜，由于 Cu–Ag 二元相图是一个双侧带有限固溶体的简单共晶系，Ag 于 962 ℃ 熔化并铺展时，Cu 便向液态 Ag 中溶入，由于晶界处活性较高，Cu 的溶解便首先从这里开始，结果往往会留下犬牙状的晶粒边界。图 2.22 中黑色部分为 Cu，白色部分为 Ag。显然，钎焊过程持续的时间很合适，Cu 溶入的量正好让钎料的成分处于共晶点附近。如果钎焊时间很短，Cu 溶入的量不足，白色的部分就会增加，甚至会出现白色云朵状的 Ag 初晶。

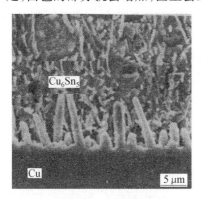

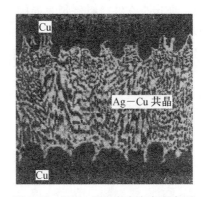

图 2.21　熔态 Sn 与 Cu 作用时界面上　　图 2.22　1 000 ℃ 纯银钎焊铜的钎缝
　　　　　金属间化合物的生长

对于母材和钎料可以形成共晶体的体系，钎焊时，加热温度不必高于其某一组元的熔点，而只要高于其共晶点即可进行。这种利用钎料与母材的接触溶解而形成共晶体钎焊接头的方法称为接触反应钎焊。例如：Ag–Cu 二元系在含 28% Cu 时形成熔点为 779 ℃ 的共晶（Ag 的熔点为 960 ℃，Cu 的熔点为 1 083 ℃），因此可利用这一特点进行接触反应钎焊。将 Ag 箔置于两铜工件之间，稍加压力使之良好接触，加热到 800 ℃ 左右。这时 Ag 虽然不能熔化，但由于 Ag 和 Cu 之间的相互扩散，在界面处形成熔融的 Ag–Cu 共晶体，借助于这层液态共晶体层，就可将两 Cu 工件连接起来。又如，在 Al–Cu 二元系中，存在一温度为 548 ℃、成分为 33% Cu 的共晶点。如果将 Cu 和 Al 紧密接触并加热到 548 ℃ 以上，在界面处就会形成 Al–Cu 共晶，从而将 Al 和 Cu 连接起来。

在钎焊过程中，由于母材和钎料之间的溶解、扩散、凝固结晶等一系列的金属学过程,以及母材和钎料成分的多元化和多样化,加之钎焊温度、时间、间隙等一系列工艺参数的影响,使得钎焊接头的组织并不是单一的,有可能是上述两种或三种组织形态的混合,因此也使得接头的性能等变得极为复杂。

复习思考题

1. 写出杨氏方程,指出如何评价钎料的润湿性?

2. 影响钎料润湿性的因素有哪些?

3. 合金元素是如何改善钎料润湿性的?

4. 温度是如何影响钎料在母材上的润湿性的?

5. 金属表面的氧化物是如何影响钎料的润湿性的?

6. 如何通过合金相图判断材料之间是否可以润湿?

7. 钎料毛细流动的机理是什么?

8. 推导钎料在平板间隙中上升高度与钎料表面张力、润湿角之间的关系。

9. 晶间渗入如何产生的? 对钎焊接头有何影响?

10. 一般钎焊接头由几部分组成? 各部分组织性能如何?

11. 使用合金钎料时钎焊界面区化合物形成受哪些因素影响? 减薄和防止界面区化合物层的措施有哪些?

12. 试述接触反应钎焊的原理,并列举生产实例。

第3章　钎焊方法及设备

钎焊方法通常根据热源或加热方法来分类。钎焊方法的主要作用在于创造必要的温度条件,确保匹配适当的母材、钎料、钎剂或气体介质之间进行必要的物理化学过程,从而获得优质的钎焊接头。钎焊方法种类很多,常用的有烙铁钎焊、火焰钎焊、炉中钎焊、电阻钎焊、感应钎焊、激光钎焊等。钎焊方法按加热方式区分如图 3.1 所示。本章将着重介绍目前生产中广泛采用的几种主要钎焊方法。

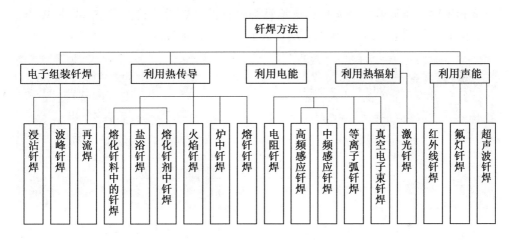

图 3.1　钎焊方法分类示意图

3.1　火焰钎焊

火焰钎焊是一种常见的钎焊方法,是利用可燃气体或液体燃料的气化产物与氧或空气混合燃烧所形成的火焰来进行钎焊加热的。

3.1.1　火焰钎焊的应用

火焰钎焊通用性大,装置简单,所用燃气来源广,不依赖电力供应。钎焊前工件需要进行表面清洗,任何胶、油污、水、锈、漆都可能影响钎焊质量。焊后需去除接头表面的钎剂和渣壳。火焰钎焊因要求焊接循环中的氧化环境,因此只能使用在活性不太高和不需要专门保护的母材的连接,主要用于以铜基钎料、银基钎料钎焊碳钢、低合金钢、不锈钢、铜及铜合金,也用于铝基钎料钎焊铝及铝合金。

火焰钎焊不受产品数量的限制,一个接头到几百万个接头都可以加工,因此应用在很多工业生产中。小批量生产时,使用手工火焰钎焊,可以钎焊各种位置的接头,在安装和维修场合也较常见,如图3.2所示。大批量生产时,使用半自动和全自动的火焰钎焊。在这些场合下,要求达到某种水平的自动化,如中等规模的产品数量能够使用简单的往返系统,采用人工放置工件、钎料和钎剂。大批量的生产可以安排在具有高速加热能力,并且采用具有自动装卸工件、自动添加钎焊材料的旋转台或联机线形输送带上完成。

空调器、加热器具和制冷工业利用火焰钎焊连接产品中大量管路接点,图3.3为随着冰箱在组装线上移动,用手工火焰钎焊连接系统接点。图3.4为自动钎焊用在空调器热交换器组件上的情形。

在压缩机工业中,管子被连接到压缩成壳体上既可以采用手工钎焊也可以采用半自动的带有火焰钎焊设备的转位工作台完成钎焊,如图3.5所示。在管件工业中,大部分黄铜和紫铜水龙头组件是靠自动火焰钎焊连接的。碳素工具钢、汽车部件、家具配件、家庭用品、阀门等产品,每年靠火焰钎焊加工几百万个接点。

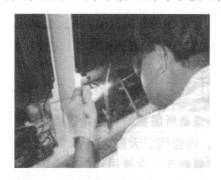

图3.2　手工火焰钎焊

图3.3　冰箱火焰钎焊

图3.4　空调器的火焰自动钎焊

图3.5　采用自动火焰钎焊冰箱压缩机管口

3.1.2　火焰钎焊的优缺点

1. 火焰钎焊的优点

(1)可以加工任何数量的钎焊接头,小批量采用手工钎焊,大批量采用自动钎焊;

(2)燃烧气体种类多,来源方便可靠,而且气体火焰能够根据应用要求调节成碳化焰、还原焰、中性焰或者氧化焰,调节方便;

（3）在组装工艺中最实用，例如空气调节装置中管路接头，可用火焰钎焊组装连接；

（4）手工火焰钎焊设备轻便，资本投入少，便于现场安装应用；

（5）钎料可以被预置，也可以在工件加热到合适温度后送进；

（6）变截面或不同的材料可以通过控制一把或多把焊炬的移动，选择加热部位、合适的热量来钎焊；

（7）所有在氧化环境中不会退化的母材，只要能获得合适的钎焊材料就能被火焰钎焊。

2. 火焰钎焊的缺点

（1）火焰钎焊是在一个氧化环境中完成的，钎焊后接头表面有钎剂残渣和热垢；

（2）由于使用钎剂，导致钎焊件上残留钎剂，这会引起潜在的腐蚀，而且采用钎剂钎焊的接头相比控制气氛没有使用钎剂加工的更容易发生接头气孔；

（3）厚重件上采用火焰钎焊加热时，钎焊区域的温度很难超过 1 000 ℃；

（4）一些母材（例如钛和锆），因为它们高的活性不适合火焰钎焊；

（5）火焰钎焊含镉钎料，如果钎焊温度超过镉的蒸发温度，将危害人体健康；

（6）火焰钎焊的接头质量受操作者技能的影响；

（7）手工钎焊劳动强度大。

3.1.3　钎焊用燃气

用于火焰钎焊的燃气有天然气、丙烷、丙烯、乙炔、液化石油气以及某些专利混合气，这些气体与纯氧和空气混合燃烧可以获得高的热量，加热温度从数百摄氏度到数千摄氏度。

手工火焰钎焊最适用的气体是氧气和丙烷气、氧气和乙炔气；制冷行业可以采用氧气和液化石油气。

1. 燃气特点

（1）乙炔

乙炔常温下为无色气体，因含有杂质硫化氢（H_2S）和磷化氢（H_3P）而略带臭味。标准状态下，密度 1. 17 kg/m^3，比空气（1. 29 kg/m^3）轻。乙炔能溶于水、丙酮（CH_3COCH_3），特别是在丙酮中溶解度较大，常温下每升丙酮可溶解 23～25 L 乙炔。一般将丙酮置于内部含有蜂窝状小格的容器内溶解乙炔确保安全。当没有吸收在丙酮中时，乙炔是不稳定的，即使在没有氧的情况下，在 780 ℃ 或高于 780 ℃ 的温度或在 207 kPa 的压力下即能爆炸。对乙炔采取的安全措施是绝不在超过 103 kPa 的压力下使用。其燃烧方程为

$$C_2H_2 + 2.5O_2 \longrightarrow 2CO_2 + H_2O$$

这种燃气火焰可以达到 3 087 ℃ 的高温，对于工作温度高于 1 000 ℃ 的钎焊优选乙炔。

（2）丙烷

丙烷是处理天然气或精炼原油得到的副产物，无色易燃气体，纯品无臭。尽管没有

乙炔那么普遍,但因为其安全性和经济性,丙烷仍被大量使用,常用作烧烤、便携式炉灶和机动车的燃料。其燃烧方程式为

$$C_3H_8 + 5O_2 \longrightarrow 3CO_2 + 4H_2O$$

(3)天然气

天然气指地下油田、煤田的伴生气体,主要成分是甲烷(CH_4),还有少量丙烷和丁烷(C_4H_{10})。常温下为无色气体,略有臭味。燃烧方程式为:

$$CH_4 + 2O_2 \longrightarrow CO_2 + 2H_2O$$

火焰温度约 2 540 ℃。使天然气液化需要很高的压力,瓶装天然气压力大于20.7 MPa,需要高压气瓶,存在很大安全隐患,有条件的用管道天然气。

(4)液化石油气

液化石油气是石油炼制工业的副产品,属于多组分混合气,主要成分是丙烷(C_3H_8),体积分数为50% ~ 80%,其余是丙烯(C_3H_6)、丁烷(C_4H_{10})、丁烯(C_4H_8)。气态时无色,略有臭味。标准状态下,密度为 1.8 ~ 2.5 kg/m³,比空气重。燃烧方程式为

$$C_3H_8 + 5O_2 \longrightarrow 3CO_2 + 4H_2O$$

火焰温度低于乙炔焰,中性火焰温度大约2 520 ℃,氧化焰温度大约能达到2 700 ℃。

液化石油气对工作温度在 900 ℃以下的钎焊来讲,液化石油气温度适中、价廉、采购方便、安全性高,已越来越多地使用在钎焊生产中。

(5)氢气

氢气燃烧产生接近无色的火焰,没有广泛使用在火焰钎焊,它的燃烧方程式为

$$2H_2 + O_2 \longrightarrow 2H_2O$$

(6)甲基乙炔-丙二烯

这种气体是各种燃气的混合气,燃烧温度低于乙炔气,并且更加稳定,燃烧方程式为

$$C_3H_4 + 4O_2 \longrightarrow 3CO_2 + 2H_2O$$

机械自动化火焰钎焊可以使用通过管道输送的压缩空气和天然气。尽管天然气-压缩空气的火焰温度低些,但天然气成本低,而且机械化火焰钎焊是逐步加热的,最终温度仍可以满足钎焊要求,是合理的选择。使用大负荷的氧气-丙烷焊炬,加热快速,能减少劳动费用。当需要更高的加热速度时,在机械化设备中使用氧-天然气加热。

2. 燃气燃烧的特性

随着氧气与燃气比例的变化,火焰的特性和效果应用是不同的。氧乙炔焰是最常用的火焰,图3.6为氧气与乙炔燃烧时火焰的状态。

乙炔在纯氧中完全燃烧反应

$$C_2H_2 + 2.5O_2 =\!=\!= 2CO_2 + H_2O + 1\ 302.7\ kJ/mol$$

①通过焊炬参加反应的氧

$$C_2H_2 + O_2 =\!=\!= 2CO + H_2 + 450.4\ kJ/mol$$

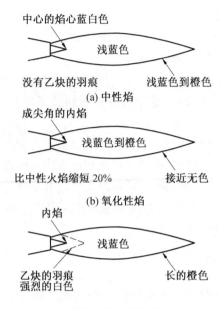

图 3.6 氧气与乙炔燃烧时火焰状态

② 通过周围空气参加反应的氧

$$2CO+H_2+1.5O_2 \Longrightarrow 2CO_2+H_2O+852.3 \ kJ/mol$$

（1）中性焰（$V(O_2):V(C_2H_2)= 1.1 \sim 1.2$）

乙炔充分燃烧,没有过剩的氧、乙炔。焰芯成尖锥形,颜色白而明亮,轮廓清晰。其长短与混合气的流速有关,流速快焰芯长,反之则短。焰芯发生乙炔的氧化和分解反应

$$C_2H_2+O_2 \longrightarrow 2CO+H_2$$
$$C_2H_2 \longrightarrow 2C+H_2$$

焰芯温度一般不超过 950 ℃。

内焰紧靠焰芯,呈杏核状,蓝白色,微微跳动。焰芯分解出的碳在内焰区剧烈燃烧,生成一氧化碳,并放出热量。因此内焰区温度最高,特别是距焰芯末端 3 ~ 5 mm 处温度可达 3 100 ℃,焊、割就是利用这里的热量。

外焰区最长,呈发散状,颜色由内而外成蓝白色、淡紫色、橙黄色。外焰区主要发生一氧化碳和氢气的燃烧反应,但是因为火焰发散,温度只有 1 200 ~ 2 500 ℃。

中性焰适合焊接中、低碳钢,低合金钢,纯钛和锡、铅、铝、镁等合金。

（2）碳化焰（$V(O_2):V(C_2H_2)<1.1$）

乙炔燃烧不充分,形成碳化焰。碳化焰的外焰、内焰、焰芯界限分明,整个火焰长而"软"。焰芯发生乙炔的氧化和分解反应,颜色亮白;内焰呈淡白色,由 CO、H_2、C 微粒组成,并发生碳的氧化反应,生成 CO;外焰呈橙黄色,由反应产物 CO_2、H_2O 和未完全燃烧的 C 和 H_2 组成。碳化焰温度不高于 3 000 ℃。

碳化焰具有较强的还原作用,也有一定的渗碳作用。轻微碳化的碳化焰适用于气焊高碳钢、高速钢、硬质合金钢、蒙乃尔合金钢、碳化钨和铝青铜等。

(3)氧化焰($V(O_2):V(C_2H_2) > 1.2$)

氧乙炔焰中,随着氧气含量的进一步增加,明亮的面积变得更小,组成指向火焰末端的具有羽毛形状拖尾的焰心体,这个特点表明稍微多的燃气,是特别适合钎焊的火焰。

当氧气与燃气的比例超过完全燃烧的需求量时,火焰变成氧化焰,焰心呈圆锥体形状。氧气过剩时由于氧化较强烈,火焰的中层和火舌的长度都大为缩短。燃烧剧烈,火焰挺直,有嘶嘶声。氧越多,火焰越短,响声越大。温度最高可达3 300 ℃。

轻微氧化的氧化焰适用于气焊黄铜、锰黄铜、镀锌铁皮等,可减少锌的蒸发。除了钎焊有氧纯铜外,在钎焊中不推荐氧化焰。

3.1.4　火焰钎焊设备

火焰钎焊设备是用可燃气体或液体燃料的气化产物与氧(或空气)混合后燃烧产生的气体火焰作为热源进行钎焊的加热设备(或装置)。火焰钎焊设备主要包括:气源、阀门、传输气体的软管或管路系统、焊炬、喷嘴、安全装置以及其他辅助装置。

火焰钎焊用的焊炬可以是通用的,也可以是专用的,通常分为手工火焰钎焊装置和自动火焰钎焊机两类。

1. 手工火焰钎焊装置

手工火焰钎焊装置如图3.7所示。它由氧气瓶、可燃气瓶、气体减压器、软管、控制阀、焊炬等组成,其中焊炬和焊嘴是关键部件。

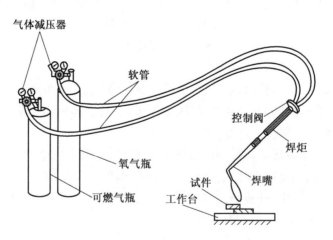

图3.7　手工火焰钎焊装置

焊炬由枪体、混合室和喷嘴组成。枪体当作手柄并有阀门控制氧气和燃气从枪体中流出,混合室提供了适合燃烧的燃气和氧气的混合,同时还起到散热器的作用,有助于防止回火火焰进入焊炬。控制阀调节气流可根据应用要求产生碳化焰、还原焰、中性焰或氧化焰。除了氧气和燃气适当地混合外,混合器可以设计成射吸式和等压式两种,以射吸式的焊炬应用最广。

图 3.8 为射吸式焊炬结构。其优点是乙炔等可燃气的流动主要靠氧气的射吸作用,因此不论使用低压乙炔或中压乙炔,均能保证焊炬正常工作。

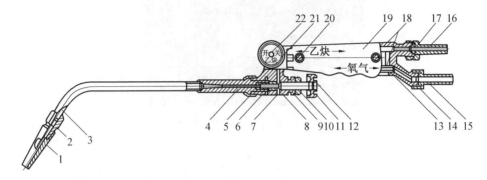

图 3.8　射吸式焊炬结构

1—焊嘴;2—焊嘴接头;3—混合气管;4—射吸管;5—射吸管螺母;6—喷嘴;7—氧气针阀;8—中部主体;9—防松螺母;10—密封螺母;11—氧气手轮;12—手轮螺母;13—后部接体;14—氧气螺母;15—软管接头;16—软管接头;17—乙炔螺母;18—氧气乙炔气管;19—手柄;20—手柄螺母(钉);21—乙炔手枪;22—乙炔阀杆

图 3.9 为等压式焊炬结构。它是由压力相近的氧气和乙炔同时进入混合室,混合后从焊嘴喷出,点燃即成火焰。等压式焊炬混合均匀,火焰稳定,不受焊炬温度影响,回火可能性小,但它必须使用中压或高压乙炔。等压式焊炬内部结构比射吸式简单。

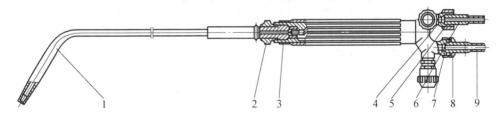

图 3.9　等压式焊炬结构

1—焊嘴;2—混合管螺母;3—混合管接头;4—氧气接头螺纹;5—氧气螺母;6—氧气软管接头;7—乙炔接头螺纹;8—乙炔螺母;9—乙炔软管接头

喷嘴提供了所期望的火焰尺寸和轮廓,能保证钎焊操作者有效地把火焰引向被钎焊件。各种火焰钎焊的喷嘴根据焊炬尺寸、被加热的工件尺寸和选择的燃气来确定。它们通常采用具有高的导热性、不容易过热的铜合金来加工。乙炔气或氢气使用的喷嘴口是平的;丙烷或液化石油气的喷嘴口上有一个凹面,以防止侧向风吹灭火焰。

手工火焰钎焊装置通用性强,结构简单、操作方便,燃气来源广、价格便宜,可进行局部加热,特别适用于单件或小批量的焊件钎焊和补焊。目前,在总装线上,电冰箱和空调器的压缩机、三通阀和换热器等管路的 TP2 薄壁铜管连接仍以手工火焰钎焊为主。图 3.10 为手工火焰钎焊铜导管。

图 3.10　手工火焰钎焊铜导管

2. 自动火焰钎焊机

自动火焰钎焊机是采用数字程序控制系统使火焰钎焊过程全部(或部分)自动进行的设备(或装置),通常用于大批量生产。选择自动化火焰钎焊设备必须考虑焊件的尺寸和结构,钎焊接头形式、要求的生产速率,以及焊件的组装、钎料和钎剂的预置、加热方式、焊件的冷却和卸载等一系列问题。

自动火焰钎焊机通常有转盘式和直线式两种,其中以转盘式居多。转盘式自动火焰钎焊机一般为多工位的,如 6 工位、8 工位、12 工位等。表 3.1 列出国内部分自动火焰钎焊机及其应用。

表 3.1　自动火焰钎焊机及其应用

名　　称	燃气	应　　用
12 工位转盘式自动火焰钎焊机	丙烷	空调器压缩外壳与排气管、吸气管、工艺管钎焊
EQB-L 系列直线式数控自动火焰钎焊机	丙烷	空调蒸发器及冷凝器、自行车、医疗器械等管钎焊
EQB-R 系列转盘式数控自动火焰钎焊机	丙烷	仪表开关、各种控制阀门、管路件、消声器、储液罐等
多头自动火焰钎焊机	丙烷	铜视镜的纯铜管与黄铜视镜体的钎焊
QH-A 自动火焰钎焊机	丙烷	空调器四通阀的先导阀上的毛细管 D、S 分别与主阀上的 D、S 接管的钎焊
T6-1×1 的 6 工位转盘式自动火焰钎焊机	丙烷	空调器四通阀的冷暖换向阀阀体与 S、E、C、D 管及管支架钎焊
转向阀自动火焰钎焊机	乙炔	热泵型空调器 DHF 电磁换向阀主阀体钎焊
8 工位消声器转盘式自动火焰钎焊机	乙炔	压缩机消声器与排气铜管钎焊
6 工位自动火焰钎焊机	丙烷	空调器储液器罐体与铜管钎焊
氧丙烷多嘴火焰自动钎焊机	丙烷	自行车车架、钢制散热器
C450B 型电脑编程全自动火焰钎焊机	液化石油气	空调器热交换器主回路管与 U 形弯管钎焊
电热管自动火焰钎焊机	乙炔	电热管、纯铜管与黄铜管板钎焊

　　图 3.11 是一种用于电冰箱和空调器的压缩机壳体与三管（排气管、吸气管、工艺管）自动火焰钎焊的 12 工位转盘式专用钎焊机的工位布置图，是由分度装置、加热机构、送料机构、冷却系统及自动控制系统等几部分组成。该钎焊机采用 6 套加热机构同时对 3 根管进行预热和钎焊加热，6 套加热机构安装在转台上。

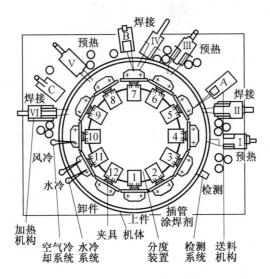

图 3.11　12 工位转盘式自动火焰钎焊机工位布置图

　　为了保证加热均匀，加热机构装有两把射吸式焊炬和摆动机构。焊炬位置即加热点以及加热火焰的状态均可任意调节。摆动机构带动两把焊炬进行前后摆动。两把焊炬和摆动机构可整体快速进退。

　　分度装置是该钎焊机的关键部件，由工件夹具、转盘、分度机构、减速器及驱动电动机组成。12 个工件夹具沿转盘圆周均布，夹具可方便地装卸壳体，并保证了壳体与管子的定位精度。夹具与转盘一起装在分度机构上。分度机构将减速后的连续转动变为间歇运动，实现 12 工位的分度和定位。

　　送料机构安装在焊接工位上，并与加热机构相配合。为实现钎料的自动送给，该钎料机选用直径为 1.2～1.4 mm 的盘状钎料，采用气动送料方式，完成钎料的分段送进，送进长度和速度均可无极调节。

　　该钎焊机的气路分为压缩空气、燃气和氧气三路。压缩空气经滤水、减压后进汇流板，再由汇流板分配给电磁阀，控制各加热与送料机构的快速进退及钎料的压紧送给等动作。燃气回路除总进口减压阀具有防止回火功能外，在每把焊炬的进气端还串联有回火防止器，以确保安全。

3.2　感应钎焊

　　感应钎焊是将工件的待焊部位置于交变磁场中，通过电磁感应在焊件中产生感应电流来实现工件加热的钎焊方法。

感应钎焊是一种局部加热钎焊方法,热量由工件本身产生,热传递快,加热迅速,广泛地用于钎焊结构钢、不锈钢、铜和铜合金、高温合金、钛合金等具有对称形状工件的局部加热钎焊,如管件套接、管与法兰、轴与轴套类工件的钎焊连接等。

3.2.1 感应钎焊的加热原理

感应钎焊是利用高频、中频或工频感应电流作为热源的一种焊接方法,主要特点是依靠工件在交流电的交变磁场中产生感应电流的电阻热来加热。具体是将导电的工件放置在变化的电磁场中,感应加热电源给单匝或者多匝的感应线圈提供变化的电流,从而产生磁场,当工件被放置到感应线圈之间进入磁场后,涡流进入工件内部,产生精确可控、局域的热能。

感应电流的大小与施感电流及其频率成正比。其关系可用下式表示

$$I = \frac{E}{Z} = \frac{4.44BSfW \times 10^{-8}}{Z} \tag{3.1}$$

式中 E——电动势,V;

　　Z——焊件的全部阻抗,Ω;

　　B——最大的磁感应强度,T;

　　S——焊件受磁场作用的断面积,cm^2;

　　f——交流电频率,Hz;

　　W——感应器的匝数。

从式(3.1)中可以看到,工件中产生的感应电流的大小与感应圈回路中的交流电的频率、感应圈的匝数和磁通成正比。此外,频率越高,交流电的集肤效应也越明显,焊件加热的厚度也越薄,因而焊件内部只能依靠表面层向内部的导热来加热,加热不均匀程度随频率增高而增大。通常取内部的电流密度降至表面的 1/2.7 处的表面层(其产生的热量为全部电流发生热量的 86.5%)厚度称为电流渗透深度,按下式计算

$$\delta = 5\,030 \sqrt{\frac{\rho}{\mu f}} \tag{3.2}$$

式中 δ——导体中的电流渗透深度,mm;

　　μ——导体中的磁通率,Gs/Oe(1 Gs/Oe $\approx$ 1.25 $\times 10^{-6}$ H/m);

　　ρ——导体中的电阻率,T。

从上式可以看出,频率越高,加热厚度越小,表面加热越迅速;相对磁导率越小,加热厚度越大;而电阻率越大,加热厚度也越大。

3.2.2 感应钎焊的应用

感应钎焊可在空气中或真空、保护气体中进行,可使用各种钎料,即可用于软钎焊,也可用于硬钎焊,可作为最后一道工序完成加工。广泛用于消费品、工业产品、结构组件、电力和电子产品、微型设备、机器和手工工具以及空间部件等。

图 3.12 和图 3.13 为紫铜管件感应钎焊,使用 BCu91PAg 钎料环,不使用钎剂。

图 3.12　采用预制钎料环的感应钎焊

图 3.13　完成感应钎焊的接头

图 3.14 为使用平板感应器对表面镀锡 $\phi1.9$ mm 纯铜毛细管与同样镀锡壁厚为 1 mm 的温控器钢制膜盒底座进行钎焊的示意图。使用两步软钎焊工艺:首先,使用锡铅材料将毛细管钎焊到底座上,钎料棒被自动从上部或下部加入;然后,钎焊铜的膜盒。

图 3.15 为冰箱压缩机内部的高压排气管感应钎焊图,在大量生产这种高压排气管时,节拍仅 3~4 s/套,钎焊钢件选铜钎料,含有铜则采用银钎料,通常是 40%~50% 的银基钎料。钎焊铜和铜部件采用磷钎料,使用与母材熔点接近的钎料是感应钎焊的优势之一。

图 3.14　温控器膜盒底座的感应钎焊

图 3.15　冰箱压缩机高压排气管感应钎焊

图 3.16 表明感应线圈同时将 4 个铜管连接到铸造黄铜集气管上。在操作过程中,将清理过的铜管端固定在集管上,预先放置钎焊合金环,接头区域预涂钎剂,然后,将组件放在感应器之上,加热完成钎焊。

图 3.17 为两种不同规格的紫铜管接头用同一个陶瓷感应线圈钎焊。图 3.17(a) 为两种规格的紫铜管接头,图 3.17(b) 采用插条控制大规格管件在感应器中的位置,图 3.17(c) 为不使用插条钎焊毛细管接头,使用焊环或丝状 BCu91PAg 钎料。

图 3.16　黄铜集气管组件的感应钎焊

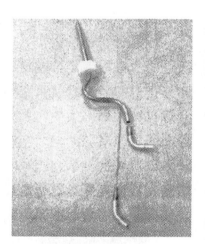

(a) 两种规格的紫铜管接头

(b) 采用插条控制大规格管
件在感应器中的位置

(c) 不使用插条钎焊毛细管接头

图 3.17　两种不同规格的紫铜管接头用同一个陶瓷感应线圈钎焊

图 3.18 为使用感应钎焊的铜铝异种材料的装配方法。$\phi 6$ mm×1 mm 紫铜与 $\phi 8$ mm×1 mm 纯铝钎焊,中间的焊环材料为锌镉系钎料、钎剂 028Cs／D,钎焊周期 7 s/点,功率 12 kW。

图 3.18　铜铝异种材料的感应钎焊

3.2.3 感应钎焊的优缺点

1. 感应钎焊的优点

(1)加热速度快,生产效率高。高频感应加热单位功率高达 $500 \sim 1\ 000\ kW/m^2$,所以加热速度极快,所需焊接时间仅需几秒至几十秒,工件钎焊时变色轻并能避免结垢,允许在空气中加热,生产效率高。

(2)热影响区小,对基体损伤小。高频感应加热的肌肤效应使得待焊工件的加热深度很浅,甚至可达零点几毫米,工件依靠热传导向内部导热,工件进入感应器被急剧加热到熔化温度,离开即进入急剧冷却状态,几乎没有保温时间,所以热影响区小,不损伤基体。例如在感应钎焊连接高强度部件时,可避免材料在回火或退火下强度的损失。还可以减少工件变形,消除可能发生的对接头周围工件的烧损。

(3)可避免或减少界面脆性化合物的形成,接头力学性能优异。由于感应加热速度快,能量集中,冷却时间短,获得晶粒细小,所以感应加热的工件具有非常好的金相组织。用于异种金属焊接则因加热时间短可减少界面化合物形成,能有效地提高接头力学性能。

(4)加热控制精确。工艺循环精确稳定,可提供外观平整、光滑、均匀的接头,而且能够使用递减钎焊温度的钎料进行顺序钎焊。

(5)使用感应钎焊可减少和简化夹持工装。感应钎焊的加热范围小,增加了所用工装的寿命,保持了被连接部件的尺寸精度。

(6)感应钎焊可以在接头上预置钎料,因此特别适合半自动或全自动生产。

(7)产量不高时,如果有现成的感应发生器,用铜管制成的简单的感应器也可以很经济的完成感应钎焊操作。

2. 感应钎焊的缺点

(1)感应钎焊装配间隙小,仅数十微米,因此装配难度大。如果使用固液相之间有明显温差的钎料,钎料在钎焊过程中流动性较差,间隙变化太大,将阻碍填满焊缝,导致不完整的结合。

(2)配套系统复杂,设备的初装费用高,需要专门知识。

3.2.4 感应钎焊设备

感应钎焊设备主要包括:交流电源装置(也称感应发生器)、感应器(俗称感应线圈)、耦合装置以及夹具等。

1. 交流电源装置

交流电源装置通常由电源、整流器、逆变器(或振荡管)、变压器、电容器组、控制系统、保护装置和冷却水系统等组成。整流器是将三相 50 Hz 交流电网整流为所需幅值的直流电源,加到逆变器(或振荡器)两端上,逆变器的作用是将直流电源变换为所需频率的交流电源。变压器是使负载阻抗与电源要求阻抗相匹配,输出预计的频率。控制系统控制输出功率、加热时间、保温时间等。自动保护装置具有过流、缺水、缺相等保护功能,当发生故障时,设备会自动关闭,不再启动。

感应钎焊设备的加热功率一般为 1~60 kW,工作频率为 0.5~400 kHz。目前实际应用较多的是 10~40 kW 和 0.8~300 kHz 的交流电源装置。

交流电源装置按其频率不同可分为中频、超声频和高频三种。中频(1~10 kHz)可以由机械式发电机组(0.3~1 kHz)或晶闸管中频交流电源装置(0.5~10 kHz)产生,前者因耗能大、噪声大等原因,现已被淘汰。常用的超声频电源(20~100 kHz)和高频电源(200~500 kHz)是电子管式或全固态晶体管式。

2. 感应线圈

感应线圈是感应钎焊设备的重要器件,交流电源的能量是通过它传给焊件而实现加热的,因此,感应线圈的设计对保证钎焊质量和提高生产率影响极大。正确设计和选用感应线圈的基本原则是保证工件足够的加热速度、加热均匀性和较高的加热效率。感应线圈大部分由铜管制成,工作时内部通以冷却水。管壁厚度一般不小于电流渗透深度,一般为 1~1.5 mm。感应线圈与工件之间应保持间隙以避免短路和放电。为了提高热效率,应尽量减小感应线圈匝间与工件间的无用间隙。为此,感应线圈应制成与所焊接头相似的形状,并与焊件保持不大于 3 mm 的均匀间隙。但对于壁厚不均匀的焊件或非圆形焊件,有时也可借调节感应线圈与焊件的间隙来保证均匀加热。单匝感应线圈的加热宽度小,多匝感应线圈的加热宽度大。对多匝感应线圈来说,改变节距可使加热形态发生变化。节距小时,加热宽度小,加热深度大;节距大时,正好相反,但节距不能过大。感应线圈的匝间距离一般取管径的 0.5~1.0 倍,一般为 1.5~2.2 mm。应尽可能采用外热式感应线圈,因为外热式感应线圈比内热式感应线圈具有更高的加热效率。

图 3.19 为几种最基本的感应线圈的设计方案。图 3.19(a)为外部圆筒形线圈,圆筒形线圈外部的电磁场比部件中的略少,热效率高;图 3.19(b)为板状集中式线圈,在小的工件面积上汇聚了高密度的电磁场;图 3.19(c)为输送线圈,允许连续输送待焊部件;图 3.19(d)为中开式筒形线圈,可为将要连接的垂直管组合面提供均匀的加热;图 3.19(e)为饼形线圈;图 3.19(f)为内藏式线圈,效率低。

3. 耦合装置

载荷吸收的实际能量取决于电源到载荷(线圈、工件、线圈架)之间的能量转换方式。当电源输出阻抗等于线圈的输入阻抗时,可以实现最合适的转换,构成载荷的回路应该是平衡的。

大多数发生器提供容易进行内部调节的感应值或容量以帮助耦合。另外,外部装置(例如耦合转换或改变容量)也被使用。

4. 感应钎焊用夹具和工件的传输

感应钎焊时,往往需要使用一些辅助夹具来夹持和定位焊件,以保证其装配准确性及与感应线圈的相对位置,并且允许被焊部件进出感应线圈。这些搬运夹具包括锁紧固定和定位销。

在设计夹具时应注意的是不被感应加热。当夹具和辅助设备是导电体或距离线圈

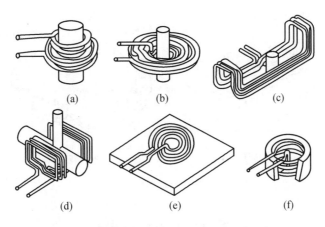

图 3.19　几种最基本的感应线圈设计方案

很近时,有可能被感应加热。无感应和热阻材料,例如人工或自然生成的陶瓷、石墨和玻璃填充夹层等,不能被电磁场影响并且能够使用封闭的环形设计,其中许多材料还具有能够被加工、加热或铸造成形的能力。

当金属材料使用在夹具和传输设备上时,应该使用非电磁材料,例如奥氏体不锈钢或铝及铝合金。在夹具上,连接感应线圈的感应连接器或机头中的金属回路应该避免采用封闭式的设计。为了安全应该记住,感应线圈应采用陶瓷铸造包敷或用绝缘材料包缠,裸露的线圈是危险的。

5.感应钎焊机

感应钎焊机通常由高频电源、机械装置(包括工作台及其气动升降机构,或工作台的转动机构、二维微调机构及焊件夹具),以及水冷系统、气路系统和电控系统组成。感应钎焊机大多为专用设备,生产率高,焊缝质量稳定可靠。感应钎焊机在制冷行业(冰箱和空调的主阀体与两端管及毛细管等)、电机行业(发电机绕阻、变压器绕阻)、航天工业(液体火箭发动机推力室、卫星导管)以及其他一些工业部门(如不锈钢-铝/铜复底锅、涡轮叶片、汽车换向器、硬质合金锯片)获得广泛应用。

感应钎焊机可分为半自动和自动两种,半自动感应钎焊机焊件的装卸工序及启动是由人工操作的,而钎焊过程全部自动进行。半自动感应钎焊机属间歇性工作机械,主要用于中小批量生产。半自动感应钎焊通常采用钎剂保护钎焊,但也可在氢气保护下或在真空容器中进行钎焊。

自动感应钎焊机是利用传送带或转盘连续不断地将焊件送入和带出加热位置,感应器呈盘式或隧道式,如图3.20所示。工作时,感应器一直通电,由选定的焊件送进速度来控制加热规范。这种感应钎焊机生产效率高,主要用于小件的大批量生产。

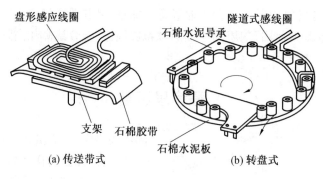

(a) 传送带式   (b) 转盘式

图 3.20   自动感应钎焊机

3.3   炉中钎焊

炉中钎焊按钎焊过程中钎焊区的气氛组成,可分为空气炉中钎焊、保护气氛炉中钎焊(又可分为中性气氛及活性气氛两种)及真空炉中钎焊。炉中钎焊是适合于大批量生产的劳动效率较高的自动化钎焊方法。只要能在钎焊前将钎料置于接头上,并在钎焊过程中保持钎料位置不变,炉中钎焊就是可行的。

3.3.1   空气炉中钎焊

空气炉中钎焊的原理很简单,即把装配好的加有钎料和钎剂的工件放入普通的工业电炉中加热至钎焊温度。依靠钎剂去除钎焊接头处的表面氧化膜,熔化的钎料流入钎缝间隙,冷凝后形成钎焊接头,如图 3.21 所示。

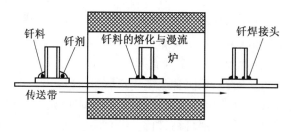

图 3.21   空气炉中钎焊工作示意

空气炉中钎焊广泛用于批量钎焊已装配好的零件,此时钎料预先放置在接头附近或放入接头内,预先放置的钎料可以是丝、箔、碎屑、棒、粉末、膏和带状等多种形式。钎剂可以粉状使用,也可以用水溶液调成糊状使用。一般是先涂在间隙内及钎料上,再放入炉中进行钎焊。严格控制焊件加热均匀是保证炉中钎焊质量的重要环节。为了缩短焊件在高温停留的时间,钎焊时可先把炉温升到稍高于钎焊温度,再放入焊件进行钎焊。对于体积较大且结构比较复杂、组合件各处的截面相差大的焊件钎焊时,应尽量保证炉内温度的均匀。焊件钎焊前先在低于钎焊温度下保温一段时间,力求整个焊件加热温度的一致;对于截面差异大的焊件,可在薄截面一侧与加热体之间放置隔热屏(金属块或板）。

空气炉中钎焊加热均匀，焊件变形小，所用的设备简单，成本较低。虽然空气炉中钎焊的加热速度较慢，但由于一炉可同时钎焊很多件，生产率仍很高。它的缺点是：由于加热速度较慢，又是对焊件整体加热，因此焊件在钎焊过程中会遭到严重氧化，钎料熔点高时就更为严重。因此，空气炉中钎焊的应用受到一定限制。碳钢、合金钢、铜及其合金、铝及其合金等可采用炉中钎焊。

3.3.2　保护气氛炉中钎焊

空气炉中钎焊用膏状钎剂保护零件，然而当所用钎剂的保护能力不能满足钎焊过程需要时，必须采用可控气氛或真空。保护气氛炉中钎焊也称控制气氛炉中钎焊，特点是：加有钎料的焊件是在保护气氛下的电炉中加热钎焊，可有效地阻止空气的不利影响。按使用气氛的不同，可分为活性气氛（如氢气）炉中钎焊和惰性气氛（如氮、氢、氦气等）炉中钎焊。

活性气氛炉中钎焊活性气体以氢和一氧化碳为主要成分，不仅能防止空气入侵，还能还原工件表面的氧化物，有助钎料润湿母材。还原性气体的还原能力同氢气和一氧化碳的含量以及气体的含水量和二氧化碳的含量有关。气体的含水量以露点来表示，含水量越小，露点越低。钎焊钢和铜等金属时，金属的氧化物容易还原，允许气体的二氧化碳含量和露点高些；钎焊含铬、锰量较多的合金，如不锈钢时，这些元素的氧化物难以还原，应选用露点低和二氧化碳含量小的气体。在干燥氢气中，硬钎焊时需特别注意露点的控制。由于氢气会使铜、钛、锆、铌、钽等金属脆化，因此在考虑采用氢气作为钎焊保护气氛时应慎重。此外，空气中 $\varphi(H)$ 高于 4% 时，会成为一种易爆气体，应将废气烧掉或排到户外。

惰性气氛炉中钎焊采用氩气保护时可以钎焊一些复杂结构、在空气中容易与氧、氮、氢等作用的材料，如 1Cr18Ni9Ti 不锈钢散热架、钛热交换器等。采用氮气保护时一般需要氮气的纯度达到 99.9995% 以上，所以必须对氮气纯化处理。但是氮气气氛保护钎焊时不能去除金属的氧化物，不能改变碳的含量，因此一般加入一些氢、甲烷、甲醇等来调节所需的氧化-还原作用或碳势值。主要用于汽车铝制散热器、汽车空调蒸发器、冷凝器、水箱等铝制产品的钎焊。

3.3.3　真空炉中钎焊

真空炉中钎焊是在抽出空气的炉中或焊接室中的硬钎焊，是连接许多同种或异种金属接头的一种经济方法，过程中不使用钎剂。真空条件特别适合于钎焊面积很大而连续的接头，这种接头在普通钎焊时难以彻底清除钎焊界面的固态或液态钎剂，或保护气体不能排尽藏在紧贴钎焊界面中的气体。真空硬钎焊也适用于连接许多同种和异种金属，包括钛、锆、铌、钼和钽。这些金属的特点是，甚至很少量的大气中的气体也会使其脆化，有时在钎焊温度下就会碎裂。

与其他高纯度钎焊气氛相比，真空炉中钎焊有如下优点：

（1）真空条件下被钎焊零件不会出现氧化、增碳、脱碳及污染变质等现象；不使用钎剂，不会出现气孔、夹杂等缺陷，省掉焊后清洗钎剂工序，对环境无污染。

（2）高温下，在母材和钎料周围存在低压力，能够排除金属中的挥发性杂质和气体，可使基体金属的性能得到改善。

（3）钎焊时，零件整体受热均匀，热应力小，可将变形量控制到最小限度，特别适宜精密产品的钎焊。

（4）零件热处理工序可在钎焊工艺过程中同时完成。选择适当的钎焊焊接参数，还可将钎焊作为最终工序得到性能符合设计要求的钎焊接头。

（5）可钎焊的基本金属种类多，特别适宜钎焊铝及铝合金、钛及钛合金、不锈钢、高温合金等；对复合材料、陶瓷、石墨、玻璃、金刚石等材料也适用。

但是，真空钎焊也存在如下缺点：

（1）在真空条件下金属易挥发，因此对含高蒸气压元素（锌、镉、锂、锰、镁、磷等）的基本金属和钎料不宜使用真空钎焊。如使用，则应采用复杂的工艺措施。

（2）真空钎焊对钎焊零件的表面粗糙度、装配质量、配合公差等的影响比较敏感，对环境要求高。

（3）真空设备复杂，投资大，维修费用高；对工作环境和工人技术水平也要求较高。

3.3.4 炉中钎焊设备

1. 空气炉中钎焊设备

空气钎焊炉实际上就是普通热处理用的电阻加热炉，按结构形式分为立式和卧式两种。它们结构简单、通用性强、加热均匀，焊件变形小，一炉可同时钎焊多件，成本低。其缺点是加热时间较长，对焊件整体加热，焊件在钎焊过程中氧化严重，钎焊温度高时更为明显，因此其应用受到限制。

目前较多用于铝及铝合金中小型零件的钎剂保护钎焊。钎焊铝及铝合金时，要严格控制炉温，保持炉温的均匀性。例如，在空气炉中钎焊 6A02 铝合金与 1Cr18Ni9Ti 不锈钢接头时，炉温比 6A02 铝合金温度高出 30 ℃左右。当 Al-Si 共晶钎料熔化后停留 2～3 s，就应从炉中迅速取出焊件，以免母材过烧。

2. 保护气氛炉中钎焊设备

保护气氛钎焊炉按钎焊区气氛的活性可分为惰性（或中性）气氛钎焊炉和还原性气氛钎焊炉两大类。

（1）惰性气氛钎焊炉

惰性气氛钎焊炉通常是由一个电阻加热炉和一个可通入一定压力的惰性（或中性）气体（如氩或氮）的容器组成。钎焊前，容器一般先抽真空再通入惰性气体，经抽空-充气多次反复，使容器内氧化性气氛分压降至最低，然后送入电阻加热炉内升温钎焊。图 3.22 为砂封钎焊容器，是由不锈钢或耐热钢焊接而成。容器上有保护气体的进气管和出气管，保护气体比空气轻（例如氢）时，出气管应安置在容器底部；重于空气（例如氩）时，出气管应安放在容器上部。当焊件对容器的密封要求不特别严格时，使用前可借助在砂封槽中填砂来保证;要求严格时,应采用熔焊封死或螺栓夹紧气密垫圈等方法来保证。该类容器已用于不锈钢组合件的纯氩气保护钎焊。

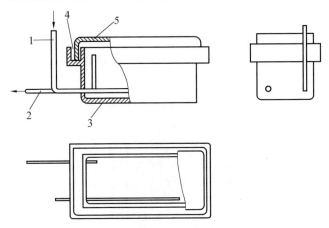

图 3.22　砂封钎焊容器结构示意图
1—保护气体进气管;2—工作气体出气管;3—容器;4—砂封槽;5—顶盖

惰性气氛钎焊炉有间歇式(又称周期式)和连续式两种,用来钎焊汽车空调的铝质冷凝器、蒸发器和中冷器等。间歇式的钎焊炉适宜钎焊较大的汽车部件,如中冷器和大型散热器等,而连续式的钎焊炉通常用于轿车空调的蒸发器和冷凝器的钎焊。图3.23(a)为间歇式钎焊炉,图3.23(b)为连续式铝钎焊炉。连续式钎焊炉具有生产效率高,钎焊成本低、钎焊质量好等优点。

(a) 间歇式　　　　　　　　　　　　　　(b) 连续式

图 3.23　惰性气氛钎焊炉

(2)还原性气氛钎焊炉

还原性气氛钎焊炉可分为氢气保护钎焊炉和连续式气体保护钎焊炉。氢气保护钎焊炉有立式和卧式两种。图 3.24 为一常用的立式氢气钎焊炉,其炉膛尺寸为$\phi550$ mm×750 mm,最高温度为 1 100 ℃,工作温度为 850 ℃,额定的加热功率为92 kW。由可编程序控制器(PLC)实现自动控制。钎焊结束后,可充氮气加速冷却。立式氢气钎焊炉温区范围大,适合钎焊尺寸较大的焊件,升温速度较缓慢,热冲击小。其不足之处是生产周期长,不能连续生产。

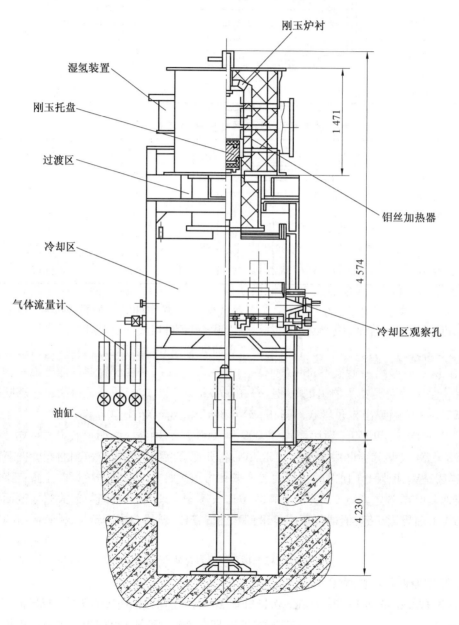

图 3.24 立式氢气钎焊炉

图 3.25 为一卧式氢气钎焊炉,它主要由炉壳、炉衬、钼丝加热炉管、预热区和冷却区等部分组成。卧式氢气钎焊炉结构较简单、使用方便,生产周期较短。

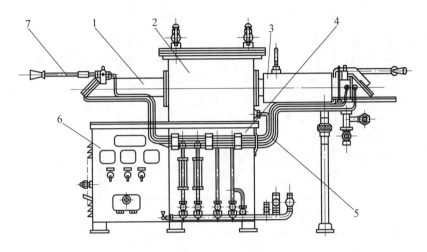

图 3.25　卧式氢气钎焊炉

1—送料管;2—炉体;3—出料管;4—支架;5—气体管道;6—控制仪表;7—把手

连续式气体保护钎焊炉是一种高效率、高质量、低成本、大批量进行复杂结构的小型零部件无氧化钎焊的生产设备。连续式气体保护钎焊炉已广泛应用于汽车行业、家用电器、炊具、五金行业的批量连续焊接生产。连续式气体保护钎焊炉根据焊件传送方式不同可分为网带式、推杆式和辊底式三种,其中网带式连续气体保护钎焊炉在国内生产和应用最为广泛。图 3.26 为水平网带式连续气体保护钎焊炉结构示意图。

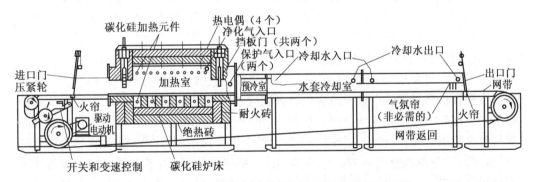

图 3.26　水平网带式连续气体保护钎焊炉结构示意图

选择哪一种钎焊炉炉型和保护气氛应根据钎焊的焊件材料及其大小来决定。钎焊时所用保护气氛可从表 3.2 中选用。

表 3.2　炉中钎焊用保护气体

序号	气 源	熔点/℃	成分近似值（体积分数/%）				备 注
			H_2	N_2	CO	CO_2	
1	放热式气体	室温	1 ~ 5	87	1 ~ 5	11 ~ 12	
2	放热式气体	室温	14 ~ 15	70 ~ 71	9 ~ 10	5 ~ 6	脱碳
3	吸热式气体	-40	15 ~ 16	73 ~ 75	10 ~ 11	—	
4	吸热式气体	-40	38 ~ 40	41 ~ 45	17 ~ 19		增碳
5	氨分解气体	-54	75	25			
6	瓶装氢气	室温	97 ~ 100				
7	净化的氢气	-59	100				
8	工业氮-氢混合气	-37	5	95			
9	高纯氮气	-46		99.9 ~ 100			
10	氨基气氛	-60	H_2 + CO 含量 2% ~ 12%				氮与甲醇裂解后的混合气体

3. 真空炉中钎焊设备

真空钎焊设备就是采用电阻热作为热源进行真空钎焊的加热设备,主要由真空钎焊炉和真空系统组成。真空钎焊炉又可分为热壁真空钎焊炉和冷壁真空钎焊炉,其中冷壁真空钎焊炉应用最为普遍。

（1）热壁真空钎焊炉

热壁真空钎焊炉通常由一个真空容器和一个通用的电阻加热炉组成,如图 3.27 所示。它的特点是在室温时先将装有钎焊件的容器中的空气抽出,然后将容器推进炉内,在炉中加热钎焊工件时,抽真空与加热升温同时进行。钎焊后容器可退出炉外冷却,缩短了生产周期,并可防止母材晶粒长大。热壁炉内真空钎焊大多要求真空泵在整个热循环中连续工作,以除去工作载荷释放出来的气体。这种类型的钎焊炉的使用温度可高达1 150 ℃,但大多数都限于 870 ℃ 或更低。加热炉可采用普通的工业电炉。这种真空容器内部没有加热元件和隔热材料,不但结构简单,容易操作,而且加热中释放的气体少,有利于保持真空。为提高生产率,同时备有几个钎焊容器,交替进入、退出炉腔进行钎焊和冷却,因此,设备投资少,生产率高。但容器在高温、真空条件下受到外界大气压力的作用,易变形,故适用于小件小量生产,多用于试验。大型热壁炉则常采用双容器结构（见图 3.27(b)）,即加热炉的外壳也设计成低真空容器,但结构的复杂化使其应用受到限制。

（2）冷壁真空钎焊炉

真空室建立在加热室内,即加热炉与真空钎焊室为一体,俗称冷壁炉。工业上大部分采用的为冷壁炉。冷壁炉炉壁为双层水冷却结构,钎焊炉外壳是冷的,它们是钎焊不锈钢、铝及铝合金、陶瓷等常用的钎焊设备。但冷壁炉要求钎焊件钎焊后必须随炉冷却,限制了生产率。

冷壁真空钎焊炉按其结构形式可分为立式和卧式两大类,大型的冷壁真空钎焊炉

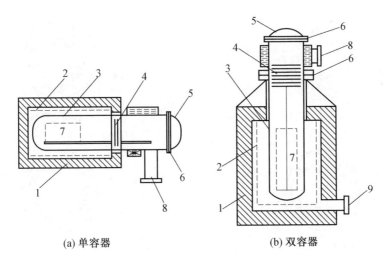

(a) 单容器 (b) 双容器

图 3.27　热壁真空钎焊炉

1—炉壳;2—加热器;3—真空容器;4—反射屏;5—炉门;6—密封环;7—工件;8—接扩散泵;9—接机械真空泵

以卧式居多,这是因为立式炉往往受到厂房空间高度的限制。冷壁真空钎焊炉按其炉腔结构不同又可分为单室、双室和多室的。

冷壁真空钎焊炉炉体主要由发热元件、隔热元件和水冷炉壁组成。发热元件多由金属钼带或钼丝、钨、钽、镍、镉、铁、铬、铝等金属电热元件及石墨电热元件制成。隔热元件通常为由多层金属薄片构成的反射屏结构及石墨毡或陶瓷毡结构,其功用为保持内部加热区的高温,并把热量限制在加热区,保持炉壁较低的热输入,使炉壁在水冷作用下处于较低的温度。

工业上采用的冷壁真空钎焊炉的加热元件主要分为金属加热体和石墨加热体。金属加热体气体吸附量较少,升温过程放气量较少,有利于真空度提高,不会造成工件表面增碳;缺点是易变形,耐热冲击差,最高工作温度偏低,价格较高。石墨加热体价格低廉,工作温度高,耐热冲击和快速冷却能力强,变形小;缺点是吸附气体较多,还可能造成工件表面增碳等。

隔热材料也分为金属反射屏和非金属隔热材料。金属反射屏由多层金属薄板组成,各层对热辐射的反射作用可将热量限制在工作区内。金属反射屏内层温度较高,一般选用钼材料,外层选用不锈钢材料。非金属隔热材料有石墨毡、陶瓷毡、矿物棉、多孔轻质陶瓷板等,靠材料本身高的耐温性能和低的导热系数实现隔热,将热量限制在一定范围内,减少热量散失和加热屏外的升温。另外,除单独金属反射屏外,还有将金属与非金属隔热材料组合使用的隔热屏结构形式。图 3.28 为几种隔热屏结构示意图。

真空钎焊炉加热均匀,焊件变形小,不用钎剂,焊后不需要清洗,钎焊的产品质量高,可以方便地钎焊那些用其方法难以钎焊的金属和合金,因此在航空航天、汽车、制冷、电子等领域得到广泛应用。

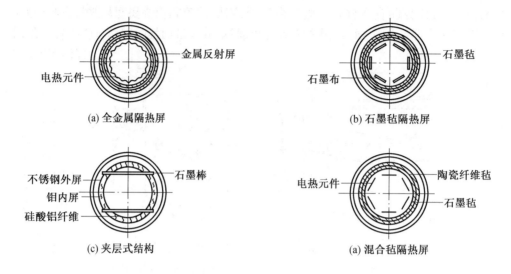

图 3.28　几种加热、隔热元件材料及结构布置示意图

3.3.5　炉中钎焊的应用

炉中钎焊可广泛用于可以预先将钎料放于接头附近或内部的工件,预先放置的钎料有丝、箔片、屑块、棒、粉末、软膏和带状等形状。炉中钎焊时焊件被整体加热,加热速度较慢,工件变形小,适合于较大零件、钎缝密集和较长钎缝以及大面积钎缝的钎焊。

通常可进行炉中钎焊的钢零件包括中小型冲压件、深拉延的薄板金属件、小型锻件和某些铸件。常常将零件设计成"自锁"型,不使用夹具组装即可钎焊;有时也需要使用夹具,但尽可能不用。因为夹具既增加质量,又会在反复经历高温之后发生尺寸和形状变化。冲毛边、扩口、旋压铆接、滚花、收口、压配合和定位焊等能保证钎焊所需的良好组装。炉中钎焊由于一炉可以放置多个工件,可实现连续或半连续操作等特点,也适合于较小工件的大批量生产,具有较高的生产效率。

3.3.6　炉中钎焊的优缺点

1. 炉中钎焊的优点

与其他钎焊方法相比,炉中钎焊主要优点是作为钎焊材料的保护气氛很便宜,工厂能大量生产,工业氨基气氛可以液态储存在厂房外面。这些气氛具有极好的防氧化能力,根据需要可以制成具有约 0.2% ~ 1.0% 任何碳势的气氛。在用铜钎料钎焊碳钢时一般不需要使用钎剂。因为炉中气氛能还原工件表面薄氧化膜,并防止工件表面在钎焊过程中进一步氧化。但对铬、锰、铝和硅的总含量超过 2% 或 3% 的某些低合金钢,表面氧化物比较稳定,则需要强还原气氛(如干燥的氢或分解氨)、钎剂或镍镀层,以便获得良好的润湿作用。

炉中钎焊的另一个主要优点是,无论用间歇式炉或连续炉,能以较低的单件成本钎焊大批量的组件。大量生产时是最有效和最经济的钎焊方法。

在钎焊温度下,炉中钎焊能使整个工件的温度均匀分布。但是,若被钎焊组件的断面厚度相差很大时,有时就需要将它们先预热到接近钎料熔点的温度并保温到温度均匀,然后再将温度升高到钎焊温度范围。如果接头结构设计和装配良好,钎料的数量和形式正确,那么钎焊接头就具有均匀一致的强度和致密性。同一组件上的几个接头可在一道工序内完成钎焊。当用适当的气氛保护时,从炉子冷却室(约150 ℃)出来的已钎焊件清洁而光亮,无需再进一步清理。

2. 炉中钎焊的缺点

炉中钎焊的缺点是以铜钎焊钢时需要的较高温度。铜钎焊钢时的温度比银基钎料钎焊所要求的钎焊温度高约300 ℃。这种高温使中碳钢、高碳钢和低合金钢的晶粒粗化,对于加热炉构件的寿命是有害的,特别是那些处于高温工作的构件,如炉衬、电热元件、马弗罐、轨道、托盘和传送带等。

另外,工业气氛和发生器制备的气氛可能含有一些有毒化合物。含有5%或更多可燃气体(H_2 、CO 和 CH_4)的气氛具有潜在的火灾和爆炸危险,安全操作和对炉子、发生器与排气系统的预防性维护都是必要的。通过改进炉子的设计和材料,与炉子构件寿命有关的大多数缺点都可以克服。

3.4 电阻钎焊

电阻钎焊又称接触钎焊,它是依靠电流通过工件或与工件接触的加热块产生的电阻热来加热工件和熔化钎料的钎焊方法。

3.4.1 电阻钎焊的加热原理

电阻钎焊方法与电阻焊相似,是用电极压紧两个零件的钎焊处,使电流流经钎焊面形成回路,依靠钎焊面及毗连的部分母材中产生的电阻加热。其特点是被加热的只是零件的钎焊处,因此加热速度很快。在这种钎焊过程中,要求零件钎焊面彼此保持紧密贴合;否则,将因接触不良,造成母材局部过热或接头严重未钎透等缺陷。在一些情况下,为得到更好的压紧状况,可采用两个电极在同一侧的平行间隙钎焊法。在微电子产品中,在印刷电路上装连元器件引线时,由于结构原因,多采用平行间隙钎焊法(见图3.29)。电阻钎焊不能使用固态钎剂,因其不导电,一般采用钎剂和气体介质去膜。当必须使用钎剂时,应采用水溶液或酒精溶液。

3.4.2 电阻钎焊的应用

电阻钎焊广泛使用铜基和银基钎料,最适于箔状钎料,它可以方便地直接放在零件的钎焊面之间。另外,在某些情况下,工件表面可电镀或包覆一层金属做钎料用。为使钎焊处导电,钎料以水溶液或酒精溶液涂于钎焊处,这在电子工业中应用很广。若使用钎料丝,应在待焊面加热到钎焊温度后,将钎料丝末端靠近钎缝间隙,直至钎料熔化,填满间隙,并使全部边缘呈现圆滑钎脚。

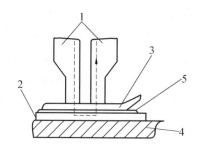

图 3.29 平行间隙钎焊法

1—电极;2—金属箔;3—引线;4—底座;5—钎料

电阻钎焊适于使用低电压、大电流,通常可在电阻焊机上进行,也可采用专门的电阻钎焊设备和手焊钳。

3.4.3 电阻钎焊的优缺点

电阻钎焊的优点是加热极快,生产率高,而且由于加热十分集中,对周围热影响小。工艺简单,劳动条件好,过程容易实现自动化。缺点是钎焊接头尺寸不能太大,形状也不能太复杂。电阻钎焊主要用于钎焊刀具、带锯、导线端头、电触点、电动机的定子线圈以及集成电路块元器件的连接等。

3.4.4 电阻钎焊的方法

电阻钎焊是利用电流通过工件或与工件接触的加热块所产生电阻热,加热工件和熔化钎料的钎焊方法。电阻钎焊分直接加热和间接加热两种方式,如图 3.30 所示。两种电阻钎焊方法的主要优点是便于钎焊热物理性能差别大的材料和厚度相差悬殊的焊件,使之不会出现加热中心偏离钎焊面的情况。同时,由于电流不需通过钎焊面,因此可以直接使用固态钎剂,而且对零件钎焊面的配合要求也可以适当放宽,这些均简化了工艺。但为了保证装配准确度和改善导热过程,对焊件仍需压紧。由于在这两种方式中,焊件的加热是一个热传导过程,因此加热速度较慢。目前,加热块形式的电阻钎焊

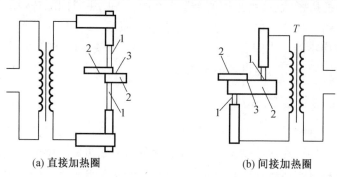

(a) 直接加热圈　　　　　　(b) 间接加热圈

图 3.30 电阻钎焊原理图

1—电极;2—焊件;3—钎料

在电子工业的印刷板电路生产中使用甚广。

1. 直接加热电阻钎焊

直接加热电阻钎焊,钎焊处由通过的电流直接加热,加热很快,但要求钎焊面紧密贴合。加热程度视电流大小和压力而定,加热电流为 6 000 ~ 15 000 A,压力为 100 ~ 2 000 N。电极材料可选用铜、铬铜、钼、钨、石墨和铜钨烧结合金,其性能列于表 3.3、表 3.4。图 3.31 是几种电极形式示意图。

表 3.3　电极的特性

材　　质	电阻率/$(\Omega \cdot cm^2 \cdot m^{-1})$	硬度/HV	软化温度/℃
铜	1.89	95	150
铜合金	2.0 ~ 2.13	110 ~ 150	250 ~ 450
铜钨合金	5.3 ~ 5.9	200 ~ 280	1 000
钨	5.5	450 ~ 480	1 000 以上
钼	5.7	150 ~ 190	1 000 以上

表 3.4　石墨电极特性

状态及特性	软质	中等	硬质
电阻率/$(\Omega \cdot cm^2 \cdot m^{-1})$	0.001	0.002	0.006 1
热导率/$(W \cdot m^{-1} \cdot k^{-1})$	151	50	33.5

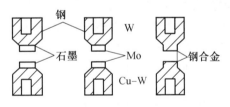

图 3.31　几种电极形式

直接加热的电阻钎焊由于只有工件的钎焊区域被加热,因此加热迅速,但对工件形状及接触配合的要求高。图 3.32、图 3.33 为电阻钎焊时的部分加工示意图,包括在电子工艺中的应用。

2. 间接加热电阻钎焊

间接加热电阻钎焊,电流可只通过一个工件,而另一个工件的加热和钎料的熔化是依靠被通电加热的工件的热传导来实现的,也可以将电流通过一个较大的石墨板,工件放在此板上,依靠由电流加热的石墨板的传热实行加热。直接加热电阻钎焊的加热电流为 100 ~ 3 000 A,电极压力为 50 ~ 500 N。间接加热电阻钎焊灵活性较大,对工件接触面配合的要求较低,但因不是依靠电流直接通过加热的,整个工件被加热,加热速度慢。适合钎焊热物理性能差别大和厚度相差悬殊的工件,而且对钎焊面的配合要求可适当降低。

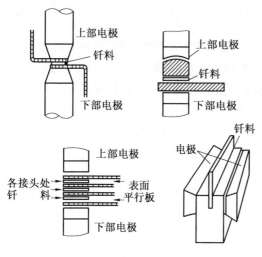

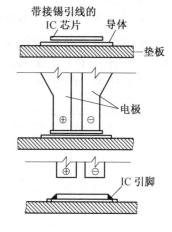

图 3.32　电阻钎焊实例 图 3.33　电阻钎焊在电子产品中的应用

3.4.5　电阻钎焊设备

电阻钎焊机又称电接触钎焊机,是电阻钎焊时用的加热设备。钎焊时它利用电流通过电极和焊件或电极与焊件接触的加热块所产生的电阻热使焊件局部加热和熔化钎料,同时还对钎焊处施加一定的压力。由于电阻钎焊加热快,生产效率高,所以在硬质合金刀具、电动机导线及电气触头的连接中获得了广泛应用。

电阻钎焊机可以是普通的电阻焊机或经改进的电阻焊机,也可以是一种用于特定产品的专用电阻钎焊设备,通常由变压器、电极、夹紧装置、开关、电源等部分组成。有特制的焊压装置,用来夹紧钎焊接头,其压力大小及方向均可改变。国内部分电阻钎焊机及其主要技术参数见表 3.5。

表 3.5　电阻钎焊机型号及技术参数

型号	容量 /(kV·A)	一次电压/V	二次空载 电压/V	最大钎焊截面 /mm²	用　　途
QQ-12	12	220/380	1.31~2.65	900	合金钢及硬质合金刀头的钎焊
QQ-20	20	380	1.2~2.4	1 000	
QQ1-0.5	0.5	220	0.4~1.2	—	固体电路已镀锡的引线与其他电路(印制板)的钎焊
Q-400	4	380	9	$\phi6$ mm×1 mm 钢管与 $\phi 8$ mm× 1 mm 钢管搭接接头	冰箱冷凝管与蒸发管的连接
Q-25	25	380	4.20~6.75	70~120	大电流转子铜管的钎焊

3.5 浸沾钎焊

浸沾钎焊是把焊件局部或整体地浸入盐混合物溶液(称盐浴)或钎料溶液(称金属浴)中,依靠这些液体介质的热量来实现钎焊过程。浸沾钎焊由于液体介质的热容量大、导热快,能迅速而均匀地加热焊件,因此生产率高,焊件的变形、晶粒长大和脱碳等现象都不显著。钎焊过程中液体介质又能隔绝空气,保护焊件不受氧化;并且,熔液温度能精确地控制在±5 ℃范围内,因此,钎焊过程容易实现机械化。有时,在钎焊的同时,还能完成淬火、渗碳、氰化等热处理过程。工业上广泛钎焊各种合金,特别适用于大量生产。浸沾钎焊按使用的液体介质不同分为盐浴钎焊和金属浴钎焊。

3.5.1 盐浴钎焊

盐浴钎焊主要用于硬钎焊。盐液由于是加热和保护的介质,故必须予以正确选择。对盐浴基本要求是:要有合适的熔点,对焊件能起保护作用而无不良影响;使用中能保持成分和性能稳定。盐浴组分通常分以下几类:①中性氯盐,可以防止工件表面氧化。除了用铜钎焊低碳钢外,用铜基钎料和银基钎料钎焊时,应在工件上施加钎剂。钎剂可以在组装前、组装过程中或组装通过刷、浸沾或喷洒等方式加到工件上。②在中性氯盐中加入少量钎剂,如硼砂,以提高盐的去氧化能力,这时,在工件上不必再施加盐。为了保持盐浴的去氧化能力,需要周期性地加入补充钎剂。③渗碳和氮化盐,这些盐本身具有钎剂作用。此外,在钎焊钢时,尚可对钢表面起渗碳和渗氮作用。④钎焊铝和铝合金用的盐液既是导热的介质,又是钎焊过程中的钎剂。为了保证钎焊质量,必须定期检查盐浴的组分及杂质含量,并加以调整。

一般最常使用中性氯盐的混合物。表3.6列举了一些用得较广的盐混合物成分。

表3.6　钎焊用盐浴

成分(质量分数)/%				t_m/℃	t_B/℃
NaCl	CaCl$_2$	BaCl$_2$	KCl		
30	—	65	5	510	570 ~ 900
22	48	30	—	435	485 ~ 900
22	—	48	30	550	605 ~ 900
—	50	50		595	655 ~ 900
22.5	77.5	—		635	665 ~ 1 300
		100		962	1 000 ~ 1 300

盐浴浸沾钎焊时,为了操作安全,均用低电压(10 ~ 15 V)大电流的交流电加热。当电流通过盐液时,由于电磁场的搅拌作用,整个盐液温度比较均匀,可控制在±3 ℃范围内。但盐液的电磁循环作用可能使零件或钎料发生错位,因此必须对组件进行可靠

固定。一般使用敷钎料板是最方便的,其次是使用钎料箔,将其预置于钎缝间隙内。将钎料丝置于间隙外的方式应慎重采用,因除有错位危险外,还可能出现钎料过早熔化的问题。

在盐浴钎焊中,由于盐浴的保护作用,对去膜要求有所降低。但仅在用铜基钎料钎焊结构钢时可不用钎剂去膜,其他仍需使用钎剂。加钎剂的方法,是把焊件浸入熔化的钎剂中或钎剂水溶液中,取出后加热到 120~150 ℃除去水分。

为了减小焊件浸入时盐溶液温度的下降,以缩短钎焊时间,最好采用两段加热钎焊的方式:即先将焊件置于电炉内预热到低于钎焊温度 200~300 ℃,再将焊件进行盐浴钎焊。钎焊时,工件通常以某一角度倾斜浸入盐浴,以免空气被堵塞而阻碍盐液流入,造成漏钎。钎焊结束后,工件也应以一定角度取出,以便盐液流出,但倾角不能过大,以免尚未凝固的钎料流积或流失。

钎焊前,一切要接触盐液的器具均应预热除水,防止接触盐液时引起盐液猛烈喷溅。

盐浴钎焊的缺点是需要使用大量的盐类,特别是钎焊铝时要大量使用含氯化锂的钎剂,成本很高,盐溶液大量散热和放出腐蚀性蒸气,同时遇水有爆炸危险,劳动条件较差,不适于钎焊有深孔、盲孔和封闭型的工件,工件的形状必须便于盐液能完全充满和流出,而且盐浴钎焊成本高,污染严重,现已不采用这种钎焊方式。

3.5.2 金属浴钎焊

金属浴钎焊由于熔态钎料表面容易氧化,主要用于软钎焊。它是将经过表面清理并装配好的焊件进行钎剂处理,然后浸入熔化的钎料中,依靠熔化的钎料热量将焊件加热到钎焊温度,同时钎料渗入接头间隙,完成钎焊过程。图 3.34 是金属浴钎焊的原理图。

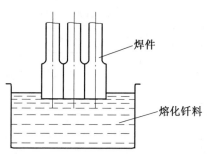

图 3.34 熔化钎料中浸沾钎焊

焊件的钎剂处理有两种方式:一种是将焊件先浸在熔化的钎剂中,然后再浸入熔化钎料中;另一方式是熔化的钎料表面覆盖有一层钎剂,焊件浸入时先接触钎剂再接触熔化的钎料。前种方式适用于在熔化状态下不显著氧化的钎料。如果钎料在熔化状态下氧化严重,则必须采用后一种方式。

金属浴钎焊方法的最大优点是能够一次完成大量多种和复杂钎缝的钎焊,工艺简单、生产率高。其主要缺点是焊件表面必须做阻焊处理,否则将全部沾满钎料,钎焊后往往还需花费大量劳动去清除这些钎料。另外,由于表面氧化,浸沾时混入污物以及焊件母材的溶解,槽中钎料很快变脏,需要经常更换或补充新的钎剂。

目前,金属浴钎焊主要用于以软钎料钎焊钢、铜及铜合金。特别是对那些钎缝多而密集的产品,诸如蜂窝式换热器、电机电枢、汽车水箱等,用这种方法钎焊比用其他方法优越。各种方式的熔化钎料中浸沾钎焊方法在电子工业中应用甚广,并适应印刷电路板制作的需要,发展为机械化的波峰钎焊方法,它过去在电子设备生产中应用很广。图3.35 所示是单波峰钎焊原理示意图,与一般的熔化钎料中浸沾钎焊过程相反,波峰钎焊是在熔化钎料的底部安放一泵,依靠泵的作用使钎料不断地向上涌动,印刷电路板在与钎料的波峰接触的同时随传送带向前移动,从而实现元器件引线与焊盘的连接。由于波峰钎焊具有一定的柔性,即使印刷电路板不够平整,只要翘曲度在 3% 以下,仍然可以得到良好的钎焊质量。但单波峰钎焊时,由于电路板组装密度大等原因,会产生大量的漏焊和桥连缺陷,为此又开发了双波峰钎焊,如图 3.36 所示。双波峰钎焊有两个钎焊波峰,前一波峰较窄,波高与波宽之比大于 1,峰端有 2～3 排交错排列的小波峰,在这样多头的、上下左右不断快速流动的湍流波作用下,钎剂气体被排除,表面张力作用也被减弱,从而获得良好的钎焊质量。后一波峰为双向宽平波,钎料流动平坦而缓慢,可以去除多余钎料,消除毛刺、桥连等缺陷。双波峰钎焊已在印刷电路板插贴混装上广泛应用。

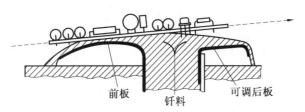

图 3.35 单波峰钎焊示意图

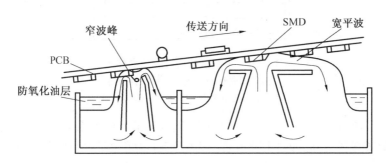

图 3.36 双波峰钎焊示意图

波峰钎焊的特点是:钎料波面上没有氧化膜和污垢,可经常保持清洁状态,能使印刷电路板与大量流动的钎料接触,保持良好的导热,因而可大大缩短印刷电路板与钎料的接触加热时间,提高生产率,只要求印刷电路板做直线等速运动,故使用的传送带系统简单易行,但设备投资大、维修费用高。波峰钎焊过去曾广泛用于印刷电路板的钎焊流水线上,但现在随着片状元件的发展和电路板精度的提高,已越来越多地被再流钎焊所取代。

3.5.3　浸沾钎焊设备

浸沾钎焊设备是把焊件的局部或整体浸入熔融的钎料或混合盐槽中,借助液体介质的热传导将焊件加热到钎焊温度的一种钎焊设备。根据浸沾钎焊设备所用的载热介质不同,可以分为盐浴浸渍钎焊炉和钎料浴浸渍钎焊炉两大类。

1. 盐浴浸渍钎焊炉

盐浴浸渍钎焊炉简称盐浴炉或盐浴槽,是盐浴钎焊时以熔融盐作为加热热源和保护的一种硬钎焊设备。盐浴钎焊炉按电加热方式不同可分为外热式和内热式两种。

外热式盐浴钎焊炉是一个坩埚式的浴槽,靠外部的电热元件(如电阻丝)加热,如图 3.37 所示。外热式盐浴钎焊炉的坩埚(盐槽)必须采用导热好、耐熔盐腐蚀的材料制造,例如不锈钢、纯镍、高纯石墨等。外热式盐浴钎焊炉结构简单、启动方便,且能保持熔盐的清洁度;其缺点是加热速度慢、内部热量分布不均匀,加热体腐蚀寿命较短。外加热盐浴钎焊炉一般较小,仅适合小焊件的批量生产。

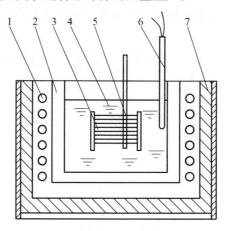

图 3.37　外热式盐浴钎焊炉示意图
1—电热体;2—石墨坩埚;3—焊件;4—熔盐;
5—夹具;6—热电偶;7—炉衬

内热式盐浴钎焊炉由置于盐浴槽内的电极将低电压的大电流引入熔盐中,熔盐本身作为电阻发热体,因此加热十分迅速。当电流通过熔盐时,由其产生的强电磁循环,促使熔盐翻腾,因而炉温分布较为均匀。内热式盐浴钎焊炉按其电极安置方式不同又分为插入式和埋入式两种,如图 3.38 所示。埋入式电极盐浴钎焊炉与插入式电极盐浴钎焊炉相比,具有节能、延长电极寿命和提高炉膛利用率等优点,目前被广泛应用于铝合金构件的钎焊;其缺点是电极维修和拆换困难。针对上述问题,国内已发展了埋入式可调石墨电极的盐浴钎焊炉。为了保护盐浴钎焊炉变压器和延长电极使用寿命,常用水冷装置对电极进行冷却。盐浴槽尺寸取决于焊件的尺寸、质量及所要求的生产率。必须要有足够的熔盐,以便在焊件浸入后,盐浴槽的温度降低不致超过太多。熔盐与焊件(包括夹具在内)其质量之比一般为 10 ~ 30。

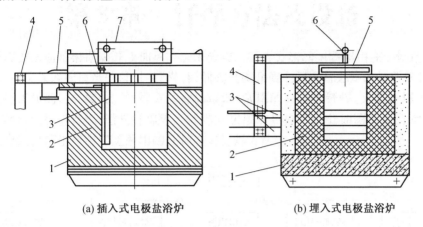

(a) 插入式电极盐浴炉　　　　(b) 埋入式电极盐浴炉

图 3.38　内热式盐浴钎焊炉

1—炉壳;2—炉衬;3—电极;4—连接变器的铜排;5—风管;6—电极连接启动电阻处;7—炉盖

2. 钎料浴浸渍钎焊炉

钎料浴浸渍钎焊炉(简称钎料浴炉)是用熔化温度较低的熔融钎料作为加热热源进行硬钎焊的设备。钎料浴炉钎焊工艺简单,生产率高,特别适合钎缝多而密集的产品,曾在自行车车架和把手的钎焊中获得广泛应用。但由于所用 H62 黄铜钎料的钎焊温度高(约 950 ℃)、耗能大、环境污染严重、工人劳动条件差、钎料消耗大、焊后焊件必须去除钎剂残留物及焊件表面多余的钎料,因而钎料浴浸渍钎焊受到了限制,曾用于自行车车架和把手的浸渍黄铜浴的钎焊已被自动火焰钎焊所替代。目前钎料浴炉主要用于软钎料钎焊钢、铜合金和镁合金等产品,如蜂窝式换热器、汽车水箱、电动机电枢、微波天线等。

3.6　其他钎焊方法

3.6.1　再流钎焊

再流钎焊(也称再流焊、回流焊)是目前电子行业软钎焊采用的主导工艺,是将预先涂以钎料并装配好(常用先印涂膏状钎料,再采用贴片的装配方法)的焊件置于加热环境中,待钎料熔化后流入间隙,形成钎焊接头的钎焊方法。再流钎焊主要用于电子元件、印刷电路板的表面组装,还可用于印刷电路板或集成电路的元器件与铜箔电路的连接。按加热方式不同,分为不同方法并具有相应名称,如气相钎焊、红外钎焊、激光钎焊、热板钎焊、热风钎焊、离子束软钎焊等。再流钎焊已经成为现代电子器件制造的主要方法。

气相再流钎焊是利用非活性有机溶剂(氟化物)被加热沸腾产生的饱和蒸气与工件表面接触时凝结放出的潜热加热焊件,使钎料熔化实现钎焊的方法,又称蒸汽浴钎焊。气相钎焊设备示意图如图 3.39 所示。它的钎焊过程是借加热器将工作液体加热至沸点温度,工作室上方工作区内充满其饱和蒸气,通过传送机构将焊件送入工作区,蒸气会在焊件表面凝结并放出汽化潜热,将焊件迅速加热到与蒸汽相同的温度,钎料熔化填缝,退出蒸气区冷却后形成钎缝。气相钎焊工作液体主要是 $(C_3F_{11})_3N$,其沸点为 215 ℃,可满足锡铅共晶钎料钎焊温度的要求。

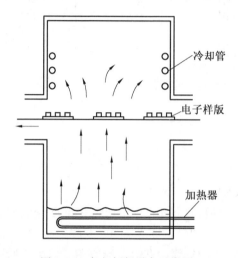

图 3.39　气相钎焊设备示意图

气相钎焊的优点是加热均匀,能精确控制温度,生产率高,钎焊质量高;缺点是氟液价格昂贵。气相钎焊最早用于钎焊印刷电路板上的接线柱,在陶瓷基片上钎焊陶瓷片或钎焊芯片基座外部的引线等,目前已很少应用。

目前应用较多的是红外再流钎焊、强制热风对流再流钎焊或这两种加热方式的结合。红外加热采用钨灯或辐射板源作为热源,靠发出波长为 1 ~ 7 μm 的红外线实现电路板的加热。图 3.40 为红外再流钎焊示意图。波长越小,印刷电路板及小元件越容易过热。长波红外线辐射源可以加热环境空气,热空气再加热组装件,称为自然对流加热,它有助于实现均匀加热并缩小焊点之间的温差。红外加热的缺点是因零件表面颜色深浅、遮挡等原因造成元件加热和升温不均匀。为此,发展了强制热风对流加热方式。热风对流加热时,由于空气无处不在,通过合理的空气对流设计,空气对流产生的热风可以达到印刷电路板组件的各个角落,实现电路板上各个元件的均匀加热。

此外,再流钎焊的加热方式还有热板加热、激光加热等。热板加热法是先将热板加热,利用热板对焊件的热传导实现焊件的加热,它是早期的再流钎焊方法。激光加热则是利用激光特性对焊件各点进行扫描逐点加热,这主要适合于对加热敏感的微电子器件的钎焊。

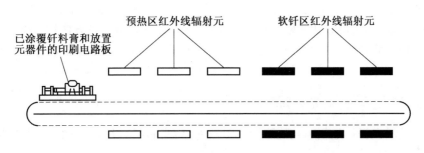

图 3.40 红外再流钎焊示意图

3.6.2 放热反应钎焊

放热反应钎焊是一种特殊硬钎焊方法,使钎料熔化和流动所需的热量是由放热化学反应产生的。该法利用反应热使邻近或靠近的金属连接面达到一定温度,以致预先放在接头中的钎料熔化并润湿金属交接面完成钎焊。放热化学反应是两个或多个反应物之间的化学反应,并且反应中热量是由于系统的自由能变化而释放的。一般只有固态或接近于固态的金属与金属氧化物之间的反应才适用于放热反应钎焊装置。放热反应的特点是不需要专门的绝热装置,故适用于难以加热的部位,或在野外钎焊的场合。目前已有在宇宙空间条件下实现钢管放热反应钎焊的实例。

3.6.3 机械热脉冲劈刀钎焊

机械热脉冲劈刀钎焊是依靠劈刀来传递热量,加热焊接点。预成型的钎料放在两个被焊件(母材)之间,劈刀以一定的压力压在其中一被焊件上,停留片刻使钎料熔化。这种方法能够十分精确地控制由劈刀传给被焊件的热量和焊区的加热时间。劈刀的形状根据被焊件的形状而定,可以是楔形、圆柱形或凹槽形。所用的钎料多半是低熔点的软钎料。如果配置适当的自动化设备,可以进行半自动或全自动的焊接。目前这种方法应用在梁式引线晶体管焊接和混合电路中的元件引线焊接及集成电路封盖。

3.6.4 超声波钎焊

超声波钎焊是利用超声波振动传入熔化钎料,利用钎料内发生的空化现象破坏和去除母材表面的氧化物,使熔化钎料润湿纯净的母材表面而实现钎焊。其特点是钎焊时不需使用钎剂。超声波起到辅助去膜作用,需采用其他加热手段加热焊件和钎料。

超声波去膜可以采用两种方法:一种方法是通过特制的烙铁将超声波耦合传入钎焊面的液态钎料中,此方式简单,但效率低,只适用于小件;另一种方法是将超声波导入熔化的钎料槽中,将焊件浸入钎料槽,在超声波作用下实现润湿。这种方法优点是一次可以涂覆全部表面,生产效率高。

目前,超声波钎焊常应用于低温软钎焊工艺。随着温度升高,空化破坏加剧。当零件受热超过 400 ℃,则超声波振动不仅使钎料的氧化膜微粒脱落,而且钎料本身也会小块小块地脱落。主要用于铝合金的较低温度下钎焊,这是因为铝合金表面氧化膜稳定,缺乏有效钎剂,而超声波却能较好地满足要求,多用于采用锌基钎料的铝合金表面的预先钎料涂覆。此外,超声波去膜也可用于诸如硅、玻璃、陶瓷等非金属难钎焊材料的钎焊。

3.6.5 光学及激光钎焊

光学及激光钎焊是利用光的能量使焊点处发热,将钎料熔化、浸润被焊零件,填充连接的空隙。目前常用的光学钎焊法有两种:一种是红外灯直接照射,使钎料熔化,它一般用于集成电路封盖;另一种是利用透镜和反射镜等光学系统,将点光源的射线经聚光透镜成平行光束。光束的大小由一组透镜聚焦调节,光线与被焊物的作用时间长短用一个特殊的快门来控制。根据不同的设备可以应用在微电子器件内引线焊接和管壳的封装。所用的钎料一般是预成型的环形、圆形、矩形、球形的钎料。

激光钎焊法与光学钎焊法的基本原理相同,不同点是光源运用了光量子振荡器。激光束是利用激光器发射的高相干性、高强度的波束,它能聚焦在直径为 $1 \sim 10$ μm 的小面积中。因此激光束可用来实现对小面积的快速加热,应用于钎焊对加热敏感的微电子器件和极为精细的精密构件。常用的激光器有 CO_2 激光器和 YAG 激光器两种, CO_2 激光器发射的光束波长为 10.6 μm,而 YAG 激光器发射的光束波长仅为 1.06 μm。YAG 激光能量可被软钎料膏迅速吸收,不易被电路板的陶瓷基板等绝缘材料吸收。激光束可在直径为 $0.3 \sim 1.5$ mm 内调节。激光钎焊的缺点是只能实现逐点扫描钎焊,设备成本高。

3.6.6 扩散钎焊

扩散钎焊是把互相接触的固态异质金属或合金加热到它们的熔点以下,利用相互的扩散作用,在接触处产生一定深度的熔化而实现连接。当加热金属能形成共晶或一系列具有低熔点的固溶体时,就能实现扩散钎焊。接触处所形成的液态合金在冷却时是连接两种材料的钎料,这种钎焊方法也称"接触-反应钎焊"或"自身钎焊"。当两种金属或合金不能形成共晶时,可在工件间放置垫圈状的其他金属或合金,以同时与两种金属形成共晶,实现扩散钎焊。

扩散钎焊的主要工艺参数是温度、压力和时间,尤其是温度对扩散系数的影响最大。压力有助于消除结合面微细的凹凸不平。

扩散钎焊过程可分为三个阶段:首先是接触处在固态下进行扩散。合金接触处附近的合金元素饱和,但未达到共晶的浓度;接着,接触处达到共晶成分的地方形成液相,促进合金元素的继续扩散,共晶的合金层将随时间增加;最后停止加热,接触处合金凝固。

3.7 各种钎焊方法的比较

钎焊方法种类较多,合理选择钎焊方法的依据是工件的材料和尺寸、钎料和钎剂、生产批量、成本及各种钎焊方法的特点等。表3.7综合了各种钎焊方法的优缺点及适用范围。

表 3.7 各种钎焊方法的优缺点及适用范围

钎焊方法	主要特点		用 途
烙铁钎焊	设备简单、灵活性好,适用于微细钎焊	需使用钎剂	只能用于软钎焊,钎焊小件
火焰钎焊	设备简单,灵活性好	控制温度困难,操作技术要求较高	钎焊小件
金属浴钎焊	加热快,能精确控制温度	钎料消耗大,焊后处理复杂	用于软钎焊及其批量生产
盐浴钎焊	加热快,能精确控制温度	设备费用高,焊后需仔细清洗	用于批量生产,不能钎焊密闭工件
气相钎焊	能精确控制温度,加热均匀,钎焊质量高	成本高	只用于软钎焊及其批量生产
波峰钎焊	生产率高	钎料损耗大	—
电阻钎焊	加热快,生产率高,成本较低	控制温度困难,工件形状、尺寸受损	钎焊小件
感应钎焊	加热快,钎焊质量好	温度不能精确控制,工件形状受限制	批量钎焊小件
保护气体炉中钎焊	能精确控制温度,加热均匀,变形小,一般不用钎剂,钎焊质量好	设备费用较高,加热慢,钎料和工件不宜含大量易挥发元素	大小件的批量生产,多钎缝工件的钎焊
真空炉中钎焊	能精确控制温度,加热均匀,变形小,一般不用钎剂,钎焊质量好	设备费用高,钎料和工件不宜含较多易挥发元素	重要工件
超声波钎焊	不用钎剂,温度低	设备投资大	用于软钎焊

复习思考题

1. 火焰钎焊的特点有哪些? 其应用场合是什么?

2. 钎焊火焰有哪些类型?

3. 感应钎焊的特点及应用是什么？

4. 感应钎焊设备的主要组成是什么？

5. 炉中钎焊有哪些保护形式？冷壁炉和热壁炉属于什么钎焊，各有何特点？

6. 何为电阻钎焊？其应用场合有哪些？

7. 浸沾钎焊有哪些优点？有哪两种形式？什么情况下不需要放钎剂？两种方法中各如何放置？

8. 真空钎焊接头的形成原理是什么？

9. 与其他钎焊方法相比，真空钎焊方法的特点是什么？

10. 常用真空钎焊设备有哪些？其组成部分是什么？简述各部分的作用。

11. 波峰焊与再流焊的区别是什么？

12. 气体保护钎焊焊接加热结束后为什么还要继续通入保护气体？

13. 试述盐浴浸沾钎焊所用的加热介质及安全注意事项。

14. 微电子产品的常用钎焊方法有哪些？

第4章 钎料

钎焊材料是钎焊过程中在低于母材(被钎金属)熔点的温度下熔化并填充钎焊接头的钎料(金属和或合金)及起去除或破坏母材被钎部位氧化膜作用的钎剂的总称。钎焊材料根据所起作用的不同分为钎料和钎剂,其质量的好坏、性能优劣以及合理选择应用对钎焊接头的质量起举足轻重的作用。其中,钎料是钎焊时的填充材料,被钎焊件依靠熔化的钎料连接起来,钎料自身的性能及其与母材间的相互作用在很大程度上决定了钎焊接头的性能。因此,钎焊接头的质量主要取决于钎料。

4.1 概　述

4.1.1 对钎料的基本要求

为了满足接头性能和钎焊工艺的要求,钎料一般应满足以下几项基本要求:

(1)尽量选择主成分与母材主成分相同的钎料。钎料较少用纯金属,而多用二元或多元合金,以利于获得所需熔化温度。理想的钎料常用主组元和母材的基本金属相同的共晶类合金,例如:用 Al-Si 钎料钎焊铝合金;用 Cu-Ag、Cu-P 钎料钎焊铜合金;用 Ni-B 钎料钎焊镍基合金等。其优点如下:

①钎料的主组元和母材相同 ,钎焊时必定具有良好的润湿性;

②钎缝在冷凝时,其中与母材同成分的过剩相(初晶)最易以母材晶粒为晶核外延生长,犬牙交错使之牢固结合;

③钎料中的第二相既然能与钎料的主组元形成共晶合金,也必然易于向同组元的母材做某种程度的晶间渗透,适量的有利于钎缝的牢固;

④调整钎料的组成可以控制钎焊时母材向钎料中的溶入量;

⑤由于钎料中的主要成分与母材的相同,接头的耐蚀性要优于完全不同种类的钎料合金。

(2)钎料的液相线要低于母材固相线至少 20 ~ 30 ℃。

(3)钎料的熔化区间,即该钎料组成的固相线与液相线之间温度差要尽可能地小,否则将引起工艺上的困难。温度差过大还易引起熔析。

(4)钎料与母材的物理、化学作用应保证它们之间形成牢固的结合。

(5)钎料能满足钎焊接头物理、化学及力学性能等要求。钎料的主要成分与母材的主成分在元素周期表中的位置应尽量靠近,这样引起的电化学腐蚀较小,接头耐蚀性好。

(6)钎料成分稳定,尽量减少钎焊温度下元素烧损或挥发,少含或不含稀有金属或贵重金属。

(7)钎料的制造和使用过程中应尽量符合环境保护的要求,即无毒、无害、无污染等。

4.1.2 钎料的分类

钎料可按下列三种方法分类：

（1）按钎料熔点分。通常将熔点在 450 ℃以下的钎料称为软钎料，而高于 450 ℃ 的称为硬钎料，高于 950 ℃的称为高温钎料。

（2）按钎料化学成分分。为了选择和使用方便，更习惯根据组成钎料的主要元素 分类。软钎料、硬钎料都可分成各种基的钎料。软钎料分为铋基、铟基、锡基、铅基、镉 基、锌基等，硬钎料分为铝基、银基、铜基、锰基、金基、镍基等，"某"基钎料的熔化温度 上限是这纯金属的熔点，其下限则是其二元或多元合金共晶的温度。任何一个基的钎 料都只有一段范围不大的熔化温度区间可供使用。为了适应各个不同母材钎焊的需要 和不同的熔化区间，生产了不同基的钎料。各基钎料熔点范围如图 4.1 所示。

（3）按钎焊工艺性能分。分为自钎性钎料、真空钎料、复合钎料等。

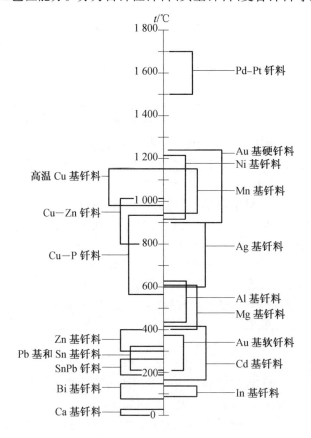

图 4.1 软、硬钎料熔点

4.1.3 钎料型号与牌号

我国针对钎料牌号制订了相应的命名方法并形成了相应的国标、行标和企标。

根据 GB/T 6208—1995《钎料型号表示方法》的规定,钎料型号由两部分组成,中间用隔线"-"分开。第一部分用一个大写英文字母表示钎料的类型,如"S"(英文 Solder 的第一个大写字母)表示软钎料;"B"(英文 Braze 或 Brazing 的第一个大写英文字母)表示硬钎料。钎料型号的第二部分由主要合金组分的化学元素符号组成,第一个化学元素符号表示钎料的基本组分,其他化学元素符号按其质量分数顺序排列,当几种元素具有相同质量分数时,按其原子序数顺序排列。规定最多只能标出 6 个化学元素符号。

软钎料每个化学元素符号后都要标出其质量分数。硬钎料仅第一个化学元素符号后标出质量分数。质量分数取整数,误差±1%,小于1%的元素不必标出。如元素是钎料的关键组分一定要标出时,软钎料中可仅标出其化学元素符号,硬钎料中将其化学元素符号用括号括起来。当钎料标记其他内容时,以间隔符号"-"与第二部分隔开标记于后,如真空级钎料用"V"表示;电子行业用软钎料用"E"表示;既可用做钎料,又可用作气焊丝的铜锌合金用 R 表示。

钎料型号举例:

S-Sn60Pb40Sb 表示软钎料,$w(Sn)$ 约 60%,$w(Pb)$ 约 40%,$w(Sb)$ 小于 1%。

S-Sn63Pb37E 表示电子工业用软钎料,$w(Sn) = 63\%$,$w(Pb) = 37\%$。

B-Ag72Cu 表示硬钎料,$w(Ag) = 72\%$,$w(Cu) = 28\%$。

B-Ag72Cu(Li) 表示硬钎料,$w(Ag)$ 约 72%,$w(Cu)$ 约 28%,$w(Li)$ 小于 1%。

在 GB/T 6208—1995 颁布前,我国还有一套机械电子工业部钎料牌号表示方法,目前仍在沿用。在该方法中,钎料又称焊料,以"HL×××"或"料×××"表示,"HL"或"料"代表焊料,即钎料。其后第 1 位数字代表不同合金类型(见表 4.1),第 2、3 位数字代表该类钎料合金的不同编号,亦即不同品种成分。

表 4.1 机械电子工业部钎料牌号

编　　号	化学组成类型	编　　号	化学组成类型
HL1××	铜锌合金	HL5××	锌 合 金
HL2××	铜磷合金	HL6××	锡铅合金
HL3××	银 合 金	HL7××	镍基合金
HL4××	铝 合 金		

另外,航空工业部钎料牌号的表示方法与国标基本相同,但在"B"符号之前加"H"作为航标的标记,如 HBAg50Cu。冶金工业部钎料牌号第一部分用"HL"表示钎料,其后用两个化学元素符号表示钎料的主要组成元素,最后用一个或几个数字标出除第一个组成元素外其他组成元素的含量,数字之间用"-"隔开。例如,HLSnPb10 表示锡铅钎料成分中 $w(Pb) = 10\%$;HLAuCu62-3 表示 $w(Cu) = 62\%$,其他元素含量3%的金铜钎料。

随着膏状钎料的使用,为了区别丝状、片状、箔状等固体状态钎料,又另行采用了表示膏状钎料的方法,见表 4.2。

此外,由于我国行业管理的原因,钎料型号表示方法未完全按 GB/T 6208—1995 统一起来。GB/T 4906—1985《电子器件用金、银及其合金钎焊料》中用"DHLAgCu28"之类牌号表示。"D"表示电子器件用,"HL"代表钎料,其中 $w(Ag)$ 约 72% , $w(Cu)$ 约 28% 。GB/T8012—2000《铸造锡铅焊料》中用"ZHLSnPb60"之类牌号表示。"Z"代表铸造,"HL"表示焊料,其中 $w(Pb)$ 约 60% ,余量为 Sn。

表 4.2 膏状钎料分类及表示方法

膏状钎料牌号	合金类型
GL1××	Cu 基合金
GL2××	Al 基合金
GL3××	Ag 基合金

4.2 软钎料

4.2.1 锡基钎料

锡铅钎料是应用最广泛的软钎料,其接头的工作温度一般不高于 100 ℃。由于锡铅钎料熔化温度低,耐蚀性较好,导电性能好,成本低,施焊操作方便,因此在航空航天、汽车、能源,尤其电子工业等领域应用广泛。尽管目前已经通过立法开始限制含铅钎料的使用,但是锡铅钎料仍是软钎料的基础。锡铅钎料的性能与其组成有密切关系。

Sn-Pb 二元相图如图 4.2 所示。当锡铅合金中 $w(Sn) = 61.9\%$ 、 $w(Pb) = 38.1\%$ 时,形成熔点为 183 ℃ 的共晶。铅在钎料中具有独特的作用:第一,由于铅的再结晶温度低于室温且具有很好的塑性,因此铅在锡铅钎料中提供了延展性;第二,铅降低了钎料表面和界面的能量。纯 Sn 在 Cu 表面的润湿角为 35°,而锡铅共晶合金在 Cu 表面具有很低的润湿角,约 11°;第三,共晶的锡铅熔点很低,为 183 ℃。在两相合金中沿着 Sn 与 Pb 之间的层状界面室温下扩散速度很快。

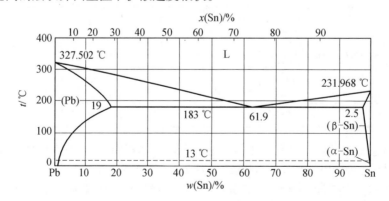

图 4.2 Sn-Pb 二元相图

锡铅合金的机械性能和物理性能如图 4.3 所示。纯锡强度为 23.5 MPa,加铅后强度提高,在共晶成分附近抗拉强度达 51.97 MPa,抗剪强度为 39.22 MPa,硬度也达到最高值,电导率则随着铅量的增大而降低。所以,可以根据不同要求,选择不同的钎料成分。

图 4.4 给出了锡铅合金的流动性及表面张力随合金成分变化的曲线。可以看出,纯 Sn、纯 Pb 和共晶合金都具有良好的流动性,而在固液相温度区间最大处(含 $w(Sn) =$

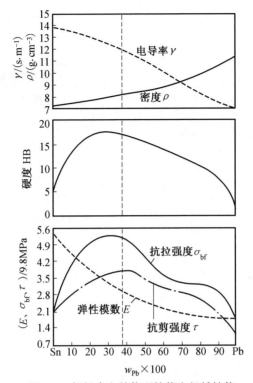

图 4.3 锡铅合金的物理性能和机械性能

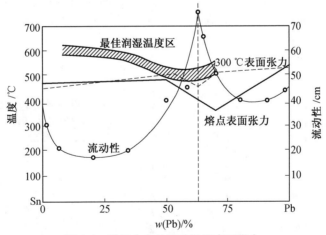

图 4.4 锡铅合金的流动性及表面张力

19.5%)的合金流动性最差。软钎料合金的流动性是评价钎料工艺性能的重要指标之一,流动性好的钎料具有优良的填缝性能,可以保证获得稳定、良好的钎缝质量。

锡铅合金在冶炼过程中难以排除各种杂质的影响,所以其物理性能和力学性能的实验数据往往与理论数据不一致。工业用锡铅合金的最佳力学性能是 $w(\text{Sn}) = 73\%$ 的合金,而非共晶合金。

国家标准规定锡铅软钎料的成分、物理性能及用途见表 4.3 ~ 4.6。

表4.3　铸造锡铅钎料熔化温度、相对密度、应用说明（GB/T 8012—2000）

代号	温度范围/℃		密度 /(g·cm⁻³)	应用说明
	固相线	液相线		
90A	183	215	7.4	邮电、电气、仪器高温焊接用
70A	183	192	8.1	专门钎料、焊接锌和镀层金属
63AA	183	183	8.4	电子、电气（印刷线路）波峰焊用
63A	183	183	8.4	
60A	183	190	8.5	
55A	183	203	8.7	
50A	183	215	8.9	电子、电气一般焊接；机械、器具焊接；散热器浸焊、电缆接头用
45A	183	221	9.1	
40A	185	235	9.9	
35A	185	245	9.5	
30A	185	255	9.7	机械制造焊接、灯泡焊头用
25A	185	267	9.9	
10A	185	279	10.2	
10A	288	301	10.7	
2A	320	325	11.2	散热器芯片焊接
63B	183	183	8.4	机械、电器焊接、镀锡、电缆、家用电器焊接；白铁工艺焊接
60B	183	190	8.5	
50B	183	216	8.9	
45B	183	224	9.1	
40B	185	235	9.3	
35B	185	245	9.5	
30B	185	255	9.7	
25B	185	267	9.9	
20B	185	279	10.2	
60C	183	190	8.5	机械、电器焊接；冷却机械、润滑机械制造用；铜及铜合金、白铁工艺焊接
55C	183	203	8.7	
50C	183	216	8.9	
45C	183	224	9.1	
40C	185	225	9.3	
35C	185	235	9.5	
30C	185	250	9.7	
25C	185	260	9.9	
20C	185	270	10.2	
63Ag	178	178	8.4	银电极、导体焊接用，银餐具焊接用
62Ag	178	180	8.4	
60Ag	178	180	8.5	
50Ag	183	215	8.9	
63P	183	183	8.4	电子、电气（印刷线路）波峰焊用，具有一定抗氧化性能
60P	183	190	8.5	
50P	183	215	8.9	

表 4.4 铸造锡铅钎料成分（GB/T 8012—2000）

类型	牌号	代号	合金成分（质量分数）/%				杂质含量（质量分数/%）不大于								
			锡 Sn	铅 Pb	锑 Sb	其他	铋 Bi	铁 Fe	砷 As	铜 Cu	锌 Zn	铝 Al	锡 Cd	银 Ag	除 Sb、Si、Cu 以外，杂质总和
	ZHLSn63PbAA	63AA	62.5~63.5	余量	≤0.007	—	0.005	0.005	0.002	0.005	0.001	0.001	0.001	0.01	0.05
	ZHLSn90PbA	90AA	89.5~90.5	余量	≤0.05	—	0.02	0.01	0.01	0.02	0.001	0.001	0.001	0.015	0.08
	ZHLSn70PbA	70A	69.5~70.5	余量	≤0.05	—	0.02	0.01	0.01	0.02	0.001	0.001	0.001	0.015	0.08
	ZHLSn63PbA	63A	62.5~63.5	余量	≤0.012	—	0.01	0.01	0.01	0.02	0.001	0.001	0.001	0.015	0.08
	ZHLSn60PbA	60A	59.5~60.5	余量	≤0.012	—	0.01	0.01	0.01	0.02	0.001	0.001	0.001	0.015	0.08
锡	ZHLSn55PbA	55A	54.5~55.5	余量	≤0.012	—	0.01	0.01	0.01	0.02	0.001	0.001	0.001	0.015	0.08
	ZHLSn50PbA	50A	49.5~50.5	余量	≤0.012	—	0.01	0.01	0.01	0.02	0.001	0.001	0.001	0.015	0.08
铅	ZHLSn45PbA	45A	44.5~45.5	余量	≤0.05	—	0.025	0.012	0.01	0.03	0.001	0.001	0.001	0.015	0.08
	ZHLSn40PbA	40A	39.5~40.5	余量	≤0.05	—	0.025	0.012	0.01	0.03	0.001	0.001	0.001	0.015	0.08
钎	ZHLSn35PbA	35A	34.5~35.5	余量	≤0.05	—	0.025	0.012	0.01	0.03	0.001	0.001	0.001	0.015	0.08
	ZHLSn30PbA	30A	29.5~30.5	余量	≤0.05	—	0.025	0.012	0.01	0.03	0.001	0.001	0.001	0.015	0.08
料	ZHLSn25PbA	25A	24.5~25.5	余量	≤0.05	—	0.025	0.012	0.01	0.03	0.001	0.001	0.001	0.015	0.08
	ZHLSn20PbA	20A	19.5~20.5	余量	≤0.05	—	0.025	0.012	0.01	0.03	0.001	0.001	0.001	0.015	0.08
	ZHLSn10PbA	10A	9.5~10.5	余量	≤0.05	—	0.025	0.012	0.01	0.03	0.001	0.001	0.001	0.015	0.08
	ZHLSn2PbA	2A	1.5~2.5	余量	≤0.05	—	0.025	0.012	0.01	0.03	0.001	0.001	0.001	0.015	0.08
	ZHLSn63PbB	63B	62.5~63.5	余量	0.12~0.50	—	0.05	0.012	0.015	0.04	0.001	0.001	0.001	0.015	0.08
	ZHLSn60PbB	60B	59.5~60.5	余量	0.12~0.50	—	0.05	0.012	0.015	0.04	0.001	0.001	0.001	0.015	0.08
	ZHLSn50PbB	50B	49.5~50.5	余量	0.12~0.50	—	0.05	0.012	0.015	0.04	0.001	0.001	0.001	0.015	0.08
	ZHLSn45PbB	45B	44.5~45.5	余量	0.12~0.50	—	0.05	0.012	0.015	0.04	0.001	0.001	0.001	0.015	0.08
	ZHLSn40PbB	40B	39.5~40.5	余量	0.12~0.50	—	0.05	0.012	0.015	0.04	0.001	0.001	0.001	0.015	0.08

续表 4.4

类型	牌　号	代号	合金成分(质量分数)/%				杂质含量(质量分数/%)不大于								
			锡 Sn	铅 Pb	锑 Sb	其他	铋 Bi	铁 Fe	砷 As	铜 Cu	锌 Zn	铝 Al	镉 Cd	银 Ag	除Sb、Si、Cu以外,杂质总和
锡铅钎料	ZHLSn35PbB	35B	34.5~35.5	余量	0.12~0.50	—	0.05	0.012	0.015	0.04	0.001	0.001	0.001	0.015	0.08
	ZHLSn30PbB	30B	29.5~30.5	余量	0.12~0.50	—	0.05	0.012	0.015	0.04	0.001	0.001	0.001	0.015	0.08
	ZHLSn25PbB	25B	24.5~25.5	余量	0.12~0.50	—	0.05	0.012	0.015	0.04	0.001	0.001	0.001	0.015	0.08
	ZHLSn20PbB	20B	19.5~20.5	余量	0.12~0.50	—	0.05	0.012	0.015	0.04	0.001	0.001	0.001	0.015	0.08
	ZHLSn60PbC	60C	59.5~60.5	余量	0.50~0.80	—	0.10	0.02	0.02	0.05	0.001	0.001	0.001	—	0.08
	ZHLSn55PbC	55C	54.5~55.5	余量	0.12~0.80	—	0.10	0.02	0.02	0.05	0.001	0.001	0.001	—	0.08
	ZHLSn50PbC	50C	49.5~50.5	余量	0.50~0.80	—	0.10	0.02	0.02	0.05	0.001	0.001	0.001	—	0.08
	ZHLSn45PbC	45C	44.5~45.5	余量	0.50~0.80	—	0.10	0.02	0.02	0.05	0.001	0.001	0.001	—	0.08
	ZHLSn40PbC	40C	39.5~40.5	余量	1.50~2.00	—	0.10	0.02	0.02	0.05	0.001	0.001	0.001	—	0.08
	ZHLSn35PbC	35C	34.5~35.5	余量	1.50~2.00	—	0.10	0.02	0.02	0.05	0.001	0.001	0.001	—	0.08
	ZHLSn30PbC	30C	29.5~30.5	余量	1.50~2.00	—	0.10	0.02	0.02	0.05	0.001	0.001	0.001	—	0.08
	ZHLSn25PbC	25C	24.5~25.5	余量	0.20~1.50	—	0.10	0.02	0.02	0.05	0.001	0.001	0.001	—	0.08
	ZHLSn20PbC	20C	19.5~20.5	余量	0.50~3.00	—	0.10	0.02	0.02	0.05	0.001	0.001	0.001	—	0.08
含银钎料	ZHLSn63PbAg	63Ag	62.5~63.5	余量	≤0.012	银1~4	0.01	0.01	0.01	0.02	0.001	0.001	0.001	—	0.08
	ZHLSn62PbAg	62Ag	61.5~62.5	余量	≤0.012	银1~4	0.01	0.01	0.01	0.02	0.001	0.001	0.001	—	0.08
	ZHLSn60PbAg	60Ag	59.5~60.5	余量	≤0.012	银1~4	0.01	0.01	0.01	0.02	0.001	0.001	0.001	—	0.08
	ZHLSn50PbAg	50Ag	49.5~50.5	余量	≤0.012	银1~4	0.01	0.01	0.01	0.02	0.001	0.001	0.001	—	0.08
含磷钎料	ZHLSn63PbP	63P	62.5~63.5	余量	≤0.012	磷0.001~0.004	0.01	0.01	0.01	0.02	0.001	0.001	0.001	0.015	0.08
	ZHLSn60PbP	60P	59.5~60.5	余量	≤0.012	磷0.001~0.004	0.01	0.01	0.01	0.02	0.001	0.001	0.001	0.015	0.08
	ZHLSn50PbP	50P	49.5~50.5	余量	≤0.012	磷0.001~0.004	0.01	0.01	0.01	0.02	0.001	0.001	0.001	0.015	0.08

注:含银钎料的 $w(Ag)$ 在 1%~4% 范围内由供需双方商定。

表 4.5 锡铅钎料成分（GB/T 8012—2000）

牌号	主要成分（质量分数/%）				杂质成分（质量分数/%）不大于									
	Sn	Pb	Sb	其他元素	Sb	Cu	Bi	Fe	Zn	Al	Cd	As	S	除 Sb、Bi、Cu 以外的杂质总和
S-Sn95PbA	94.0~96.0	余	—	—	0.1	0.03	0.03	0.02	0.002	0.002	0.002	0.03	0.015	0.08
S-Sn90PbA	89.0~91.0	余	—	—	0.1	0.03	0.03	0.02	0.002	0.002	0.002	0.03	0.015	0.08
S-Sn65PbA	64.0~66.0	余	—	—	0.1	0.03	0.03	0.02	0.002	0.002	0.002	0.03	0.015	0.08
S-Sn63PbA	62.0~64.0	余	—	—	0.1	0.03	0.03	0.02	0.002	0.002	0.002	0.03	0.015	0.08
S-Sn60PbA	59.0~61.0	余	—	—	0.1	0.03	0.03	0.02	0.002	0.002	0.002	0.03	0.015	0.08
S-Sn60PbSbA	59.0~61.0	余	0.3~0.8	—	—	0.03	0.03	0.02	0.002	0.002	0.002	0.03	0.015	0.08
S-Sn55PbA	54.0~56.0	余	—	—	0.1	0.03	0.03	0.02	0.002	0.002	0.002	0.03	0.015	0.08
S-Sn50PbA	49.0~51.0	余	—	—	0.1	0.03	0.03	0.02	0.002	0.002	0.002	0.03	0.015	0.08
S-Sn50PbSbA	49.0~51.0	余	0.3~0.8	—	—	0.03	0.03	0.02	0.002	0.002	0.002	0.03	0.015	0.08
S-Sn45PbA	44.0~46.0	余	—	—	0.1	0.03	0.03	0.02	0.002	0.002	0.002	0.03	0.015	0.08
S-Sn40PbA	39.0~41.0	余	—	—	0.1	0.03	0.03	0.02	0.002	0.002	0.002	0.03	0.015	0.08
S-Sn40PbSbA	39.0~41.0	余	1.5~2.0	—	—	0.03	0.03	0.02	0.002	0.002	0.002	0.03	0.015	0.08
S-Sn35PbA	34.0~36.0	余	—	—	0.1	0.03	0.03	0.02	0.002	0.002	0.002	0.03	0.015	0.08

续表 4.5

牌　号	主要成分（质量分数/%）				杂质成分（质量分数/%）不大于									
	Sn	Pb	Sb	其他元素	Sb	Cu	Bi	Fe	Zn	Al	Cd	As	S	除 Sb、Bi、Cu 以外的杂质总和
S-Sn30PbA	29.0~31.0	余	—	—	0.1	0.03	0.03	0.02	0.002	0.002	0.002	0.03	0.015	0.08
S-Sn30PbSbA	29.0~31.0	余	1.5~2.0	—	—	0.03	0.03	0.02	0.002	0.002	0.002	0.03	0.015	0.08
S-Sn25PbSbA	24.0~26.0	余	1.5~2.0	—	—	0.03	0.03	0.02	0.002	0.002	0.002	0.03	0.015	0.08
S-Sn20PbA	19.0~21.0	余	—	—	0.1	0.03	0.03	0.02	0.002	0.002	0.002	0.03	0.015	0.08
S-Sn18PbA	17.0~19.0	余	1.5~2.0	—	—	0.03	0.03	0.02	0.002	0.002	0.002	0.03	0.015	0.08
S-Sn10PbA	9.0~11.0	余	—	—	0.1	0.03	0.03	0.02	0.002	0.002	0.002	0.03	0.015	0.08
S-Sn5PbA	4.0~6.0	余	—	—	0.1	0.03	0.03	0.02	0.002	0.002	0.002	0.03	0.015	0.08
S-Sn2PbA	1.0~3.0	余	—	—	0.1	0.03	0.03	0.02	0.002	0.002	0.002	0.03	0.015	0.08
S-Sn50PbCdA	49.0~51.0	余	—	Cd:17.5~18.5	0.1	0.03	0.03	0.02	0.002	0.002	—	0.03	0.015	0.08
S-Sn5PbAgA	4.0~6.0	余	—	Ag:1.0~2.0	0.1	0.03	0.03	0.02	0.002	0.002	0.002	0.03	0.015	0.08
S-Sn63PbAgA	62.0~64.0	余	—	Ag:1.5~2.5	0.1	0.03	0.03	0.02	0.002	0.002	0.002	0.03	0.015	0.08
S-Sn40PbPA	39.0~41.0	余	1.5~2.0	P:0.001~0.004	—	0.03	0.03	0.02	0.002	0.002	0.002	0.03	0.015	0.08
S-Sn60PbPA	59.0~61.0	余	0.3~0.8	P:0.001~0.004	—	0.03	0.03	0.02	0.002	0.002	0.002	0.03	0.015	0.08

表 4.6　锡铅钎料的物理性能(GB/T 3131—2001)

牌　号	固相线/℃	液相线/℃	电阻率/(Ω·m)	主　要　用　途
S-Sn95Pb	183	224	—	电气、电子工业用耐高温器件
S-Sn90Pb	183	215	—	
S-Sn65Pb	183	186	0.122	电气、电子工业、印刷线路、航空工业及镀层金属的焊接
S-Sn63Pb	183	183	0.141	
S-Sn60PbSb	183	190	0.145	
S-Sn55Pb	183	206	0.160	
S-Sn50Pb S-Sn50PbSb	183	215	0.181	普通电气、电子工业(电视机、收录机、石英钟)、航空
S-Sn45Pb	183	227		
S-Sn40Pb S-Sn40PbSb	183	238	0.170	板金、铅管焊接、电缆线、换热器
S-Sn35Pb	183	248	—	金属器材、辐射体、制罐等焊接
S-Sn30Pb S-Sn30PbSb	183	258	0.182	灯泡、冷却机制造、板金、铅管
S-Sn25Pb	183	260	0.196	
S-Sn20Pb S-Sn18PbSb	183	279	0.220	
S-Sn10Pb	268	301	0.198	
S-Sn5Pb	300	314	—	板金、锅炉用及其他高温用
S-Sn2Pb	316	322	—	
S-Sn50PbCd	145	145	—	轴瓦、陶瓷的烘烤焊接、热切割、分级焊接及其他低温焊接
S-Sn5PbAg	296	301	—	电气工业、高温工作条件
S-Sn63PbAg	183	183	0.120	同 S-Sn63Pb,但焊点质量等诸方面优于 S-Sn63Pb
S-Sn40PbSbP	183	238	0.170	用于对抗氧化有较高要求的场合
S-Sn60PbSbP	183	190	0.145	

　　在锡铅钎料加有少量锑(Sb),用以减少钎料在液态时的氧化,提高接头的热稳定性。锑的质量分数一般控制在 3% 以下,以免发脆。另外,锡铅钎料在低温下有冷脆性。这是由于锡在低温发生同素异形变化,产生体积膨胀而脆性破坏。但铅在低温下无冷脆现象,所以当钎料组织中若以铅固溶体为主,锡固溶体量少且弥散分布时,冷脆现象不严重。在表 4.3 中,用的较多的是 HLSn63Pb、HLSn60Pb、HLSn50Pb、

HLSn50PbSb、 HLSn40Pb、 HLSn40PbSb、 HLSn30PbSb、 HLSn18PbSb、 HLSn10Pb、HLSn4PbSb、HLSnPb5Ag、HLSn63PbAg。

HLSn4PbSb 的固相线较高,熔化间隔小,润湿性和铺展性比含锡高的钎料差,用于温度较高的场合,如汽车散热器等以及工件表面预涂敷锡的部件。

HLSn10Pb 和 HLSn18PbSb 钎料的固、液相线均有所下降,但熔化间隔增大,使用场合与 HLSn4PbSb 钎料相似。

HLSn50Pb、HLSn50PbSb、HLSn40Pb、HLSn40PbSb、HLSn30PbSb 钎料的固相线均为183 ℃,但液相线较低,熔化间隔相对缩小,钎焊比较容易。而且由于含锡量的提高,钎料的润湿性和铺展性进一步提高,成为工艺性、强度和经济性等都属于最佳的钎料。其中 HLSn40Pb 和 HLSn40PbSb 为最通用的锡铅钎料,广泛用于铜和铜合金的钎焊,如散热器、管道、电气接头、家用制品、发动机部件等。

HLSn63Pb 和 HLSn60Pb 是锡铅钎料中熔化温度最低的一类,具有优越的工艺性能,特别用于对温度苛刻的场合,最常用于电子器件的手工软钎焊、波峰焊、热熔焊和浸沾焊等,以及对温度很敏感的材料,如经淬火和时效处理的铜合金等。

HLSn63PbAg 钎料中 $w(\text{Ag}) = 2\%$ 。加银的目的:一是减轻母材镀银层的熔蚀;二是可以提高钎料的抗蠕变和疲劳性能,更好地防止钎焊接头失效,用于重要场合。

HLKSn60Pb 是抗氧化钎料。钎料中的钾起表面活性作用,防止或减轻熔融锡铅钎料表面的氧化,特别适用于波峰焊和浸沾钎焊。

HLSn90Pb 和 HLSn95Pb 钎料主要用于食品工业和餐具的钎焊,以免食品被铅污染。

锡基钎料还包括无铅钎料。锡铅合金作为钎料已经沿用了很多年,然而,铅和铅化物有剧毒,长期大量使用含铅钎料会给人类环境和安全带来不可忽视的危险。例如废弃电气电子设备中含铅钎料氧化成的氧化铅和盐酸及酸雨会反应形成酸性化合物,污染大气、土壤、地下水等;而且会经过各种循环方式进入人们生活用水中,铅在人体内沉积造成中毒,伤害肾脏、肺,引起贫血、高血压等疾病,危害人体中枢神经;此外,铅还会影响儿童的智商和正常发育。随着人类环保意识的增强,无铅钎料将势必取代有铅钎料。根据国际公约规定,含铅钎料应用日期截止到 2006 年 6 月底,因此无铅钎料在2006 年下半年开始得到广泛应用。

无铅钎料的开发基本上围绕着 Sn/Ag/Cu/In/Bi/Zn 二元或多元系合金展开。设计思路是:以 Sn 为主体金属,添加其他金属,使用多元合金,利用相图理论和实验优化分析等手段,开发新型无铅钎料与焊接工艺,以替代在电子工业中应用最广的63Sn-Pb37共晶合金钎料。目前,市场上主流无铅钎料合金为96.5Sn3.0Ag0.5Cu(217～219 ℃)、96.5Sn3.5Ag(221 ℃)、99.3Sn0.7Cu(227 ℃)、42Sn58Bi(139 ℃)、91.7Sn3.5Ag4.8Bi(210～215 ℃),主要用于钎料膏和波峰焊。具有屈服强度、抗拉强度、断裂塑性、弹性模量等机械性能指标接近甚至远远超过 63Sn37Pb。不足是:除 Sn-Bi 外,大部分合金熔点高于63Sn37Pb;比热容也增加20%～30%,这意味着回流温度和时间都需增加,对元器件、板卡、生产设备及制程都是一个考验;此外,润湿性也不及63Sn37Pb,带来新的可焊性问题。

无铅钎料主要体系有 Sn-Ag、Sn-Zn、Sn-Bi 系合金。表 4.7、4.8 列出了各种无铅钎料的组成、熔点和优缺点等。总的来说,无铅钎料有很多合金系可供选择,虽然主流趋势是以 SnAgCu 为基准,但是具体成分选择、焊接工艺、焊接性能及可靠性等还不确定。

表 4.7 各种无铅合金系的熔化温度范围

合金系	优化的成分	熔化温度/℃	疲劳寿命 N_f ($\varepsilon = 0.2$)
SnAgBiCuIn	85.2Sn4.1Ag2.2Bi0.5Cu8In	193~199	10 000~12 000
	82.3Sn3Ag2.2Bi0.5Cu12In	183~193	
SnAgBi	92Sn3.3Ag4.7Bi	210~215	3 850
SuAgCuBi	93.3Sn3.1Ag3.1Bi0.5Cu	209~212	6 000~9 000
SuAgCuIn	88.5Sn3Ag0.5Cu8In	195~201	>19 000
SnCuInGa	93Sn0.5Cu6In0.5Ga	210~215	10 000~12 000
SnAgBiIn	90Sn3.3Ag3Bi3.7In	206~211	10 810
	91.5Sn3.5Ag1Bi4In	208~213	10 000~12 000
	87.5Sn3.5Ag1Bi8In	203~206	
SnAgCu	93.6Sn4.7Ag1.7Cu	217	
	95.4Sn3.1Ag1.5Cu	216~217	6 000~9 000
SnAgCuSb	96.2Sn2.5Ag0.8Cu0.5Sb	216~219	6 000~9 000
SnAg	96.5Sn3.5Ag	221	4 186
SnCu	99.9Sn0.7Cu	227	1 125
SnPb	63Sn37Pb	183	3 656

表 4.8 无铅合金系优缺点

合金系	优 点	缺 点
SnCu	成本低、来源丰富、对焊盘铜的溶解小	熔点偏高、机械性能差
SnAg	可靠性高、机械性能好、比 SnCu 可焊性高	熔点偏高、成本高
SnAgCu	可靠性与可焊性好、对铅含量不敏感、强度高	熔点偏高、成本高,有时焊点出现微裂纹
SnAgBi	润湿性与可焊性好、熔点低、强度高	焊角翘起、对铅敏感、疲劳性能对环境敏感
SnZnBi	熔点低(接近 SnPb 共晶熔点)、成本较低	易氧化,稳定与润湿性差,腐蚀性强,形成复杂金属化合物

4.2.2 铅基钎料

纯铅不宜用作钎料,因为它不能很好地润湿铜、铁、铝、镍等常用金属。通用的铅基钎料是在铅中添加银、锡、铬、锌等合金元素组成的,其牌号、成分和性能见表4.9。铅银钎料的固相线温度较高(见图4.5),耐热性优于锡铅钎料,适用于要求在中温下具有一定强度的零件的钎焊。一般用于铜及铜合金的钎焊,铅基钎料接头可在150 ℃以下工作温度使用。但铅银钎料的润湿性差,加入少量的锡可改善它的润湿性,例如HL608、HLAgPb83.5-15等钎料。用铅钎料钎焊的铜或黄铜接头如在湿热环境下工作,表面必须涂敷防护涂料,防止钎焊接头被腐蚀。

表4.9　铅基钎料及其用途

钎料牌号	化学成分(质量分数)/%				熔化温度/℃	用　　途
	Pb	Ag	Sn	其他		
S-Pb97Ag	97	3	—	—	300～305	接近铅银共晶成分的钎料,耐热性较好,在200 ℃时抗拉强度为11.5 MPa,可钎焊工作温度高的铜及铜合金
S-Pb92SnAg	92	2.5	5.5	—	295～305	
S-Pb90InAg	90	5	—	In5	290～294	
S-Pb65SnAg	65	5	30	—	225～235	—
S-Pb83.5SnAg	83.5	1.5	1.5	—	265～270	—
S-Pb50AgCdSnZn	50	25	8	Cd15、Zn2	320～485	熔点较高,结晶区间大,适用于快速加热方法钎焊,能填满较大间隙,适于钎焊铜及铜合金
S-Pb87SnShNi	87	—	6	Sb6、Ni1	310～320	—

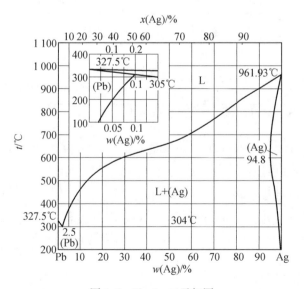

图4.5　Pb-Ag 二元相图

4.2.3 镉基钎料

镉具有较高的抗腐蚀性能,镉与 Bi、Zn、Sn、Ti、Al 等元素形成塑性很好的共晶合金。镉基钎料主要替代锡铅钎料用于使用温度较高的铜合金和铝合金零部件的手工钎焊。镉基钎料是软钎料中耐热性最好的钎料,工作温度可达 250 ℃。镉基钎料的化学成分和特性见表 4.10,Cd-Zn 二元相图如图 4.6 所示。

表 4.10　镉基钎料及其应用

钎料牌号	化学成分(质量分数)/%				熔化温度/℃	用　　途
	Cd	Zn	Ag	Ni		
S-Cd96AgZn	96	1	3	—	300～325	适用于铜及铜合金、零件的软钎焊,如散热器电机整流子等。在铜及铜合金上具有良好的润湿性及填缝能力
S-Cd95Ag	95	—	5	—	338～393	
S-Cd84AgZnNi	84	6	8	2	363～380	强度极限比 Sn-Ag 和 Pb-Ag 钎料高,耐热性能是软钎料中最好的一种,在 260 ℃时抗拉强度为 12 MPa
S-Cd82.5Zn	82.5	17.5	—	—	265	同 S-Cd95Ag,由于加 Zn 可减少 Cd 在加热过程中的氧化
S-Cd82ZnAg	82	16	2	—	270～280	这两种钎料是在 Cd-Zn 共晶的基础上加 Ag 的钎料,熔点较低,强度及耐热性良好,钎缝能进行电镀
S-Cd79ZnAg	79	16	5	—	270～285	
S-Cd92AgZn	92	2～4	4～5		320～360	比 S-Cd96AgZn 熔点稍高,适用性相同

HL503(95Cd-5Ag)钎料在温度高达 218 ℃时仍可保持相当的强度,某些铜钎焊接头可承受 250 ℃的工作温度。镉基钎料添加锌可降低钎料的熔化温度以及减轻熔融钎料表面的氧化,并适当提高钎料的强度。用镉基钎料钎焊铜和铜合金时,镉与铜作用在界面上极易形成脆性铜镉化合物相,所以必须采用快速加热的钎焊方法,如电阻钎焊,并且必须防止过热以及要缩短钎焊保温时间,以减薄界面的脆性相层。镉蒸气有毒,对人类健康危害极大,除特殊需要外,一般不推荐使用镉基钎料,钎焊时必须注意通风。

4.2.4 锌基钎料

锌基钎料纯锌的熔点为 419 ℃。在锌中加入锡能明显降低钎料的熔点,加入少量 Ag、Al、Cu 等元素,可提高钎缝结合强度、耐腐蚀性能和工作温度。近年来,在锌基钎料中加入某些微量元素,可以达到良好的自钎效果,并已在生产中得到应用,取得了良好

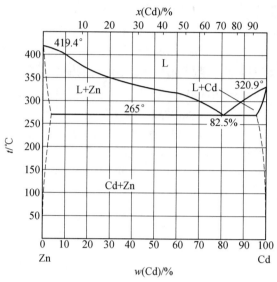

图 4.6 Cd–Zn 二元相图

的效果。

锌基钎料适于钎焊铝合金制品,钎焊铜、铜合金和钢时,铺展性能差。在潮湿条件下,其耐蚀性能较差。常用锌基钎料的用途列于表 4.11,Sn–Zn、Al–Zn 二元相图如图 4.7、4.8 所示。

表 4.11 锌基钎料及其应用

钎料牌号	化学成分(质量分数)/%					熔化温度 /℃	用 途
	Zn	Al	Sn	Cu	其他		
S–Zn89AlCu	89	7	—	4	—	377	用于纯铝、铝合金、铸件和焊件的补焊。钎焊铜及铜合金和钢时,铺展性比其他 Zn 基钎料稍好
S–Zn95Al	95	5	—	—	—	382	在钎焊铝的软钎料中抗蚀性能最好,可用于钎焊铝–铜接头
S–Zn72.5Al	72.5	27.5	—	—	—	430~500	钎焊铝及铝合金,具有较好的铺展性和填缝能力,耐蚀性较好,钎缝在阳极化处理时发黑
S–Zn65AlCu	65	20	—	15	—	390~420	
S–Zn58SnCu	58	—	40	2	—	200~350	钎焊铝及铝合金、铝–铜,可不用钎剂进行括擦钎焊
S–Zn86AlCuSnBi	86	6.7	2	3.8	Bil	304~350	
S–Zn60Cd	60	—	—	—	Cd40	266~366	用于铝及铝合金、铜及铜合金及铝–铜接头钎焊

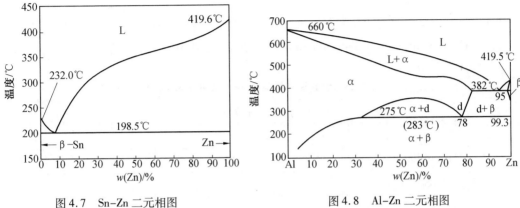

图 4.7 Sn-Zn 二元相图　　　　　图 4.8 Al-Zn 二元相图

4.2.5 其他软钎料

其他软钎料包括铟基钎料、铋基钎料、镓基钎料等多种钎料体系。

1. 铟基钎料

铟的熔点为 156.4 ℃。In 能同 Sn、Pb、Cd、Bi 等金属形成熔点很低的二元合金,可得到非常易熔的共晶钎料,这类钎料通常称为易熔软钎料。这种钎料在碱性介质中具有较高的耐腐蚀性能,并能很好地润湿金属和非金属。常用共晶铟基钎料的牌号、化学成分、熔化温度列于表 4.12。

表 4.12　铟基钎料的牌号、化学成分和熔化温度

钎料牌号	化学成分(质量分数)/%				熔化温度/℃
	In	Sn	Cd	Zn	
S-In44SnCdZn	44.2	41.6	13.6	Ti0.8	90
S-In44ZnCd	44	42	14	—	93
S-In48SnPbZn	48.2	46	Pb4	1.8	108
S-In74CdZn	74	—	24.25	1.75	116
S-In50Sn	50	50	—	—	120
S-In97Zn	97.2	—	—	2.8	143

铟基钎料钎缝电阻值低、塑性较好,可进行不同热膨胀系数材料的非匹配封接。在电真空器件、玻璃、陶瓷和低温超导器件的钎焊上获得广泛应用。如 S-In52Sn 是共晶合金,对玻璃润湿性较好,并能得到相当牢固的连接。此外,含 In 的易熔三元合金 ($w(\text{Pb})=37.5\%$、$w(\text{Sn})=37.5\%$、$w(\text{In})=25\%$)钎料,广泛用来封接玻璃和石英器件。富铟的锡钎料广泛用来制造玻璃的真空密封接头。

2. 铋基钎料

铋的熔点是 271 ℃,同其他金属易形成低熔点钎料。铋基钎料的牌号、化学成分和熔化温度列于表 4.13。铋基钎料主要用于半导体器件组装以及作为黏结合金使用。

含铋钎料对某些金属润湿性能较差,为此钎焊前可对钎焊表面镀锌后再进行钎焊。铋基液态钎料在冷却过程中体积稍有增加,因此,铋基钎料可用在180 ℃以下制造敏感元件。SBi32PbInSnCd 和 S-Bi49ZnPbSn 两种熔点很低,可用于要求钎焊温度低的工件及某些特殊需要中。

表4.13　铋基钎料的牌号、化学成分和熔化温度

钎料牌号	化学成分(质量分数)/%					熔化温度/℃
	Bi	Pb	Sn	Cd	In	
S-Bi32PbInSnCd	32	22	10.8	8.2	18	46
S-Bi49PbSn	49	18	12	—	21	58
S-Bi50PbSn	50	25	25	—	—	94
S-Bi59SnPb	59	15	26	—	—	114
S-Bi55Pb	55	45	—	—	—	124
S-Bi57Sn	57	—	43	—	—	138.5
S-Bi60Cd	60	—	—	40	—	144

3. 镓基钎料

镓的熔点为29.8 ℃。Ga 能同 Sn、In、Cd、Zn、A1、Pb 等金属元素组成一系列低熔点钎料。镓基钎料的牌号、化学成分和熔化温度列于表4.14。镓基钎料可做成钎料膏,使用方便。在膏状钎料中添加 Ag、Cu、镍粉末可制成复合钎料。

表4.14　镓基钎料的牌号、化学成分和熔化温度

钎料牌号	化学成分(质量分数)/%						熔化温度/℃	
	Ga	In	Sn	Zn	Ag	其他	固相线	液相线
S-Ga100	100	—	—	—	—	—		29.8
S-Ga95Zn	95	—	—	5	—	—	24	25
S-Ga92Sn	92	—	8	—	—	—	20	21
S-Ga82SnZn	82	—	12	6	—	—		17
S-Ga76In	76	24	—	—	—	—		16
S-Ga67InZn	67	29	—	4	—	—		13
S-Ga55InSnCdMgZr	55	25	11			Cd4,Mg4,Zr1		10.0

镓基钎料的熔化温度为10.6～29.8 ℃。钎焊时在常温下,将钎料涂覆在金属、陶瓷等钎缝外,被钎焊工件加压或在自由状态下放置4～48 h后,由于液、固相间的溶解扩散作用,可自行固化形成牢固钎焊缝。接头工作温度可达425～650 ℃。镓基钎料工艺性能好,钎缝力学性能好,特别适宜用来钎焊加热不能过高的镓砷元件及其他微电子器件。

4.3 硬钎料

4.3.1 铝基钎料

铝基钎料主要用于铝和铝合金钎焊。用来钎焊其他金属时,钎料表面的氧化物不易去除,另外铝容易同其他金属形成脆性化合物,影响接头质量。

铝基钎料主要以铝和其他金属的共晶为基础。铝虽同很多金属形成共晶,但这些共晶合金的大多数由于各自的原因,不宜用作钎料。Al 和 Si 可以形成低熔点共晶,$w(\text{Si}) = 11.7\%$,熔点 577 ℃,如图 4.9 所示。铝基钎料以 Al-Si 合金为基,通过调整 Si 的含量或再加入 Cu、Zn、Mg 等元素以满足工艺性能要求。在铝硅合金中加入 $w(\text{Mg}) = 1\% \sim 1.5\%$,可用于铝合金的真空钎焊。GB/T 13815-1992《铝基钎料》中规定的一些铝基钎料的成分及特性列于表 4.15。

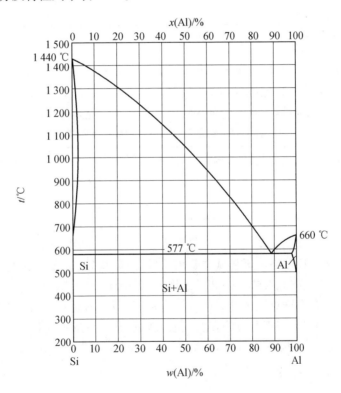

图 4.9 Al-Si 二元相图

表 4.15　铝基钎料的化学成分及特性

钎料牌号	化学成分(质量分数)/%										熔化温度/℃	
	Al	Si	Cu	Zn	Fe	Mg	Cr①	Ti①	Mn①	其他元素总量	固相线	液相线
BA188Si	余	11.0~13.0	<0.30	<0.20	<0.8	<0.10①	—	—	<0.05	≤0.15	577	580
BA190Si	余	9.0~11.0	<0.30	<0.10	<0.8	<0.05①	—	0.20	<0.05	≤0.15	577	590
BA192Si	余	6.8~8.2	<0.25	<0.20	<0.8	—	—	—	<0.10	≤0.15	577	615
BA167CuSi	余	5.5~6.5	27~29	<0.20	<0.8	—	—	—	<0.15	≤0.15	525	535
BA186SiCu	余	9.3~10.7	33~4.7	<0.20	<0.8	—	<0.15	—	<0.15	≤0.15	520	585
BA186SiMg	余	11.0~13.0	<0.20	<0.20	<0.8	—	—	—	<0.10	≤0.15	559	579
BA188SiMg	余	9.0~10.5	<0.20	<0.20	<0.8	—	—	—	<0.10	≤0.15	559	591
BA189SiMg	余	9.5~11.0	<0.20	<0.20	<0.8	0.20~1.0	—	—	<0.10	≤0.15	559	582
BA190SiMg	余	6.8~8.2	<0.20	<0.20	<0.8	2.0~3.0	—	—	<0.10	≤0.15	559	607

注:①元素可不分析,供方保证其成分范围。

Al 基钎料还可制成双金属复合板,即在基体金属一侧或两侧复合板厚为 5% ~ 10% 的钎料板,以简化装配过程。双金属复合板适用于钎焊大面积或接头密集的部件,如各种散热器、冷却器等。双金属钎焊板的牌号和特性见表 4.16。

表 4.16　铝基双金属钎焊板牌号和特性

钎焊板牌号	基体金属	包覆层	包覆层熔化温度/℃
5A06.3-1	3A21	Al-11~12.5Si	577~582
LF-3	3A21	A1-6.8~8.2Si	577~612

铝基钎料可以加工成丝、带、铸棒等形式使用,可以采用火焰钎焊、真空钎焊、盐浴钎焊等钎焊方法。在航空航天领域主要用于散热器、机箱、波导和其他机载附件钎焊。例如,铝合金缝阵天线以及铝合金波导采用 B-Al86SiMg 箔状钎料,利用真空钎焊工艺进行钎焊。采用真空钎焊工艺钎焊铝及铝合金零部件,质量可靠,尺寸精度高,产品免清洗,使用性能稳定。该工艺方法在航空航天以及电子科技领域有较多应用,主要针对尺寸精度、钎缝成形形状要求较高的重要铝合金零部件的组装钎焊,但工艺要求和成本高。

4.3.2　银基钎料

银基钎料熔点适中,能润湿很多金属并具有良好的强度、塑性、导热性、导电性和耐各种介质腐蚀的性能,因此广泛用于连接除铝和镁以外的大多数黑色金属和有色金属。银基钎料是应用极广的硬钎料。

银基钎料的主要合金元素是 Cu、Zn、Cd、Sn 等元素。铜是最主要的合金元素,因添加铜可降低银的熔化温度,又不会形成脆性相。根据银铜相图(图 4.10),当铜含量达

28%（原子分数）时，形成熔点为 779 ℃ 的共晶。加入锌，可进一步降低其熔化温度。

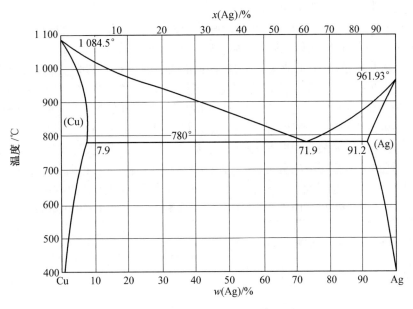

图 4.10　Ag-Cu 二元相图

图 4.11（a）是银铜锌合金的液相面图，借此可根据不同熔点要求，选择不同的银铜锌合金成分。但是从银铜锌合金组成相图（图 4.11（b））可以看出，合金的含锌量超过一定值后，组织中将出现脆性的 β、γ、δ 和 ε 等相，尤其是 γ、δ 和 ε 相塑性极差。我们希望钎料的组织是 $\alpha_1+\alpha_2$ 固溶体相，使钎料兼有强度高和塑性好的性能。为了避免出现脆性相，w_{Zn} 宜不大于 35%。

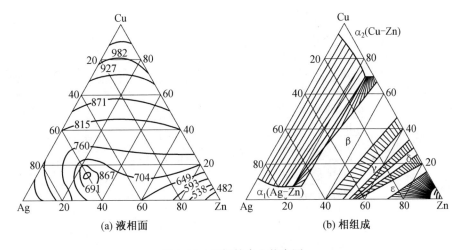

(a) 液相面　　　　　　　　(b) 相组成

图 4.11　银铜锌合金状态图

银铜锌合金系最低熔化温度约 670 ℃。为了进一步降低钎料的熔点，可加入镉。镉能溶于银和铜中形成固溶体，但含镉量大时也会出现脆性相。由于镉在银中的溶解度比较大,所以钎料的含银量不能太低,以含银 40% ～50% 为宜,而为了避免出现脆性相,银和锌总量不超过 40% 为宜。

银铜锌镉钎料是银基钎料中性能最好的一种钎料,因为它的熔化温度低,润湿性和铺展性好,力学性能也很好,价格不高。唯一缺点是含有害元素镉。欧盟已规定,从 2007 年 7 月 1 日起,电子工业等产品中不准含镉。通过近些年研究,发现只有锡可以取代镉。但加锡不能太多,否则钎料发脆,一般加 2% ～5% 为宜。银铜锌锡钎料虽无毒,但无论在熔化温度、工艺性能、力学性能或在价格等方面仍无法与银铜锌镉钎料媲美。

采用银基钎料可以获得强度高、质量好的钎焊接头,接头强度一般为 300 ～440 MPa,工作温度一般在 400 ℃ 以下。银基钎料常加工成丝、带使用,可以采用各种钎焊方法钎焊。银基钎料的分类、型号及熔化温度见表 4.17,银基钎料的化学成分列于表 4.18。美国焊接学会(AWS)制定的银钎料标准及相应的熔化特性见表 4.19。

表 4.17　银钎料的分类、型号及熔化参考温度(GB/T 10046—2000《银钎料》)

分　类	钎料型号	熔化参考温度/℃		
		固相线温度	液相线温度	钎焊温度
银铜	BAg72Cu	779	779	779～900
银铜	BAg94Al	780	825	825～925
银铜锂	BAg72CuLi	766	766	766～871
	BAg72CuNiLi	780	800	800～850
	BAg10CuZn	815	850	850～950
银铜锌	BAg25CuZn	700	800	800～890
	BAg45CuZn	665	745	745～845
	BAg50CuZn	690	775	775～870
银铜锡	BAg60CuSn	600	720	720～840
银铜锌镉	BAg35CuZnCd	605	700	700～845
	BAg45CuZnCd	—	620	620～760
	BAg50CuZnCd	625	635	635～760
	BAg40CuZnCdNi	595	605	605～705
	BAg50CuZnCdNi	630	690	690～815
银铜锌锡	BAg34CuZnSn	—	730	730～820
	BAg56CuZnSn	620	650	650～760
	BAg40CuZnSnNi	634	640	640～740
	BAg50CuZnSnNi	650	670	670～770
银铜锌锰	BAg20CuZnMn	740	790	790～845
	BAg49CuZnMnNi	625	705	705～850

表 4.18　银钎料的化学成分（GB/T 10046—2000《银钎料》）

型　号	化学成分（质量分数）/%								
	Ag	Cu	Zn	Cd	Ni	Sn	Li	Al	Mn
BAg72Cu	71.0~73.0	余量	—						
BAg94Al	余量	—	—	—	—	—	—	4.5~5.5	0.7~1.3
BAg72CuLi	71.0~73.0	余量	—				0.20~0.50		
BAg72CuNiLi	71.0~73.0	余量	—		0.8~1.2		0.40~0.60		
BAg10CuZn	9.0~11.0	52.0~54.0	36.0~38.0						
BAg25CuZn	24.0~26.0	40.0~42.0	33.0~35.0						
BAg45CuZn	44.0~46.0	23.0~27.0	—						
BAg50CuZn	49.0~51.0	330~35.0	14.0~18.0						
BAg60CuSn	59.0~61.0	余量	—			9.5~10.5			
BAg35CuZnCd	34.0~36.0	25.0~29.0	19.0~23.0	17.0~19.0					
BAg45CuZnCd	44.0~46.0	14.0~16.0	14.0~18.0	23.0~25.0					
BA50CuZnCd	49.0~51.0	14.5~16.5	14.5~18.5	17.0~19.0					
BAg40CuZnCdNi	39.0~41.0	15.5~16.5	17.3~18.5	25.1~26.5	0.1~0.3				
BAg50CuZnCdNi	49.0~51.0	14.5~16.5	13.5~17.5	15.0~17.0	2.5~3.5				
BAg34CuZnSn	33.0~35.0	35.0~37.0	25.0~29.0	—	—	2.5~3.5			
BAg56CuZnSn	55.0~57.0	21.0~23.0	15.0~19.0			4.5~5.5			
BAg40CuZnSnNi	39.0~41.0	24.0~26.0	29.5~31.5		1.30~1.65	2.7~3.3			
BAg50CuZnSnNi	49.0~51.0	20.5~22.5	26.0~28.0		0.30~0.65	0.7~1.3			
BAg20CuZnMn	19.0~21.0	39.0~41.0	33.0~37.0	—	—	—	—		4.5~5.5
BAg49CuZnMnNi	48.0~50.0	15.0~17.0	余量		4.0~5.0				6.5~8.5

BAg72Cu（BAg-8）系银铜共晶成分，具有很好的导电性。由于不含易挥发元素，如 Zn 和 Cd，特别适用于保护气氛钎焊和真空钎焊。

BAg94Al 钎料用于钛和钛合金的钎焊。

BAg45CuZn（BAg-5）钎料熔点低，含银量较少，比较经济，应用甚广，常用于钎焊要求钎缝表面粗糙度低、强度高、能承受振动载荷的工件。在电子和食品工业中得到广泛应用。

BAg50CuZn（BAg-6）钎料与 BAg45CuZn 钎料性能相似，塑性较好，但结晶间隔较大，适用于钎焊需承受多次振动载荷的工件，如带锯等。

BAg25CuZn 钎料熔点稍高，具有良好的润湿性和填满间隙的能力，用途与 BAg45CuZn 钎料相似。

BAg10CuZn 钎料含银量低，属于低银钎料，价格较低，但钎焊温度比其他银铜锌钎料都高，钎焊接头韧性较差，主要用于钎焊要求较低的铜及铜合金、钢等。

BAg45CuZnCd（BAg-1）钎料是银钎料中熔点最低的，它具有很好的流动性和填满间隙的能力。由于其钎焊温度低于一些合金钢的回火温度，因此适于钎焊淬火合金钢以及分级钎焊中的最后一级钎焊。

表 4.19 银钎料的化学成分和熔化温度（AWS 制定）

钎料	成分（质量分数）/%									温度/℃		
	Ag	Cu	Zn	Cd	Ni	Sn	Li	Mn	其他	固相线	液相线	钎焊温度
BAg-1	44.0~46.0	14.0~16.0	14.0~18.0	23.0~25.0	—	—	—	—	0.15	607	618	618~760
BAg-1a	49.0~51.0	14.5~16.5	14.5~18.5	17.0~19.0	—	—	—	—	0.15	627	635	635~760
BAg-2	34.0~36.0	25.0~27.0	19.0~23.0	17.0~19.0	—	—	—	—	0.15	607	702	702~843
BAg-2a	29.0~31.0	26.0~28.0	21.0~25.0	19.0~21.0	—	—	—	—	0.15	607	702	710~843
BAg-3	49.0~51.0	14.5~16.5	13.5~17.5	15.0~17.0	2.5~3.5	—	—	—	0.15	632	688	688~815
BAg-4	39.0~41.0	29.0~31.0	26.0~30.0	—	1.5~2.5	—	—	—	0.15	670	780	780~900
BAg-5	44.0~46.0	29.0~31.0	23.0~27.0	—	—	—	—	—	0.15	677	743	743~843
BAg-6	49.0~51.0	33.0~35.0	14.0~18.0	—	—	—	—	—	0.15	688	775	775~870
BAg-7	55.0~57.0	21.0~23.0	15.0~19.0	—	—	4.5~5.5	—	—	0.15	618	652	652~760
BAg-8	71.0~73.0	余量	—	—	—	—	—	—	0.15	780	780	780~900
BAg-8a	71.0~73.0	余量	—	—	—	—	0.25~0.50	—	0.15	765	765	765~870
BAg-9	64.0~66.0	19.0~21.0	13.0~17.0	—	—	—	—	—	0.15	670	718	718~843
BAg-10	69.0~71.0	19.0~21.0	8.0~12.0	—	—	—	—	—	0.15	690	738	738~843
BAg-13	53.0~55.0	余量	4.0~6.0	—	0.5~1.5	—	—	—	0.15	718	857	857~968
BAg-13a	55.0~57.0	余量	—	—	1.5~2.5	—	—	—	0.15	710	893	870~982
BAg-18	59.0~61.0	余量	—	—	—	9.5~10.5	—	—	0.15	602	718	718~843
BAg-19	92.0~93.0	余量	—	—	—	—	0.15~0.30	—	0.15	760	890	877~982

续表 4.19

钎料	成分（质量分数）/%									温度/℃		
	Ag	Cu	Zn	Cd	Ni	Sn	Li	Mn	其他	固相线	液相线	钎焊温度
BAg-20	29.0~31.0	37.0~39.0	30.0~34.0	—	—	—	—	—	0.15	677	765	765~870
BAg-21	62.0~64.0	27.5~29.5	—	—	2.0~3.0	5.0~7.0	—	—	0.15	690	802	802~899
BAg-22	48.0~50.0	15.0~17.0	21.0~25.0	—	4.0~5.0	—	—	7.0~8.0	0.15	682	700	700~830
BAg-23	84.0~86.0	—	—	—	—	—	—	余量	0.15	960	970	970~1 038
BAg-24	49.0~51.0	19.0~21.0	26.0~30.0	—	1.5~2.5	—	—	—	0.15	660	707	707~843
BAg-25	19.0~21.0	39.0~41.0	33.0~37.0	—	—	—	—	4.5~5.5	0.15	738	790	790~846
BAg-26	24.0~26.0	37.0~39.0	31.0~35.0	—	1.5~2.5	—	—	1.5~2.5	0.15	707	802	802~870
BAg-27	24.0~26.0	34.0~36.0	24.5~28.5	12.5~14.5	—	—	—	—	0.15	607	746	746~857
BAg-28	39.0~41.0	29.0~31.0	26.0~30.0	—	—	1.5~2.5	—	—	0.15	650	710	710~843
BAg-33	24.0~26.0	29.0~31.0	26.5~28.5	16.5~18.5	—	—	—	—	0.15	607	682	681~760
BAg-34	37.0~39.0	31.0~33.0	26.0~30.0	—	—	1.5~2.5	—	—	0.15	649	721	721~843
BAg-35	34.0~36.0	31.0~33.0	31.0~35.0	—	—	—	—	—	0.15	685	745	754~841
BAg-36	44.0~46.0	26.0~28.0	23.0~27.0	—	—	2.5~3.5	—	—	0.15	646	677	677~813
BAg-37	24.0~26.0	39.0~41.0	31.0~35.0	—	—	1.5~2.5	—	—	0.15	688	779	779~885

BAg50CuZnCd(BAg-1a)钎料与 BAg45CuZnCd 钎料特点类似,但钎料含镉量低,具有更好的加工性能和力学性能。适合低温钎焊和要求钎料有优良流动性的场合。

BAg35CuZnCd(BAg-2)钎料结晶间隔较大,流动性差,适用于不均匀间隙的钎焊,但加热速度要快,以火焰、高频等钎焊方法为宜,以免钎料在熔化和填充间隙时发生偏析。

BAg50CuZnCdNi(BAg-3)钎料含镍,它在海洋环境、腐蚀介质中有很好的抗腐蚀性。因为含有镍,提高了钎料对硬质合金的润湿性,适于钎焊硬质合金,镍也提高了钎焊不锈钢时接头的抗腐蚀性,是银钎料钎焊的不锈钢接头中抗腐蚀性最好的一种。

BAg56CuZnSn 和 BAg50CuZnSnNi 是两种通用的无镉钎料,它们性能同 BAg50CuZnCd 和 BAg45CuZnCd 相当,但钎料成形性和流动性较差,是后两者的替代品,可代替钎焊铜和铜合金、铜和不锈钢。BAg56CuZnSn 钎料特别适用于:

①禁止使用镉的行业,如食品工业、电子工业等;
②防止含镍低的母材和镍基合金在低温下发生应力腐蚀开裂;
③要求钎缝颜色与母材匹配的场合。

4.3.3 铜基钎料

铜基钎料主要包括纯铜、铜磷、铜锌、铜锗、铜锰、铜镍钎料。由于铜基钎料工艺性能好、使用方便、成本低、接头性能良好等优点,广泛应用于多种金属及合金的钎焊。

1.纯铜钎料

铜的熔点为 1 083 ℃。用它做钎料时,均在保护气氛和真空条件下钎焊,钎焊温度为 1 100 ~ 1 150 ℃。在该温度下,零件的内应力已被消除,焊件不会产生应力开裂现象。纯铜钎料对钢的润湿性和填满间隙的能力很好,钎焊时要求接头间隙很小(0 ~ 0.05 mm),因此对零件加工和装配提出严格要求。铜的抗氧化性差,工作温度不能超过 400 ℃。

2.铜锌钎料

GB/T 6418—1993《铜基钎料》中所列的铜和铜锌钎料化学成分及熔化温度见表 4.20。

为了降低铜的熔点,可加入锌。根据铜锌相图(图 4.12),随含锌量的增加,合金组织中出现 α、β、γ 等相。α 为强度和塑性良好的固溶体相;β 是强度高,塑性低的化合物相;γ 是极脆的 Cu_2Zn_3 化合物相。因此,依靠加锌来降低钎料熔点时应考虑含锌量对其性能的影响。

表 4.20　铜和铜锌钎料化学成分及熔化温度

牌号	化学成分（质量分数）/%												熔化温度/℃	
	Cu	Zn	P	Sn	Si	Fe	Mn	Ni	Al	Pb	Co	杂质总量≤	固相线	液相线
BCu	99.90	—	0.75	—	—	—	—	—	0.01*	0.02		0.10	—	1 083
BCu54Zn	53.0～55.0	余	—	—	—	—	—	—	—	0.015*		0.50	885	888
BCu58ZnMn	57.0～59.0		—	—	—	0.15	3.7～4.3	—	—	0.015*			880	909
BCu60ZnSn–R	59.0～61.0			0.8～1.2	0.15～0.35	—	—	—	—	0			890	905
BCu58ZnFe–R	57.0～59.0			0.7～1.0	0.05～0.15	0.35～1.20	0.3～0.09	—	0.10*	0.20*			865	890
BCu48ZnNi–R	46.0～50.0		0.25	—	0.04～0.25	—	—	9.0～11.0	0.10*	0.05*	—		921	935
BCu57ZnMnCo	56.0～58.0			—	—	—	1.5～2.5	—	—	—	1.5～2.5		890	930
BCu62ZnNiMnSiR	61.0～63.0		—	0.1～0.3	0.1～0.3	—	0.1～0.3	0.3～0.5	—	—	—		853	870

注：（1）表中单值数表示最大值。（2）杂质总量包括有星号（＊）元素的含量。

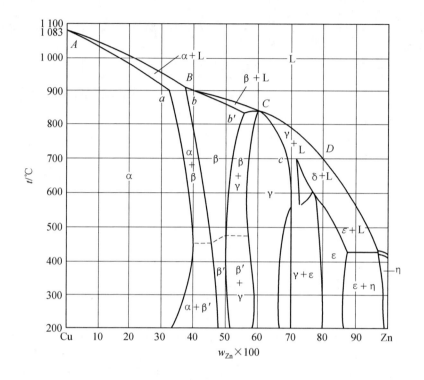

图 4.12　Cu-Zn 状态图

HLCuZn64 钎料含锌量最高,为 γ 相组织,熔点低,但极脆,所钎接头性能低,故应用不广。

HLCuZn52 钎料系 β+γ 相组织,故很脆,钎的接头塑性也差,主要用来钎焊不承受冲击和弯曲的含铜量大于 68% 的铜合金件。

BCu54Zu 钎料的强度及塑性比前两种好,但钎焊接头的性能仍不高,故仍主要用于钎焊铜、青铜和钢等不承受冲击和弯曲的工件。

H62 钎料即 H62 黄铜,为 α 固溶体组织,具有良好的强度和塑性,是应用最广的铜锌钎料。可用来钎焊受力大、需要接头塑性好的铜、镍、钢制零件。

黄铜钎料因含锌量高,必须防止钎焊时过热,否则会因锌的挥发在接头中形成气孔,破坏钎缝的致密性。此外,锌蒸气有毒,对人健康不利。为了减少锌的挥发,可在黄铜中加入少量的硅。钎焊时钎料中硅氧化,同钎剂中的硼酸盐形成低熔点的硅酸盐,浮在液态钎料表面,减少了锌的挥发。但是,硅能显著降低锌在铜中的溶解度,促使生成 β 相,使钎料变脆;另外,含硅量高会形成过量的氧化硅,不易去除,故含硅量低于 0.5% (质量分数)为宜。此外,黄铜钎料中加入锡可提高钎料的铺展性。但锡同样降低锌在铜中的溶解度,故含锡量不宜超过 1%。

BCu58ZnMn 中含锰,锰可提高钎料的强度、塑性和润湿性,适于钎焊硬质合金等。

3. 铜锗钎料

锗能降低铜的熔点。铜锗合金中锗低于 12% 时均为 α 相固溶体组织,塑性较好。

铜锗钎料的特点是蒸气压低,可用来钎焊钢和可伐合金等,主要用于电真空器件的钎焊。表4.21列出了几种铜锗钎料的化学成分和特性。

表4.21　铜锗钎料的化学成分和特性

牌号	化学成分(质量分数)/%			熔化温度/℃	
	Cu	Ge	Ni	固相线	液相线
BCu92Ge	余	8	—	930	950
BCu90Ge	余	10.5	—	870	890
BCu88Ge	余	12	0.25	840	860

4. 铜基高温钎料

普通银钎料和铜基钎料的强度随温度的升高而下降,不能满足在较高温度下工作的要求,在铜中加入 Ni 和 Co 可提高钎料的耐热性能,但钎料的熔化温度也相应有所提高。表4.22列出了一些高温铜基钎料的化学成分及特性。

表4.22　高温铜基钎料的化学成分及特性

牌号	化学成分(质量分数)/%							熔化温度/℃	钎焊温度/℃
	Cu	Ni	Si	B	Fe	Mn	Co		
BCuNiSiB	余量	27~30	1.5~2.0	≤0.2	<1.5	—	—	1 080~1 120	1 175~1 200
BCuNiMnCoSiB	余量	18	1.75	0.2	1	5	5	1 053~1 084	1 090~1 110
BCuMnCo	余量	—	—	—	—	31.5	10	940~950	1 000~1 050
BCuMnNi	余量	20	—	—	—	40	—	950~960	1 000~1 050

4.3.4　锰基钎料

当接头工作温度高于600 ℃时,银基和铜基钎料都不能满足要求,此时可采用能承受更高工作温度(600~700 ℃)的锰基钎料。

锰的熔点1 235 ℃,为了降低其熔点可加入镍。根据 Ni-Mn 相图(见图4.13),60% Mn 和40% Ni 形成熔点为1 050 ℃的低熔固溶体,塑性优良。锰基钎料就是以 Ni-Mn 合金为基体,加入不同量的合金元素组成的。

锰基钎料的塑性好,对不锈钢、耐热钢具有良好的润湿能力。钎缝有较高的室温和高温强度,中等的抗氧化性和耐腐蚀性,钎料对母材无明显的溶蚀作用。在锰基钎料中加入 Cr、Co、Cu、Fe、B 等元素可降低钎料的熔化温度,改善工艺性能和提高抗腐蚀性等。锰在国内资源丰富,价格较低,但锰基钎料的蒸气压高,不能用于高真空钎焊;锰又易于氧化,也不适于火焰钎焊。主要用于氩气保护的炉中钎焊和感应钎焊以及较低真空钎焊。锰基钎料的成分及特性见表4.23。

BMn70NiCr 钎料是在镍锰合金基础上加入5%铬。铬提高了钎料的抗氧化性。钎料具有良好的润湿性和填充间隙的能力,对母材的溶蚀作用小。可满足不锈钢波纹板夹层结构换热器的低真空钎焊的要求。

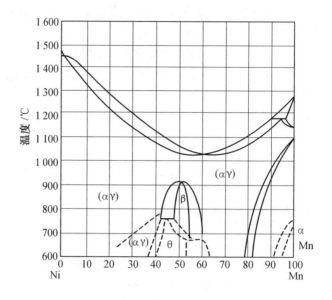

图 4.13 Mn-Ni 系相图

表 4.23 锰基钎料的化学成分及特性

牌 号	化学成分(质量分数)/%											熔化温度/℃	
	Mn	Ni	Cu	Cr	Co	Fe	B	C	S	P	其他元素总量	固相线	液相线
BMn70NiCr	余量	24.0 ~ 26.0		4.5 ~ 5.5	—	—						1 035	1 080
BMn40NiCrCoFe		40.0 ~ 42.0		11.0 ~ 13.0	2.5 ~ 3.5	3.5 ~ 4.5	—					1 065	1 135
BMn68NiCo		21.0 ~ 23.0		—	9.0 ~ 11.0	—		≤ 0.10	≤ 0.020	≤ 0.20	≤ 0.30	1 050	1 070
BMn65NiCoFeB		15.0 ~ 17.0			15.0 ~ 17.0	2.5 ~ 3.5	0.2 ~ 1.0					1 010	1 035
BMn52NiCuCr		27.5 ~ 29.5	13.5 ~ 15.5	4.5 ~ 5.5	—	—						1 000	1 010
BMn50NiCuCrCo		26.5 ~ 28.5	12.5 ~ 14.5	4.0 ~ 5.0	4.0 ~ 5.0							1 010	1 035
BMn45NiCu		19.0 ~ 21.0	34.0 ~ 36.0									920	950

BMn40NiCrFeCo 钎料提高了含铬量,改变了锰与镍的比例,并添加少量钴以改善其性能。钎料的高温性能和耐腐蚀性稍高于 BMn70NiCr 钎料,但钎料的熔化温度和钎焊温度也有所上升,易引起不锈钢晶粒长大。钎料的流动性适中,虽然没有 BMn70NiCr 钎料那样好,但比较容易控制。

BMn68NiCo 钎料含钴量高,高温性能好。钎焊温度低于前两者钎料,适宜于钎焊工作温度更高的薄件。

BMn65NiCoFeB 钎料在不锈钢上的铺展性差,适用于钎焊毛细管等易被钎料堵塞的场合,或者用于大间隙钎焊。

BMn45NiCu 钎料由于大量铜的加入,钎料熔化温度大大下降,适用于分步钎焊的末级钎焊以及补焊。

4.3.5 镍基钎料

镍基钎料以镍为基体,并添加能降低其熔点(1 452 ℃)及提高热强度的元素组成。镍基钎料具有优良的抗腐蚀性和耐热性,钎焊接头可以承受的工作温度高达 1 000 ℃。常用于钎焊不锈钢、镍基合金和钴基合金等。

镍能与 S、Sb、Sn、P、Si、B、Be 等形成低熔点共晶,但从高温钎料要求出发,只有添加 B、Si、P 等元素比较合适。

根据 Ni-B 相图(见图 4.14),硼可使镍硼系熔化温度迅速下降,当硼含量达16.6%(原子分数)时形成 Ni 和 Ni_3B 的共晶组织,熔点为 1 080 ℃。硼几乎不溶于镍。

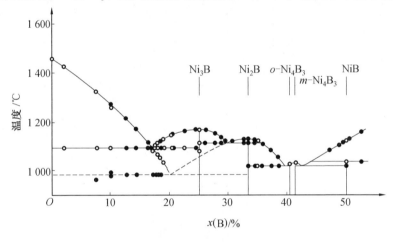

图 4.14　Ni-B 相图

从 Ni-Si 相图(见图 4.15),当硅含量达 11.4%(原子分数)时镍同 Ni_5Si_2 形成共晶,熔点为 1 150 ℃。共晶体为 α 镍固溶体和 Ni_3Si,硅在镍中的饱和溶解度达 8.7%。

磷能大大降低镍的熔点,从 Ni-P 相图(见图 4.16),当磷含量达 11%(原子分数)时形成熔点为 880 ℃的共晶。磷不溶于镍,磷与镍形成一系列脆性化合物。

此外,Si 可降低熔点的同时还增加流动性。B 和 P 是降低钎料熔点的主要元素,并能改善润湿能力和铺展能力。除 B、Si、P 外,镍基钎料内常加的元素还有 Cr、Fe、C 等。Cr 的主要作用是增大抗氧化、抗腐蚀能力及提高钎料的高温强度。C 可以降低钎料的熔化温度而对高温强度没有多大的影响。少量的 Fe 可以提高钎料的强度。

镍基钎料中含有较多的 Si、B、P 等非金属元素,比较脆,常以棒状、粉状使用,但近年来已研制成非晶态箔状钎料。钎焊接头间隙一般不大于 0.1mm,间隙过大,在钎缝

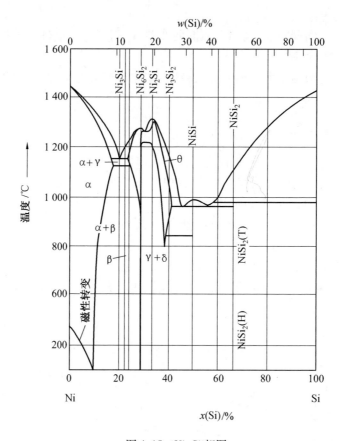

图 4.15　Ni-Si 相图

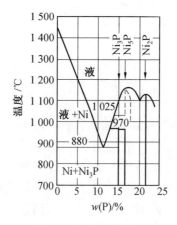

图 4.16　Ni-P 相图

形成脆性铸造组织,使接头强度特别是冲击韧性大大下降。标准镍钎料的成分和熔化特性列于表 4.24。美国焊接学会镍钎料的化学成分见表 4.25,熔化特性见表 4.26。

表 4.24 标准镍钎料

牌号	化学成分（质量分数/%）								熔化温度 /℃	钎焊温度 /℃
	Ni	Cr	B	Si	Fe	C	P	其他		
BNi74CrSiB	余量	13~15	2.75~3.5	4~5	4~5	0.6~0.9	—	—	975~1 038	1 065~1 205
BNi75CrSiB	余量	13~15	2.75~3.5	4~5	4~5	0.06	—	—	975~1 075	1 075~1 205
BNi82CrSiB	余量	6~8	2.75~3.5	4~5	2.5~3.5	0.06	—	—	970~1 000	1 010~1 175
BNi92SiB	余量	—	2.75~3.5	4~5	0.5	0.06	—	—	980~1 010	1 010~1 175
BNi93SiB	余量	—	1.5~2.2	3~4	1.5	0.06	—	—	980~1 135	1 150~1 205
BNi68CrWB	余量	9.5~10.5	2.2~2.8	3~4	2~3	0.06	—	W:11.5~12.5	970~1 095	1150~1200
BNi71CrSi	余量	18.5~19.5	—	9.75~10.5	—	0.10	—	—	1 080~1 135	1 150~1 205
BNi89P	余量	—	—	—	—	—	10~12	—	877	925~1 025
BNi76CrP	余量	13~15	0.01	0.1	0.2	0.08	9.7~10.5	—	890	925~1 040
BNi66MnSiCu	余量	—	—	6~8	—	0.10	—	Cu:4~5 Mn:21.5~24.5	970~1 095	1 150~1 200

表 4.25　美国焊接学会镍钎料的化学成分（AWS）

化学成分（质量分数/%）

型号	Ni	Cr	B	Si	Fe	C	P	S	Al	Ti	Mn	Cu	Zr	W	Co	Se	杂质
BNi-1	余量	13.0~15.0	2.75~3.50	4.0~5.0	4.0~5.0	0.6~0.9	0.02	0.02	0.05	0.05	—	—	0.05	—	0.10	0.005	0.5
BNi-1a	余量	13.0~15.0	2.75~3.50	4.0~5.0	4.0~5.0	0.06	0.02	0.02	0.05	0.05	—	—	0.05	—	0.10	0.005	0.5
BNi-2	余量	6.0~8.0	2.75~3.50	4.0~5.0	2.5~3.5	0.06	0.02	0.02	0.05	0.05	—	—	0.05	—	0.10	0.005	0.5
BNi-3	余量	—	2.75~3.50	4.0~5.0	0.5	0.06	0.02	0.02	0.05	0.05	—	—	0.05	—	0.10	0.005	0.5
BNi-4	余量	—	1.5~2.2	3.0~4.0	1.5	0.06	0.02	0.02	0.05	0.05	—	—	0.05	—	0.10	0.005	0.5
BNi-5	余量	18.5~19.5	0.03	9.75~10.50	—	0.06	0.02	0.02	0.05	0.05	—	—	0.05	—	0.10	0.005	0.5
BNi-5a	余量	18.5~19.5	1.0~1.5	7.0~7.5	0.5	0.10	0.02	0.02	0.05	0.05	—	—	0.05	—	0.10	0.005	0.5
BNi-5b	余量	14.5~15.5	1.1~1.6	7.0~7.5	1.0	0.06	0.02	0.02	0.05	0.05	—	—	0.05	—	0.10	0.005	0.5
BNi-6	余量	—	—	—	—	0.06	10.0~12.0	0.02	0.05	0.05	—	—	0.05	—	0.10	0.005	0.5
BNi-7	余量	13.0~15.0	0.01	0.10	0.2	0.06	9.7~10.5	0.02	0.05	0.05	0.04	—	0.05	—	0.10	0.005	0.5
BNi-8	余量	—	—	6.0~8.0	—	0.06	0.02	0.02	0.05	0.05	21.5~24.5	4.0~5.0	0.05	—	0.10	0.005	0.5
BNi-9	余量	13.5~16.5	3.25~4.0	—	1.5	0.06	0.02	0.02	0.05	0.05	—	—	0.05	—	0.10	0.005	0.5
BNi-10	余量	10.0~13.0	2.0~3.0	3.0~4.0	2.5~4.5	0.4~0.55	0.02	0.02	0.05	0.05	—	—	0.05	15~17	0.10	0.005	0.5
BNi-11	余量	9.0~11.75	2.2~3.1	3.35~4.25	2.5~4.0	0.3~0.5	0.02	0.02	0.05	0.05	—	—	0.05	11.5~12.75	0.10	0.005	0.5

表 4.26　美国焊接学会镍钎料的熔化特性(AWS)

型号	固相线/℃	液相线/℃	钎焊温度/℃
BNi-1	977	1 038	1 066 ~ 1 204
BNi-1a	977	1 077	1 077 ~ 1 204
BNi-2	971	999	1 010 ~ 1 177
BNi-3	982	1 038	1 010 ~ 1 177
BNi-4	982	1 066	1 010 ~ 1 177
BNi-5	1 079	1 135	1 149 ~ 1 204
BNi-5a	1 065	1 150	1 149 ~ 1 204
BNi-5b	1 030	1 126	1 149 ~ 1 204
BNi-6	877	877	927 ~ 1 093
BNi-7	888	888	927 ~ 1 093
BNi-8	982	1 010	1 010 ~ 1 093
BNi-9	1 055	1 055	1 066 ~ 1 204
BNi-10	970	1 105	1 066 ~ 1 204
BNi-11	970	1 095	1 149 ~ 1 204
BNi-12	880	950	980 ~ 1 095
BNi-13	970	1 080	1 095 ~ 1 175

镍基钎料特别适用于真空系统和真空管的钎焊,因为钎料的蒸气压很低。镍基钎料中不得含有 Ag、Cd、Zn 或其他高蒸气压元素。应该指出,当 P 与某些元素化合后,这些化合物具有极低的蒸气压,因而可允许在 1 065 ℃ 和真空度为 0.135 Pa 下进行真空焊。

BNi74CrSiB 钎料含 Cr 高,钎焊时 B 和 C 向母材扩散,可使钎缝重熔温度提高。它具有很好的高温性能,广泛用于高强度合金和耐热合金的钎焊,可用于钎接涡轮叶片、喷气发动机零件、高应力的平板金属结构以及其他高应力部件。

BNi75CrSiB 钎料是一种低碳的镍铬硼硅钎料,最大 $w(C) = 0.06\%$ 。因其含碳量低,可减少碳向母材的扩散,钎料和母材的作用程度减弱,可钎焊比 BNi74CrSiB 稍薄的工件,但熔化温度比 BNi74CrSiB 高,流动性较差。这种钎料用途与 BNi74CrSiB 钎料相似,也可用于高温喷气发动机零件。

BNi82CrSiB 钎料熔化温度比上述两种都低,性能和用途与 BNi74CrSiB 相似,但能在较低的温度下进行钎焊,且有较好的流动性和扩散性能。

BNi92SiB 钎料的流动性很好,流入和填充接头间隙的能力强,是一种耐热性能良好的钎料,适用于较低温度下钎焊高应力零件。它的使用与 BNi74CrSiB 相似,适宜于钎焊间隙很小或搭接量较大的接头。钎焊接头的耐热性比含铬的钎料差。

BNi93SiB 钎料与 BNi92SiB 相似,用这种钎料可以形成较大和塑性较好的角接钎缝,也能用来钎焊具有相当大间隙的接头。

BNi71CrSi 钎料不含硼,同母材作用大大减弱,适宜于钎焊薄件。由于钎料铬含量高,接头的高温强度和抗氧化性均与 BNi74CrSiB 钎料钎焊的相当。用该钎料钎焊时的钎焊温度很高。此外,因钎料不含硼,特别适用于核工业中的部件。

BNi89P 和 BNi76CrP 是镍基钎料中熔化温度最低的两种钎料,属于共晶成分,流动性极好,与大多数镍基或铁基金属只产生极小的溶蚀,能流入接触紧密的接头,钎料对母材的溶蚀作用不大。BNi76CrP 钎料因含较多铬,其耐热性比 BNi89P 钎料好。但这两种钎料的高温性能比镍铬硼硅和镍硼硅钎料仍差得多,这两种钎料主要用来钎焊不锈钢薄件,因钎料不含硼,也特别适用于核领域。

BNi-5a 钎料硅含量较低,并含少量硼,不适用核工业领域。但由于含硼,可制成非晶态薄件。典型用途是钎焊薄壁蜂窝结构。

BNi-5b 钎料特性与用途与 BNi-5a 相同。

BNi-9 钎料成分位于 Ni-Cr-B 合金共晶点附近,钎料具有很好的流动性。适用于要求钎缝不含硅,且流动性好的场合。

BNi-10 和 BNi-11 钎料的含硼量较低,熔化间隔大,流动性差,适用于钎焊装配间隙较大,且要求耐热性能(因含 W)好的接头。

BNi66MnSiCu 钎料最初是由于它与 Ni 的相互作用很小,并且具有良好的钎焊性能而发展起来的。后来发现也适合于钎焊航空工业的蜂窝结构和其他不锈钢材料与耐腐蚀材料,由于这种钎料含有相当多的 Mn,故应遵守特别的钎焊工艺。因为 Mn 比 Cr 更容易氧化,因而氢气、氩气和氦气等钎焊气体必须纯净而十分干燥。在真空环境下,真空压力必须很低,漏气速率必须很小,以确保很低的氧分压。应当指出,当 Mn 在保护气体中氧化或当 Mn 在真空中蒸发或氧化时,BNi66MnSiCu 钎料的化学成分和熔化特性都会发生变化。但是,保护气体中,Mn 的影响不致构成问题。

4.3.6 其他硬钎料

1. 金基钎料

金基钎料主要由 Au、Cu 和 Ni 等元素组成。金基钎料工艺性能优越,同时具有良好的耐蚀性、热稳定性和力学性能,接头可靠性高,钎焊温度较低,在多种有色金属及合金、黑色金属及合金的重要零部件的焊接方面得到应用。

由于金基钎料蒸气压低,合金元素不易挥发,导电性高,热稳定性高,特别适合真空度要求很高的电真空器件的钎焊连接及封装,在航空航天领域主要用于高精度、高可靠性要求的接头以及异种母材、陶瓷材料等的真空钎焊。这类钎料可在低于 650 ℃情况下可靠工作。但由于钎料价格昂贵,除特殊需要外,一般不采用该系列钎料,而是选择一些替代钎料施焊。常用 Au 基钎料的化学成分及特性列于表 4.27 中。

表4.27 常用金基钎料化学成分、特性及用途

钎料牌号	化学成分(质量分数)/%					熔化温度 /℃	钎焊温度 /℃	用 途
	Au	Cu	Ni	Pd	其他			
BAu82Ni	余量	—	17~18	—	—	约949	949~1 004	综合性能极好,可钎焊铜、可伐合金、钨、钼、不锈钢等重要产品
BAu80Cu	余量	19.5~20.5	—	—	—	约891	890~1 010	电真空器件分段钎焊用钎料
BAu60Cu	余量	39~41	—	—	—	850~975	980~1 000	
BAu37Cu	余量	62.5~63.5	—	—	—	991~1 016	1 016~1 083	电真空器件分段钎焊用钎料
BAu35CuNi	余量	61.5~62.5	2.5~3.5	—	—	974~1 029	1 029~1 091	电真空器件分段钎焊用钎料
BAu30PdNi	余量	36.5~37.5	—	33.5~34.5	—	1 135~1 166	1 166~1 232	钎焊在高温下要求接头具有良好强度的耐热和抗腐蚀金属
BAu35CuIn	余量	59~61	—	—	In5	850~890	880~910	可代替BAu80Cu用于电子器件的钎焊
BAu40Cu	40	60	—	—	—	980~1 000	1 000~1 050	
BAu55Cu	55	45	—	—	—	1 020~1 160	1 160~1 180	可钎焊Fe基、Ni基、Cu基合金

2. 钛基钎料

钛基钎料是Ti和Ni、Cu、Be、Zr等元素制成的许多不同熔化温度的钎料。钛基钎料是近年来迅速发展起来的新型活性钎料,是针对钛合金应用需要而开发生产的。钛基钎料活性高,耐蚀性好,抗氧化性强,钎焊工艺性良好,可润湿多种难熔金属、石墨、陶瓷、宝石等材料,是钛及合金、难熔金属、金属间化合物、功能陶瓷等新型材料钎焊连接的首选焊接材料。

常用钛基钎料的化学成分及物理性能见表4.28。钛基钎料中加入合金元素Cu、Ni等,一方面是降低合金熔化温度;另一方面,通过合金化作用提高钎料的工艺性能、接头力学性能等综合性能。加入合金元素Zr可以与Ti置换,在不影响钛合金固有优势外,可适当降低熔化温度,提高钎焊接头强度和抗腐蚀性,改善钎焊工艺性能。

航空航天领域使用的钛基钎料钎焊温度多在1 000 ℃以下,这与常规钛合金热处理温度相匹配。其钎焊接头的使用温度可以达到600 ℃,接头强度也很高。目前,主要用于焊接各类常规钛合金及高温钛合金结构、各种管路、压气机叶片、导向器等。

3. 铁基钎料

铁基钎料含有Cr、Ni、Mn、Ti、B等元素,可用来钎焊硬质合金与高速钢刀具,钎缝具有一定的耐热性能与热稳定性,但钎缝塑性较差。

表 4.28 常用钛基钎料的化学成分及物理性能

钎料牌号	化学成分(质量分数)/%						固/液相线/℃
	Zr	Cu	Ni	Be	其他	Ti	
B-Ti92Cu	—	8	—	—	—	余量	790
B-Ti75Cu	—	25	—	—	—	余量	870
B-Ti50Cu	—	50	—	—	—	余量	955
B-Ti72Ni	—	—	28	—	—	余量	955
B-Ti53Pd	—	—	—	—	Pd:47	余量	1 080
B-Ti70CuNi	—	15	15	—	—	余量	910 ~ 940
B-Ti60CuNi	—	25	15	0.5	—	余量	890 ~ 910
B-Ti43CuNi	43	—	14	—	—	余量	853 ~ 862
B-Ti48ZrBe	48	—	—	4	—	余量	890 ~ 900
B-Ti49ZrBe	49	—	—	2	—	余量	900 ~ 955
B-Ti49CuBe	—	49	—	2	—	余量	900 ~ 955
B-Ti80VCr	—	—	—	—	V:15, Cr:5	余量	1 400 ~ 1 450
B-Ti35ZrNiCu	35	15	15	—	—	余量	830 ~ 850
B-Ti43ZrNiBe	43	—	12	2	—	余量	800 ~ 815
B-Ti57CuZrNi	12	22	9	—	—	余量	825 ~ 900
B-Ti38Zr37CuNi	37	15	10	—	—	余量	825 ~ 840

铁基钎料价格便宜,一般以粉末状供应,$w(P)=10\%$ 的铁基钎料,具有十分好的自钎性能;$w(Ti)=40\%$ 的铁基钎料,耐热性极佳,可钎焊在高温条件下不受力的构件。

4.钴基钎料

钴基钎料是以 Co 为基体,加入 Ni、Cr、W 等合金元素,并以 B、Si 作为降熔元素。钴基钎料工艺性能优越,接头强度高,耐热性能好,适用于镍基高温合金、钴基高温合金叶片和重要零部件的钎焊。例如,BCo70CrWBSi 钎料接头强度高,抗蚀性好,可在炉中钎焊高温下工作的耐热合金零部件。

5.铂基钎料

铂基钎料是 Pt 与 Au、Ir、Cu、Ni、Pd 等金属制成的钎料,可以很好地润湿 W、Mo 等金属。钎料具有良好的抗氧化性能和高温性能。铂基钎料可以钎焊钨丝与铝丝,在电子工业中很有使用价值。

4.4 自钎剂钎料

自钎剂钎料是指自身含有能起还原作用的微量或一定量元素的钎料。钎料要实现自钎剂作用,应满足下列要求:

(1)钎料内应含有较强的还原剂,在钎焊温度下能还原母材表面的氧化物。

(2)还原剂与母材表面氧化物作用后的还原产物,熔点应低于钎焊温度,或还原产物能与母材表面氧化物形成低熔点的复合化合物。

(3)还原产物或所形成的复合化合物的黏度要小,能被液态钎料排开,不妨碍钎料铺展。

此外,从制造观点出发,还原剂应能溶于钎料内。最后,还原剂最好能降低液态钎料的表面张力,改善钎料的润湿性。

4.4.1 铜磷钎料

铜磷钎料由于工艺性能好,价格低,在钎焊铜和铜合金方面得到广泛应用。

磷在铜中起两种作用:(1)根据 Cu-P 相图(见图 4.17),磷能显著降低铜的熔点。当磷的质量分数为 8.4% 时,铜与磷形成熔化温度为 714 ℃的低熔共晶,其组织为 Cu+ Cu_3P,Cu_3P 为脆性相。(2)空气中钎焊铜时起自钎剂作用。磷在钎焊过程中能还原氧化铜:

$$5CuO+2P=P_2O_5+5Cu$$

还原产物 P_2O_5 与氧化铜形成复合化合物,在钎焊温度下呈液态覆盖在母材表面,可防止母材氧化。

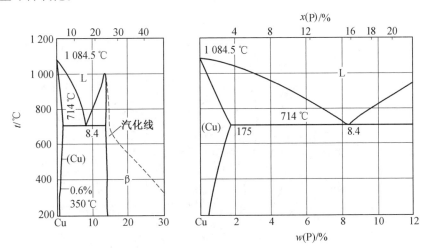

图 4.17 Cu-P 相图

GBT 6418—1993《铜基钎料》中所列的铜磷钎料化学成分及熔化温度见表 4.29。BCu93P 钎料接近铜磷共晶成分,组织中有大量 Cu_3P 化合物相存在。这种钎料在钎焊温度下流动性很好,并能渗入间隙极小的接头,最适宜于钎焊间隙为 0.03 ~ 0.08 mm 的铜接头。BCu92PSb 钎料中锑能降低铜磷合金的熔点,但不能降低它的脆性,且使钎料的电阻系数明显增大。这两种钎料组织中均含有大量 Cu_3P 化合物相,比较脆,只能用于钎焊不受冲击和弯曲载荷的铜接头。

表 4.29 铜磷钎料化学成分及熔化温度

牌 号	化学成分(质量分数)/%								熔化温度/℃	
	Cu	Sb	P	Ag	Sn	Si	Ni	杂质总量≤	固相线	液相线
BCu93P	余量	—	6.8 ~ 7.5	—			—	0.15	710	800
BCu92PSb		1.5 ~ 2.5	5.8 ~ 6.7	—					690	800
BCu86SnP			4.8 ~ 5.8		7.0 ~ 8.0	0.4 ~ 1.2			620	670
BCu91PAg			6.8 ~ 7.2	1.8 ~ 2.2	—		—		645	790
BCu89PAg			5.8 ~ 6.7	4.8 ~ 5.2					645	815
BCu80AgP			4.8 ~ 5.3	14.5 ~ 15.5	—				645	800
BCu80SnPAg			4.8 ~ 5.8	4.5 ~ 5.5	9.5 ~ 10.5				560	650

为进一步降低铜磷合金的熔化温度和改进其韧性,可加入银(见图 4.18)。Cu-P-Ag 三元系合金型号低熔共晶,其成分为 $w(Ag) = 17.9\%$,$w(Cu) = 30.4\%$,$w(Cu_3P) = 51.7\%$,$w(P) = 7.2\%$,三元共晶点为 646 ℃。该成分很脆,只能作为用铜磷钎料钎焊的工件补焊用。

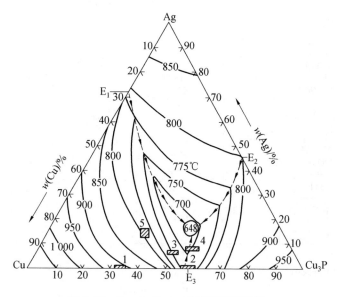

图 4.18 Cu-Cu₃P-Ag 三元系的液相线

铜银磷钎料中的银是贵重金属,且资源紧张,故国内外均设法用其他元素代替银,而又能保持银铜磷钎料的性能,锡就是被找到的可用元素。在铜磷合金中加入少量的锡就可使其熔点明显下降又能改善钎料组织,使 α 固溶体的数量增加,钎料的塑性有所提高。

铜磷钎料钎焊温度大幅降低,且自钎剂作用明显,因此,可在通常气氛下不添加任何钎剂而施焊,钎料工艺性能十分优越,在电气、电机制造业和制冷行业得到了广泛应用。但是钎焊铜合金如黄铜等时,因磷不能充分还原锌的氧化物,还需使用钎剂。这些含磷钎料主要用来钎焊铜及铜合金、银、钼等金属,但不能用于钎焊钢、镍及其合金,因为在它们的钎缝界面区会形成极脆的磷化物。

4.4.2 银基自钎剂钎料

在保护气氛中钎焊不锈钢时,为了去除不锈钢表面可能形成的 Cr_2O_3、Al_2O_3、TiO_2 等氧化物,常需使用自钎剂钎料。在所有还原剂中锂是最理想的元素。表 4.30 所列元素都是很强的还原剂,从热力学来说位置在铬之下的元素均能还原 Cr_2O_3。但其中大部分元素的还原产物,它们的氧化物的熔点都高于钎焊温度,有碍于钎料的铺展,起不了自钎剂作用。B_2O_3 的熔点虽低,但黏度很大,同样妨碍钎料铺展。锂的氧化物 Li_2O 熔点虽然较高,但有如下特点:

表 4.30 一些还原剂的物理性能及热力学数据

元素	$t_m/℃$	$t_b/℃$	氧化反应的自由能 $E/10^8$ J			氧化物及其熔点
			727 ℃	1 227 ℃	1 727 ℃	$t_m/℃$
Cr	1 800	2 327	−291.6	−249	−205.4	Cr_2O_3 1 990
Mn	1 230	2 027	−311.7	−272	−234.7	—
B	2 300	2 550	−341.8	−305.8	−272	B_2O_3 580
Si	1 413	2 400 ~ 2 630	−344.8	−305.8	−259	SiO_2 1 713
Ti	1 690	3 635	−381	−336.8	−293	TiO_2 1 760
Al	660	2 450	−452.7	−590	−343	Al_2O_3 2 030
Ba	710	1 500	−452.3	−613	−359.3	BaO 1 925
Li	186	1 336	−461	−571	—	Li_2O 1 430
Mg	651	1 103	−492.4	−423.8	—	MgO 2 270
Be	1 278	2 970	−500.4	−453	−404	BeO 2 530
Ca	850	1 440	−527	−474	−399.5	CaO 2 530

(1)它能与许多氧化物形成低熔复合化合物,如 Li_2CrO_4 的熔点为 517 ℃,低于钎焊温度。

(2)氧化锂对水的亲和力极大,它和周围气氛中的水分作用,形成熔点为 450 ℃ 的 LiOH,这层熔化的氢氧化锂几乎能溶解所有的氧化物。同时,它呈薄膜状覆盖于金属表面,起保护作用。

(3)锂是表面活性物质,能提高钎料的润湿性。

锂在银中的溶解度也较大,锂的加入不会在银中形成脆性相,因此,锂是较理想的自钎剂元素。

银基自钎剂钎料列于表4.31。这些钎料适用于氩气保护下钎焊不锈钢。

表 4.31　银基自钎剂钎料

| 牌　号 | 化学成分(质量分数)/(×100) | | | | | t_m/℃ | t_b/℃ |
	Cu	Mn	Ni	Li	Ag		
BAg92CuLi	7.5±0.5	—	—	0.5	余量	780 ~ 890	880 ~ 980
BAg72CuLi	27.5±1.0	—	1±0.2	0.5	余量	780 ~ 800	880 ~ 940
H1AgCu25.5–5–3–0.5	25.5±1.0	5±0.5	3±0.4	0.45 ~ 0.6	余量		870 ~ 910
H1AgCu29.5–5–0.5	29.5±1.0	—	5±0.4	0.5	余量	830 ~ 900	950

为了进一步提高钎料的自钎剂能力,可同时加锂和硼。它们还原母材表面的氧化物,生成的 Li_2O 和 B_2O_3 之间又能形成一系列复合化合物,其熔点低于钎焊温度,以液态薄膜浮在母材和熔化钎料表面起保护作用;同时这些复合化合物能迅速溶解各种氧化物。在这些复合化合物中含 B_2O_3 高的复合化合物熔点虽比较低,但黏度很大,妨碍钎料的铺展。这时可加入硅、钾、钠等元素,由它们的氧化物能得到黏度小的复合化合物。

4.5　钎料的选择

钎料的性能在很大程度上决定了钎焊接头的性能。但是钎料的品种繁多,如何正确选择钎料不仅是一个很重要的,而且也是一个较复杂的问题。应从使用要求、钎料和母材的相互匹配、钎焊加热以及经济角度等方面进行全面考虑。

4.5.1　使用性

从使用要求出发,对钎焊接头强度要求不高和工作温度要求不高的,可用软钎料。对钎焊接头强度要求比较高的,则用硬钎料。低温下工作的接头,应使用含 Sn 量低的钎料。要求高温强度和抗氧化性好的接头宜用镍基钎料,但含 B 的钎料不适用于核反应堆部件。

对要求抗腐蚀性好的铝钎焊接头,应采用铝硅钎料钎焊,Al 的软钎焊接头应采用保护措施。用 Sn92AgSbCu 和 Sn84.5AgSb 钎料钎焊的铜接头的抗腐蚀性比用 AgPb97 钎料钎焊的好,前者可用于在较高温度和高温强度条件下工作的工件。

对要求导电性好的电气零件,应选用含 Sn 量高的 SnPb 钎料或含 Ag 量高的银钎料,真空密封接头应采用真空级钎料。

4.5.2　钎料与母材匹配性

钎料与母材的相互匹配是很重要的问题。在匹配中首先是润湿性问题,例如,锌基钎料对钢的润湿性很差,所以不能用锌基钎料钎焊钢。BAg72Cu 银铜共晶钎料在铜和镍上的润湿性很好,而在不锈钢上的润湿性很差,因此用 BAg72Cu 钎料钎焊不锈钢时,应在不锈钢预先涂覆镍,或选用其他钎料。钎焊硬质合金时,采用含镍或锰的银基钎料和铜基钎料能获得更好的润湿性。

选择钎料时,又必须考虑钎料与母材的相互作用。若钎料与母材相互作用可形成脆性金属间化合物时,会使金属变脆,就应尽量避免使用。例如,铜磷钎料不能钎焊钢和镍,因为会在界面生成极脆的磷化物相。镉基钎料钎焊铜时,很容易在界面形成脆性的铜镉化合物而使接头变脆。用 BNi-1 镍基钎料钎焊不锈钢和高温合金薄件时,因钎料组元对母材的晶间渗入比较严重,母材溶穿倾向而不予推荐。用黄铜钎料钎焊不锈钢时,由于母材容易产生自裂而尽量避免使用。

4.5.3　钎焊加热

选择钎料时还应考虑钎焊加热温度的影响,如钎焊奥氏体不锈钢时,为了避免晶粒长大,钎焊温度不宜超过 1 100 ~ 1 150 ℃,钎料的熔点应低于此温度。对于马氏体不锈钢,如 2Cr13 等,为了使母材发挥其优良的性能,钎焊温度应与其淬火温度相匹配,以便钎焊和淬火加热同时进行。若配合温度不当,如钎焊温度过高,母材有晶粒长大的危险,从而使其塑性下降,若钎焊温度过低,则母材强化不足,机械性能不高。对调质处理的 2Cr13 工件,可选用 B40AgCuZnCd 钎料,使其钎焊温度低于 700 ℃,以免工件发生退火。对于冷作硬化铜材,为防止母材钎焊后软化,应选用钎焊温度不超过 300 ℃ 的钎料。

钎焊加热方法对钎料选择也有一定的影响。电阻钎焊希望采用电阻率大的钎料。炉中钎焊时,因加热速度较慢,不宜选用含易挥发元素,如含 Zn、Cd 的钎料。真空钎焊要求钎料不含高蒸气压元素。结晶间隔大的钎料,应采用快速加热的方法,以防止钎料在熔化过程中发生熔析。含锰量高的钎料不能用火焰钎焊,以免发生飞溅和产生气孔等。

4.5.4　经济性

此外,从经济角度出发,在能保证钎焊接头质量的前提下,应选用价格便宜的钎料。如制冷机中铜管的钎焊,虽然使用银钎料焊接能获得良好的接头,但用铜磷银或铜磷锡钎料钎焊的接头也不亚于银钎料钎焊的,但后者的价格要比前者便宜得多。又如在选择锡铅钎料和银基钎料时,在满足工艺和使用性能要求下,尽可能选用含锡量低和含银最低的钎料。

总之,钎料的选用是一个综合问题,应从经济观点、设计要求、母材性能及现有的钎焊设备等进行考虑。各种材料组合时所用的钎料可参阅表4.32。

表 4.32 各种材料组合适用的钎料

金属合金	Al 及其合金	Be、V、Zr 及其合金	Cu 及其合金	Mo、Nb、Ta、W 及其合金	Ni 及其合金	Ti 及其合金	碳钢及低合金钢	铸铁	工具钢	不锈钢
Al 及其合金	Al① Sn-Zn Zn-Al Zn-Cd	—	—	—	—	—	—	—	—	—
Be、V、Zr 及其合金	不推荐	无规定	—	—	—	—	—	—	—	—
Cu 及其合金	Sn-Zn Zn-Cd Zn-Al	Ag-	Ag-Cd-Cu-P Sn-Pb	—	—	—	—	—	—	—
Mo、Nb、Ta、W 及其合金	不推荐	无规定	Ag-	无规定	—	—	—	—	—	—
Ni 及其合金	不推荐	Ag-	Ag-Au-Cu-Zn	Ag-Cu-Ni-	Ag-Ni-Au-Pd-Cu-Mn	—	—	—	—	—
Ti 及其合金	Al-Si	无规定	Ag-	无规定	Ag-	无规定	—	—	—	—
碳钢及低合金钢	Al-Si	Ag-	Ag-Sn-Pb Au Cu-Zn Cd	Ag-Cu-Ni-	Ag-Sn-Pb Au Cu Ni	Ag-	Ag-Cu-Zn Au-Ni-Cu-Sn-PbCn	—	—	—
铸铁	不推荐	Ag-	Ag-Sn-Pb Au-Cu-Zn Cd-	Ag-Cu-Ni-	Ag-Cu② Cu-Zn③ Ni-	Ag	Ag-Cu-Zn Sn-Pb	Ag-Cu-Zn Ni Sn-Pb	—	—
工具钢	不推荐	不推荐	Ag-Cu-Zn Ni	不推荐	Ag-Cu Cu-Zn Ni-	不推荐	Ag-Cu Cu-Zn Ni	Ag-Cu-Zn Ni-	Ag-Cu Cu-Ni	—
不锈钢	Al-Si	Ag-	Ag-Cd-Au-Sn-Pb Cu-Zn	Ag-Cu Ni-	Mn-Ag-M-Au-Pd-Cu-Sn-Pb	Ag-	Ag-Sn-Pb Au-Cu-Ni	Ag-Cu-Ni-Sn-Pb	Ag-Cu-Ni-	Ag-Ni-Au-Pd-Cu-Sn-Pb-Mn-

注：①Al-为 Al 基钎料；②Cu-为纯铜钎料；③Cu-Zn 为铜锌钎料。

复习思考题

1. 钎焊时,对钎料的基本要求有哪些?

2. 钎料的分类依据有哪些? 根据不同划分钎料有哪些类型?

3. 常用的软钎料有哪些? 其特性有何区别?

4. 软钎料中应用最广的是哪一类? 如果接头工作温度较低应该选哪种钎料? 用在食品工业上应该选用什么成分的?

5. 试述铅在锡铅钎料中的作用。

6. 试述铝用软钎料的基本成分。

7. 试述铝硬钎料的基本成分。

8. 钎料为什么大多数都是合金,纯金属是否可以作为钎料?

9. 何为自钎剂钎料? 试述铜磷钎料作为自钎剂钎料的机理。

10. 钎料的选择原则有哪些?

11. 纯铜钎料有什么特点? 常用于什么方法钎焊什么材料?

12. 列出两种铜基高温钎料的牌号和成分,说出其优缺点?

第5章 钎 剂

一般待焊基体材料表面都覆盖着氧化膜,这层氧化膜能够阻止钎料与基体材料的润湿,严重影响钎焊质量;同样,若液态钎料被氧化膜包裹,也不能在母材上铺展。因此,要实现钎焊过程并得到理想的钎焊质量,彻底清除母材和钎料表面氧化膜是十分重要的。

使用钎剂清除氧化膜是常用的工艺方法。根据钎料、基体材料、钎焊方法和工艺的不同,可以选用不同的钎剂。另外,钎焊保护气体或真空在工件周围提供了一个活性或惰性的保护气氛,也可视作一种特殊的钎剂。

5.1 概 述

5.1.1 钎剂的作用

钎剂是钎焊过程中的熔剂,与钎料配合使用,是保证钎焊过程顺利进行和获得致密性钎焊接头不可缺少的。在钎焊技术中利用钎剂去膜是目前使用得最广泛的一种方法。钎剂在钎焊过程中起着下列作用。

（1）去膜作用

钎剂的去膜主要是通过反应去膜和溶解去膜实现的。反应去膜是指熔融状态的钎剂与氧化膜发生化学反应,改变氧化膜的性质,使其消失或破坏其完整性。溶解去膜是钎剂在熔融状态下将基体及钎料表面的氧化膜溶解于熔融钎剂中,或通过溶解作用使氧化膜破裂,裸露出基体表面。钎剂去膜为液态钎料在母材上铺展填缝创造必要的条件。

（2）保护作用

钎剂在熔融状态下,以液体薄层覆盖母材和钎料表面,隔绝空气而起保护作用,从而避免了钎料和待焊部位的进一步氧化。

（3）活性作用

钎剂中的某些元素或物质与待焊金属或合金表面作用,会使基体表面活化,易于钎料形成冶金结合,从而改善液态钎料对母材的润湿。

5.1.2 对钎剂的一般要求

为达到上述目的,钎剂应具有下述性能:

（1）钎剂应具有去膜、净化表面的作用。在钎焊过程中,钎剂应具有溶解或破坏母材和钎料表面氧化膜的足够能力,以利于钎料充填钎缝间隙,因此,钎剂具有一定的物理化学活性。

（2）钎剂应具有一定的黏度、流动性和表面张力。在钎焊过程中,钎剂应很好地润湿母材和减小液态钎料与母材的界面张力,并能均匀地在母材表面铺展,呈薄层覆盖住钎料和母材,有效地隔绝空气,促进钎料的润湿和铺展。

(3)钎剂的熔化温度与钎料的熔化温度应有良好的匹配性。通常钎剂只有在高于其熔点的一定温度范围内才能稳定有效地发挥作用,此温度范围称为钎剂的活性温度范围。钎焊时要求钎剂优先熔化(熔点应低于钎料),但又不能在钎料熔化时流失而失去其作用。因此,要求钎剂的熔点和最低活性温度低于钎料的熔点,而又必须同时保证钎剂的活性温度范围覆盖钎焊温度。

(4)钎剂应具有良好的热稳定性。热稳定性是指钎剂在加热过程中保持其成分和作用稳定不变的能力。因此,钎剂的活性温度区间应宽一些,持续时间长一些,以保证钎焊过程的稳定。一般希望钎剂具有不小于 100 ℃ 的热稳定温度范围。

(5)钎剂应具有无毒、无腐蚀及易清除性。钎剂及其残渣不应对母材和钎缝有强烈的腐蚀作用,也不应具有毒性或在使用中析出有害气体。钎剂应保证钎焊接头具有一定的可靠性和使用寿命。具有腐蚀性的钎剂残渣应易于清除,无腐蚀性的钎剂残渣可根据需要清除或保留,但都应具有易清除性。

(6)钎剂应具有经济合理性。在保证钎剂具有一系列使用性能的基础上,钎剂应易得到或易购买,并具有较低的价格。

但是,实用的钎剂并不总能全面满足上述的性能要求,特别是在去膜能力和腐蚀作用两种性能之间往往出现矛盾。通常只能在满足去膜能力要求的前提下依靠工艺措施来防止其腐蚀作用。

5.1.3 钎剂的组成

钎剂的组成物质主要取决于所要清除氧化物的物理化学性质。通常,钎剂由下列三类组分组成:

(1)钎剂基体组分

通常是热稳定的金属盐或金属盐系统,如硼砂、碱金属和碱土金属的氯化物。在软钎剂中还采用了高沸点的有机溶剂。其主要作用是使钎剂具有需要的熔点,作为钎剂其他组分以及钎剂作用产物的溶剂,铺展形成致密的液膜,覆盖母材和钎料表面,隔绝空气而起保护作用。

(2)去膜剂

它起溶解母材和钎料表面氧化膜的作用。常用的钎剂去膜剂是碱金属和碱土金属的氟化物,它具有溶解金属氧化物的能力。各种氟化物对不同的金属氧化物的溶解能力是不相同的,因此,应依照需清除的氧化膜的成分和性能及钎焊温度来选用。例如,不锈钢和耐热合金的硬钎剂常选氟化钙或氟化钾,而铝用硬钎剂多使用氟化钠或氟化锂。钎剂中氟化物的添加量一般不能加得太多,否则,使钎剂熔点提高、流动性下降而影响钎剂的性能。

(3)活性剂

由于钎剂中去膜剂的添加量受到限制,因此必须添加活性剂,以加速氧化膜的清除并改善钎料的铺展。常用的活性剂有:重金属卤化物,如氯化锌、氯化锡等,它们能与一些母材作用,从而破坏氧化膜与母材的结合,并在母材表面析出薄层纯金属,促进钎料的铺展;氧化物,如硼酐等,它们能与氧化物形成低熔点的复合化合物,促进氧化膜的清涂。

5.1.4 钎剂分类及型号、牌号

1. 钎剂的分类

钎剂的分类与钎料的分类相适应,通常把钎剂分为软钎剂、硬钎剂和铝、镁、钛用钎剂三大类。此外,根据使用状态的特点,还可分出一类气体钎剂。各种钎焊熔剂和气体钎剂的分类见表5.1。

表5.1 各种钎焊熔剂和气体钎剂的分类

钎剂大类	钎剂小类	物质分类	物质组成
硬钎剂	硼砂或硼砂基		
	硼酸或硼酐基		
	硼砂-硼酸基		
	氟盐基		
铝用钎剂	铝用中、低温钎剂	铝用有机软钎剂(QJ204)	
		铝用反应钎剂(QJ203)	
	铝用高温钎剂	氯化物	
		氧化物-氟化物	
		氟化物	
气体钎剂	炉中钎焊用气体钎剂	活性气体	氯化氢、氟化氢、三氟化硼
		低沸点液态化合物	三氯化硼、三氯化磷
		低升华固态化合物	氟化铵、氟硼酸铵、氟硼酸钾
	火焰钎焊用气体钎剂(硼有机化合物蒸气)	硼酸甲酯蒸气	
		硼甲醚酯蒸气	

2. 钎剂的型号与牌号

硬钎剂型号由硬钎焊用钎剂代号"FB"(Flux 和 Brazing 的第一个大写字母)和钎剂主要组分分类代号 X_1、钎剂顺序代号 X_2 和钎剂形态 X_3 表示。钎剂的主要组分分类代号 X_1 见表5.2,分四类,用"1,2,3,4"表示;X_3 分别用大写字母 S(粉末状、粒状)、P(膏状)、L(液态)表示钎剂的形态。

表5.2 硬钎剂主要元素组成分类

钎剂主要组分分类代号 X_1	钎剂主要成分(质量分数)/%	钎焊温度/℃
1	硼酸+硼砂+氟化物≥90	550~850
2	卤化物≥80	450~620
3	硼砂+硼酸≥90	800~1 150
4	硼酸三甲脂≥60	>450

钎剂型号表示方法如下：

示例：

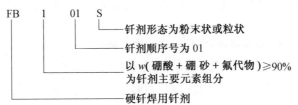

钎剂牌号前加字母"QJ"表示钎焊熔剂；牌号第一位数字表示钎剂的用途，其中 1 为银焊料钎焊用，2 为钎焊铝及铝合金用；牌号第二、第三位数字表示同一类型钎剂的不同牌号。

举例：

软钎剂型号由代号"FS"（Flux 和 Soldering 的第一个大写字母）加上表示钎剂分类的代码组合而成。

软钎剂根据钎剂的主要组成分类并按表 5.3 进行编码。

表 5.3 软钎剂分类及代码

钎剂类型	钎剂主要组成	钎剂活性剂	钎剂形态
1. 树脂类	1. 松香（松脂）	1. 未加活性剂 2. 加入卤化物活性剂 3. 加入非卤化物活性剂	A 液态 B 固态 C 膏状
1. 树脂类	2. 非松香（树脂）	1. 未加活性剂 2. 加入卤化物活性剂 3. 加入非卤化物活性剂	A 液态 B 固态 C 膏状
2. 有机物类	1. 水溶性	1. 未加活性剂 2. 加入卤化物活性剂 3. 加入非卤化物活性剂	A 液态 B 固态 C 膏状
2. 有机物类	2. 非水溶性	1. 未加活性剂 2. 加入卤化物活性剂 3. 加入非卤化物活性剂	A 液态 B 固态 C 膏状
3. 无机物类	1. 盐类	1. 加入氟化铵 2. 未加入氧化铵	A 液态 B 固态 C 膏状
3. 无机物类	2. 酸类	1. 磷酸 2. 其他酸	A 液态 B 固态 C 膏状
3. 无机物类	3. 碱类	1. 胺及（或）氨类	A 液态 B 固态 C 膏状

例如磷酸活性无机膏状钎剂应编为 3.2.1.C,型号表示方法为 FS321C;非卤化物活性液体松香钎剂应编为 1.1.3.A,型号表示方法为 FS113A。

5.1.5　钎剂的选用原则

钎剂是按照所推荐的母材和钎料类型、推荐的温度范围来划分的。通常,选择钎剂时应考虑如下几个方面。

(1)钎剂与被焊基体材料的匹配。选择钎剂首先要考虑钎剂对母材的作用过程、去膜和保护效果。一般,一种钎剂可用于多种基体材料的钎焊,同种基体材料也可选用多种钎剂。

(2)钎剂的有效温度范围必须涉及具体钎料的钎焊温度。因为钎剂主要是为钎料的润湿、铺展和填缝服务,要想钎料能有效地填充钎缝间隙,形成理想的接头,必须使钎剂的活性温度区间与钎料的熔化温度以及钎焊温度很好地匹配,充分发挥钎剂的去膜作用。

(3)钎焊方法。钎剂的选择要考虑钎焊方法的影响。一般一种钎剂只适用于一种或几种钎焊方法,因此,要根据采用的钎焊方法选择合适的钎剂。例如,电阻钎焊时,钎剂配料成分要允许通过电流,一般要求稀释钎剂。

(4)钎焊工艺。应使选择钎剂的熔化温度、活性温度、理化性能要在该钎焊工艺条件下达到最理想的状态。

(5)对钎焊接头的技术要求。当钎焊接头有特殊要求时,如钎着率、强度、钎剂残渣清除等,需根据实际情况对钎剂进行选择使用。

(6)有些钎剂考虑到运输、安全、生产使用的方便,还添加一些助剂,如增稠剂、增黏剂等。

5.2　软钎剂

软钎剂主要指的是在 450 ℃以下钎焊的钎剂,主要分为有机软钎剂和无机软钎剂两大类。通常情况下有机软钎剂活性较弱,去除氧化膜的能力也较弱,活性温度区间较窄,活性持续时间较短,但其自身和残渣腐蚀性小,甚至焊后可不用清洗。无机软钎剂活性大,去除氧化膜的能力强,活性温度区间宽,活性持续时间较长,但是其自身和残渣腐蚀性很强,焊后必须及时清洗去除。

5.2.1　有机软钎剂

有机软钎剂的基本成分有松香、有机胺和有机卤化物。纯松香或加入少量有机脂类的软钎剂属于非腐蚀性,而加入胺类、有机卤化物类的软钎剂,称其为弱腐蚀性软钎剂更为准确。

松香是最常用的有机软钎剂,一般以粉末状或以酒精、松节油溶液的形式使用。在电气和无线电工程中被广泛用于铜、黄铜、磷青铜、Ag、Cd 零件的钎焊。松香钎剂只能在 300 ℃以下使用,超过 300 ℃时,松香将碳化而失效。

纯松香活性不强,去除氧化物能力较差。通常加入有机胺或有机卤化物等活性物质,有的还加入少量无机盐、无机酸等提高其活性和去膜能力。活性松香钎剂常用于钎焊铜及铜合金、各种钢、镍、银、不锈钢等。钎剂残渣对母材和钎缝的腐蚀很轻微。常用金属的软钎焊性和钎剂选用见表5.4。表5.5是常用的活性钎剂成分。

表5.4 常用金属的软钎焊性和钎剂选用

金　　属	软钎焊性	松香钎剂			有机钎剂(水溶性)	无机钎剂(水溶性)	特殊钎剂/或钎料
		未活化	弱活化	活化			
铂、金、铜、银、镉板	易于软钎焊	适合	适合	适合	适合	建议不用于电气产品软钎焊	
锡(热浸)、锑板、钎料板	易于软钎焊	适合	适合	适合	适合	建议不用于电气产品软钎焊	
铅、镍板、黄铜、青铜	较不易	不适合	不适合	适合	适合	适合	
铑、铍铜	不易	不适合	不适合	适合	适合	适合	
镀锌铁、锡-镍、镍-铁、低碳钢	难于软钎焊	不适合	不适合	不适合	不适合	适合	
铬、镍-铬、镍-铜、不锈钢	很难于软钎焊	不适合	不适合	不适合	不适合	适合	
铝、铝青铜	最难于软钎焊	不适合	不适合	不适合	不适合		
铍、钛	不可软钎焊						

表5.5 常用活性钎剂成分

牌号	成分(质量分数)/%	备　注
—	松香40,盐酸谷氨酸2,酒精余量	钎焊温度150~300 ℃
—	松香40,三硬脂酸甘油酯4,酒精余量	150~300 ℃
—	松香30,水杨酸2.8,三乙醇胺1.4,酒精余量	150~300 ℃
—	松香70,氯化铵10,溴酸20	150~300 ℃
—	松香24,盐酸二乙胺4,三乙醇胺2,酒精70	钎焊温度230~300 ℃
201型	松脂A40,松香40,溴化水杨酸10,酒精适量	—
202型	溴化肼10,酒精(75%酒精,25%水),甘油3	—
—	聚丙二醇40~66,正磷酸0.25~15,松香0~50	—
—	聚丙二醇40~50,松香35,正磷酸10~20,二乙胺盐酸盐5	—
—	聚丙二醇40~60,松香35~60	—
RJ11	工业凡士林80,松香15,氯化锌4,氧化铵	—

续表 5.5

牌号	成分(质量分数)/%	备 注
RJ12	松香 30,氯化锌 3,氯化铵 1,酒精 66	—
RJ13	松香 25,二乙胺 5,三羟乙基胺 2,酒精 68	—
RJ14	凡士林 35,松香 20,硬脂酸 20,氯化锌 13,盐酸苯胺 3,水 7	—
RJ15	蓖麻油 26,松香 34,硬脂酸 14,氯化锌 7,氯化铵 8,水 11	—
RJ16	松香 28,氯化锌 5,氯化铵 2,酒精 65	—
RJ18	松香 24,氯化锌 1,酒精 75	—
RJ19	松香 18,甘油 25,氧化锌 1,酒精 56	—
RJ21	松香 38,正磷酸(密度 1.6 g/cm³)12,酒精	—
RJ24	松香 55,盐酸苯胺 2,甘油 2,酒精 41	—

5.2.2 无机软钎剂

无机软钎剂由无机酸或(和)无机盐组成。这类钎剂化学活性强,热稳定性好,能有效地去除母材表面的氧化物,促进钎料对母材的润湿;但残留的钎剂及其残渣对钎焊接头具有强烈腐蚀性,钎焊后必须彻底清除。

氯化锌水溶液是最常用的无机软钎剂。氯化锌熔点为 262 ℃,呈白色,易溶于水和酒精,吸水性极强。敞放空气中即迅速与空气中的水气结合而形成水溶液。氯化锌水溶液作钎剂的作用在于形成络合酸:

$$ZnCl_2 + H_2O \longrightarrow H[ZnCl_2OH]$$

它能溶解金属氧化物,如氧化铁:

$$FeO + 2H[ZnCl_2OH] \longrightarrow Fe[ZnCl_2OH] + H_2O$$

这种钎剂的活性取决于溶液中氯化锌的质量分数。由图 5.1 可见,当其质量分数在 30% 以下时,质量分数的增高对钎剂的活性影响很大。质量分数超过 30% 后对于促进钎料的铺展不起作用。因此,在这类钎剂中氯化锌的质量分数不宜太高。

当缺少氯化锌时可以把锌放入盐酸中直接使用。

$$Zn + 2HCl \longrightarrow ZnCl_2 + H_2 \uparrow$$

由于提高氯化锌水溶液的浓度只能在一定范围内增强其活性,为了进一步提高其钎剂性能,可添加活性剂氯化铵。

在氯化锌中加入氯化铵能显著降低钎剂的熔点和黏度(见图 5.2、5.3),同时还能减小钎剂与钎料间的界面张力,促进钎料的铺展。但氯化锌钎剂在钎焊时往往发生飞溅,在母材被溅射处引起腐蚀,还可能析出有害气体。为了消除上述缺点,一般与凡士林制成膏状钎剂。另外,氯化铵在空气中加热至 340 ℃ 发生升华,加热超过 350 ℃ 后强烈冒烟,不便使用。因此不论是氯化锌还是氯化锌−氯化铵水溶液钎剂,用来钎焊铬

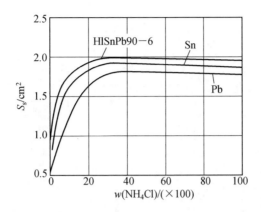

图 5.1 钎料在低碳钢上的铺展面积 S 与钎剂中 $ZnCl_2$ 浓度的关系

钢、不锈钢或镍铬合金,其去除氧化物的能力是不够的,此时可使用氯化锌-盐酸溶液或氯化锌-氯化铵-盐酸溶液。为适应锌基和镉基钎料钎焊铜及铜合金的需要,可添加高熔点的氯化物改善钎剂的工艺性能,如氯化镉(熔点 568 ℃)、氯化钾(768 ℃)、氯化钠(800 ℃)等。常用的无机软钎剂成分和用途列于表5.6。清洗钎剂残渣方法可参照表5.7。

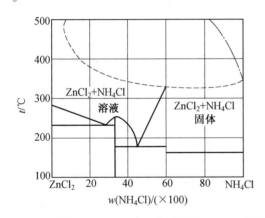

图 5.2 $ZnCl_2$-NH_3Cl 状态图

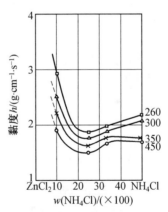

图 5.3 $ZnCl_2$-NH_3Cl 系的黏度与成分的关系

表 5.6 常用腐蚀性软钎剂成分及用途

牌号	组分(质量分数)/%	应用范围
RJ1	氯化锌 40,水 60	钎焊钢、铜、黄铜和青铜
RJ2	氯化锌 25,水 75	钎焊钢和铜合金
RJ3	氯化锌 40,氯化铵 5,水 55	钎焊钢、铜、黄铜和青铜
RJ4	氯化锌 18,氯化铵 6,水 76	钎焊铜和铜合金
RJ5	氯化锌 25,盐酸(相对密度 1.19)25,水 50	钎焊不锈钢、碳钢、铜合金

续表 5.6

牌号	组分(质量分数)/%	应用范围
RJ6	氯化锌 6,氯化铵 4,盐酸(相对密度 1.19)5,水 90	钎焊钢、铜和铜合金
RJ7	氯化锌 40,二氯化锡 5,氯化亚铜 0.5,盐酸 3.5,水 51	钎焊钢、铸铁,钎料在钢上的铺展性有改进
RJ8	氯化锌 65,氯化钾 14,氯化钠 11,氯化铵 10	钎焊铜和铜合金
RJ9	氯化锌 45,氯化钾 5,二氯化锡 2,水 48	钎焊钢和铜合金
RJ10	氯化锌 15,氯化铵 1.5,盐酸 36,变性酒精 12.8,正磷酸 2.2,氯化铁 0.6,水余量	钎焊碳钢
RJ11	正磷酸 60,水 40	不锈钢铸铁
剂 205	氯化锌 50,氯化铵 15,氯化镉 30,氯化钠 5	铜和铜合金、钢

表 5.7 钎剂选择

类型	组元	载体	用途	温度稳定性	除污能力	腐蚀性	推荐的钎焊后清洗方法
无机类酸	盐酸、氢氟酸、正磷酸	水、凡士林膏	结构	好	很好	严重	热水冲洗并中和有机溶剂清洗
盐	氯化锌、氯化铵、氯化锡	水、凡士林膏、聚乙烯、乙二醇	结构	极好	很好	严重	热水冲洗并中和质量分数 2% 的盐酸液清洗 热水冲洗并中和有机溶剂清洗
有机类酸	乳酸、油酸、谷氨酸、硬脂酸、苯二酸	水、有机溶剂、凡士林膏、聚乙烯乙二醇	结构、电器	相当好	相当好	中等	热水冲洗并中和有机溶剂清洗
卤素	盐酸苯胺、盐酸谷氨酸、软脂酸的溴化衍生物、盐酸肼(或氢溴化物)	水、有机溶剂、凡士林膏、聚乙烯乙二醇	结构、电器	相当好	相当好	中等	热水冲洗并中和有机溶剂清洗
胺或酰胺	尿素、乙烯二胺	水、有机溶剂、聚乙烯乙二醇	结构、电器	尚好	尚好	一般无腐蚀	热水冲洗并中和有机溶剂清洗
活化松香	水白松香	异丙醇、有机溶剂、聚乙烯乙二醇	电器	差	尚好	一般无腐蚀	水基洗涤剂清洗 异丙醇清洗 有机溶剂清洗
水白松香	只含松香	异丙醇、有机溶剂、聚乙烯乙二醇	电器	差	差	无腐蚀	水基洗涤剂清洗 异丙醇清洗 有机溶剂清洗,但一般不需要钎焊后清洗

5.3 铝用钎剂

目前软钎焊大都指低温钎焊,即采用锡、铅、铟、铋等体系的低熔点合金进行的钎焊,而对中温钎焊都特别说明。对于低温用软钎剂分为通用型软钎剂和铝用软钎剂。因为铝及其合金化学性质非常活泼,其表面氧化膜稳定致密,上述各类钎剂都不能满足钎焊铝及其合金的需要,必须使用专门的钎剂,所以将其单独分成一类。

铝用钎剂也分为软钎剂和硬钎剂两类,下面分别介绍。

5.3.1 铝用软钎剂

铝用软钎剂按其去除氧化物的方式不同又可分为有机钎剂和反应钎剂两种类型。

铝用有机软钎剂的主要组元是有机胺,如三乙醇胺、二乙醇胺等。钎剂中通常加入氟硼酸、氟硼酸盐以提高钎剂的活性。使用这类钎剂时,应采用快速加热方法,并应避免钎剂过热,因为钎焊温度超过 275 ℃时钎剂将炭化失效。

铝用软钎剂无吸湿性,残渣也不吸潮,易用水洗去。缺点是不能保证钎料与母材的牢固连接,作用过程中有大量气体放出而呈沸腾状,不能保证钎料填缝或获得致密的钎缝。其典型成分见表5.8。

表5.8 一些有机铝用软钎剂的配方

序号	代号	成分(质量分数)/%	钎焊温度/℃	特殊应用
1	QJ204（Φ59A）	三乙醇胺(82.5),Cd(BF$_4$)$_2$(10),Zn(BF$_4$)$_2$(2.5),NH$_4$BF$_4$(5)	270	
2	Φ61A	三乙醇胺(82),Zn(BF$_4$)$_2$(10),NH$_4$BF$_4$(8)		
3	Φ54A	三乙醇胺(82),Cd(BF$_4$)$_2$(10),NH$_4$BF$_4$(8)		
4	1060X	三乙醇胺(62),乙醇胺(20),Zn(BF$_4$)$_2$(8),Sn(BF$_4$)(5),NH$_4$BF$_4$(5)	250	
5	1160U	三乙醇胺(37),松香(30),Zn(BF$_4$)$_2$(10),Sn(BF$_4$)$_2$(8),NH$_4$BF$_4$(15)	250	水不溶,适用电子线路

铝用反应钎剂的主要组分是锌、锡等重金属的氯化物,为了提高活性而添加了少量钾、钠、锂的卤化物,通常均含有氯化铵或溴化铵,以降低熔点及改善润湿性。

在钎焊加热中,重金属氯盐渗过氧化铝膜的裂缝与铝发生置换反应,反应式如下:

$$2Al+3ZnCl_2 \longrightarrow 2AlCl_3 + Zn \downarrow$$

$$2Al+3SnCl_2 \longrightarrow 2AlCl_3 + Sn \downarrow$$

破坏膜与母材的结合,同时,生成的 AlCl$_3$ 在温度高于 182 ℃时升华为气体,从膜下外逸,促使氧化膜破碎。再加以氟化物对膜的溶解,氧化铝膜得以清除。为铝所置换的锌或锡沉积在铝表面,促进了钎料的铺展。

反应钎剂的反应温度为 300～400 ℃。它极易吸潮,且吸潮后形成氢氧化物而丧失活性,因此,应密封保存,严防受潮,更不宜以水溶液形式使用。反应钎剂可以粉末状混合物或溶于有机溶剂(乙醇、甲醇)中使用。反应钎剂的残渣吸潮,对铝和铝合金有强烈的腐蚀作用,钎焊后必须彻底清洗干净。

　　另外,所有铝用软钎剂钎焊时都产生大量白色有刺激性和腐蚀性的浓烟,因此,使用时应注意通风。表 5.9 是一些典型反应铝软钎剂的配方。

表 5.9　一些典型反应铝软钎剂的配方

序号	代号	成分(质量分数)/%	熔化温度/℃	特殊应用
1		$ZnCl_2(55)$,$SnCl_2(28)$,$NH_4Br(15)$,$NaF(2)$	—	—
2	QJ203	$SnCl_2(88)$,$NH_4Cl(10)$,$NaF(2)$	—	—
3		$ZnCl_2(88)$,$NH_4Cl(10)$,$NaF(2)$	—	—
4	—	$ZnBr_2(50\sim30)$,$KBr(50\sim70)$	215	钎铝无烟
5	—	$PbCl_2(95\sim97)$,$KCl(1.5\sim2.5)$,$CoCl_2(1.5\sim2.5)$	—	铝面涂 Pb
6	Φ134	$KCl(35)$,$LiCl(30)$,$ZnF_2(10)$,$CdCl_2(15)$,$ZnCl_2(10)$	390	—
7	—	$ZnCl_2(48.6)$,$SnCl_2(32.4)$,$KCl(15.0)$,$KF(2.0)$,$AgCl(2.0)$	—	配 Sn-Pb(85)钎料,高耐蚀

5.3.2　铝用硬钎剂

铝用硬钎剂按其组成可分为氯化物基硬钎剂和氟化物基硬钎剂两类。

1. 氯化物基硬钎剂

以碱金属或碱土金属的氯化物的低熔点混合物作为基体组分,加入氟化物作去膜剂,经常还添加某些易熔重金属的氯化物充当活性剂。该类钎剂目前应用较广。

　　采用碱金属或碱土金属氯化物的二元或三元混合物作基体组分,是因为它们的熔点能满足钎焊铝的要求,和铝没有明显的作用,却能很好地润湿铝和铝的氧化物,其中,碱金属的氯化物还具有小的表面张力。可供选择的低熔点氯盐混合物有两类:一类含氯化锂,另一类不含氯化锂。二者熔点虽均能满足要求,但从钎剂的其他性能看是有差别的。含氯化锂的钎剂活性较强,黏度较小,熔点较低,有利于保证钎焊质量。不含或含氯化锂过少的钎剂,黏度较大,熔点较高,流动性较差,在使用中还容易变质或产生沉渣,不利于钎焊。因此,目前广泛使用的是含氯化锂的钎剂、它们通常以 LiCl-KCl-NaCl 二元系或 LiCl-KCl-NaCl 三元系为基体。虽然含氯化锂的钎剂在性能上有显著优点,但由于氯化锂价格昂贵,提高了生产成本。因此,不含氯化锂的钎剂也仍然得到重视和一定范围的采用。

　　为了使钎剂具有去除氧化膜的能力,必须加入氟化物。氟化物有溶解铝氧化物的能力。这类钎剂去除氧化膜的速度和效果与加入的氟化物去膜剂的种类及数量有关。例如,氟化钠、氟化钾在一定含量范围内能显著提高钎剂的去膜能力,促进钎料铺展。但添加量过多,使钎剂熔点升高,表面张力增大,反使钎料铺展变差,因此,钎剂中的氟化物添加量是受到限制的。

由于氟化物添加量的限制,钎剂的去膜能力不足,需要再加入一些易熔重金属的氯化物来提高钎剂的活性,常用氯化锌、氯化亚锡和氯化镉。钎焊时,其中的锌、锡和镉被还原析出,沉积在母材表面,促进去膜和钎料铺展。

铝在液态锌中溶解度很高,氯化锌含量过高可能使之在母材表面还原沉积出较多的液态锌,造成母材溶蚀,锌进入钎缝中还降低接头的抗腐蚀性。采用氯化亚锡和氯化镉做活性剂时,锡与铝只形成含氯量低的共晶,在固态时相互溶解度也很小,而镉不论在液态还是固态都不与铝互溶,因此它们对母材的溶蚀作用不明显。

2. 氟化物基硬钎剂

氯化物基硬钎剂对母材的强腐蚀作用给生产使用带来困难,因此,提出了一种新型的氟化物基硬钎剂。

这种钎剂由两种氟化物组成,成分为:$w(KF \cdot 2H_2O) = 42\%$、$w(AlF_3 \cdot 3\frac{1}{2}H_2O) = 58\%$,接近 $KF-AlF_3$ 状态图上的 $K_3AlF_6 + KAlF_4$ 共晶成分。它的熔化温度为 562~575 ℃,因此黏度小,流动性好。钎剂具有较强的去膜能力,能较好地保证钎料铺展和填缝。

此钎剂可以粉末状、块状、糊状或膏状使用。对不易安置钎料的工件,可把钎料粉末与糊状钎剂调匀后涂在钎焊部位,经 150 ℃ 左右烘干后,一般不易碰掉,因此使用方便。钎剂残渣可用 10% HNO_3 热溶液清洗,但这种钎剂熔点较高,只能与铝硅钎料配合使用,限制了它的使用范围。此外,钎剂的热稳定性也较差,缓慢加热将导致失效,因此在注意控制钎焊温度的同时,应保证快速的钎焊加热。

常用铝用硬钎剂的配方见表 5.10。

表 5.10 铝用硬钎剂的配方和应用

序号	钎剂代号	钎剂组成(质量分数)/%	熔化温度/℃	特殊应用
1	QJ201	H701LiCl(32),KCl(50),NaF(10),ZnCl₂(8)	约460	
2	QJ202	LiCl(42),KCl(28),NaF(6),ZnCl₂(24)	约440	
3	211	LiCl(14),KCl(47),NaCl(27),AlF₃(5),CdCl₂(4),ZnCl₂(3)	约550	
4	YJ17	LiCl(41),KCl(51),KF(3.7),AlF₃(4.3)	约370	浸渍钎焊
5	H701	LiCl(12),KCl(46),NaCl(26),KF-AlF₃共晶(10),ZnCl₂(1.3),CdCl₂(4.7)	约500	
6	Φ3	NaCl(38),KCl(47),NaF(10),SnCl₂(5)		
7	Φ5	LiCl(38),KCl(45),NaF(10),CdCl₂(4),SnCl₂(3)	约390	
8	Φ124	LiCl(23),NaCl(22),KCl(41),NaF(6),ZnCl₂(8)		

续表 5.10

序号	钎剂代号	钎剂组成(质量分数)/%	熔化温度/℃	特殊应用
9	ΦB3X	LiCl(36),KCl(40),NaF(8),ZnCl$_2$(16)	约380	
10		LiCl(33~50),KCl(40~50),KF(9~13),ZnF$_2$(3),CsCl$_2$(1~6),PbCl$_2$(1~2)		
11		LiCl(80),KCl(14),K$_2$ZrF$_2$(6)	约560	长时加热稳定
12		ZnCl$_2$(20~40),CuCl(60~80)	约300	反应钎剂
13		LiCl(30~40),NaCl(8~12),KF(4~6),AlF$_3$(4~6),SiO$_2$(0.5~5)	约560	表面生成Al-Si层
14	129A	LiCl(11.8),NaCl(33.0),KCl(49.5),LiF(1.9),ZnCl$_2$(1.6),CdCl$_2$(2.2)	550	
15	1291A	LiCl(18.6),NaCl(24.8),KCl(45.1),LiF(4.4),ZnCl$_2$(3.0),CdCl$_2$(4.1)	560	
16	1291X	LiCl(11.2),NaCl(31.1),KCl(46.2),LiF(4.4),ZnCl$_2$(3.0),CdCl$_2$(4.1)	约570	
17	171B	LiCl(24.2),NaCl(22.1),KCl(48.7),LiF(2.0),TlCl(3.0)	490	用于含Mg最高的2A12,5A02
18	1712B	LiCl(23.2),NaCl(21.3),KCl(46.9),LiF(2.8),TlCl(2.2),ZnCl$_2$(1.6),CdCl$_2$(2.0)	482	用于含Mg最高的2A12,5A02
19	5522N	CaCl$_2$(33.1),NaCl(16.0),KCl(39.4),LiF(4.4),ZnCl$_2$(3.0),CdCl$_2$(4.1)	≈570	少吸湿
20	5572P	SrCl$_2$(28.3),LiCl(60.2),LiF(4.4),ZnCl$_2$(3.0),CaCl$_2$(4.1)	524	
21	1310P	LiCl(41.0),KCl(50.0),ZnCl$_2$(3.0),CdCl$_2$(1.5),LiF(1.4),NaF(0.4),KF(2.7)	350	中温铝钎剂
22	1320P	LiCl(50),KCl(40),LiF(4),SnCl$_2$(3),ZnCl$_3$(3)	360	适用Zn-Al钎焊

5.4 硬钎剂

硬钎剂指的是在450 ℃以上进行钎焊用的钎剂。黑色金属常用的硬钎剂的主要组分是硼砂、硼酸及其混合物。

硼酸 H$_3$BO$_3$ 为白色六角片状晶体,可溶于水和酒精,加热时分解,形成硼酐 B$_2$O$_3$:

$$2H_3BO_3 \longrightarrow B_2O_3 + 3H_2O \uparrow$$

硼酐的熔点为580 ℃,它能与铜、锌、镍和铁的氧化物形成易熔的硼酸盐:

$$MeO + B_2O_3 \longrightarrow MeO \cdot B_2O_3$$

以渣的形式浮在钎缝表面上,既能达到去膜的目的,又能起机械保护作用。但生成的硼酸盐在温度低于900 ℃时难溶于硼酐,而与硼酐形成不相混的二层液体。另外,在900 ℃以下硼酐的黏度很大,故必须在900 ℃以上使用。

硼砂 $Na_2B_4O_7 \cdot 10 H_2O$ 是白色透明的单斜晶体,能溶于水,加热到200 ℃以上时,所含的结晶水全部蒸发。结晶水蒸发时硼砂发生猛烈的沸腾,降低保护作用,因此应脱水后使用。硼砂在741 ℃熔化,在液态下分解成硼酐和偏硼酸钠:

$$Na_2B_4O_7 \longrightarrow B_2O_3 + 2NaBO_2$$

分解形成的偏硼酸钠能与硼酸盐形成熔点更低的复合化合物:

$$MeO + 2NaBO_2 + B_2O_3 \longrightarrow (NaBO_2)_2 \cdot Me(BO_2)_2$$

因此作为钎剂,硼砂的去氧化物能力比硼酸强。实际上,单独作为钎剂采用的只是硼砂。硼砂和硼酸混合物在800 ℃以下黏度较大,流动性不好,必须在800 ℃以上使用。

硼砂和硼酸及其混合物的黏度大、活性温度相当高,并且不能去除 Cr、Si、Al、Ti 等氧化物,故只能适用于熔化温度较高的一些钎料,如铜锌钎料来钎焊铜和铜合金、碳钢等,同时钎剂残渣难于清除。

为了降低硼砂、硼酸钎剂的熔化温度及活性温度,改善其润湿能力,提高去除氧化物的能力,常在硼化物中加入一些碱金属和碱土金属的氟化物和氯化物。例如加入氯化物可改善钎剂的润湿能力;加入氟化钙能提高钎剂去除氧化物的能力,适宜于在高温下钎焊不锈钢和高温合金;加入氟化钾可降低其熔化温度和表面张力,同时可提高钎剂的活性;加入氟硼酸钾能进一步降低其熔化温度,提高钎剂去除氧化物的能力。

钎剂中加入氟硼酸钾,它在540 ℃熔化,随后分解:

$$KBF_4 \longrightarrow KF + BF_3$$

析出的三氟化硼比氟化钾的去氧化物能力更强,例如,在钎焊不锈钢时,它能与氧化铬作用而将其清除:

$$Cr_2O_3 + 2BF_3 \longrightarrow 2CrF_3 + B_2O_3$$

反应形成的硼酐将进一步与氧化物起作用,因此钎剂的活性温度又有所降低。

氟硼酸钾由于熔点低,去氧化物能力强,也可作为钎剂的主体,添加碱性化合物如碳酸盐,配制成钎剂使用。对于熔点低于750 ℃的银基钎科,它是很适宜的钎剂。

含氟化钾和(或)氟硼酸钾的钎剂残渣较易于去除。常用的一些硬钎剂组分及用途见表5.11。

表5.11 常用硬钎剂组分及用途

牌号	组成(质量分数)/%	钎焊温度/℃	应用范围
YJ1	硼砂 100	800~1 150	铜基钎料钎焊碳钢、铜、铸铁
YJ2	硼砂 25,硼酸 75	850~1 150	硬质合金等
YJ6	硼砂 15,硼酸 80,氟化钙 5	850~1 150	铜基钎料钎焊不锈钢和高温合金

续表 5.11

牌号	组成(质量分数)/%	钎焊温度/℃	应用范围
YJ7	硼砂 50,硼酸 35,氟化钾 15	650 ~ 850	用银基钎料钎焊钢、铜合金、不锈钢和高温合金
YJ8	硼砂 50,硼酸 10,氟化钾 40	>800	用铜基钎料钎焊硬质合金
YJ11	硼砂 95,过锰酸钾 5		铜锌钎料钎焊铸铁
QJ-101	硼酐 30,氟硼酸钾 70	550 ~ 850	奶基钎料钎焊铜和铜合金、钢
QJ-102	氯化钾 42,硼酐 35,氟硼酸钾 23	650 ~ 850	不锈钢和高温合金
QJ-103	氟硼酸钾>95	550 ~ 750	银铜锌镉钎料钎焊
粉 301	硼砂 30,硼酸 70	850 ~ 1 150	同 YJ1 和 YJ2
200	硼酐 66±2,脱水硼砂 19±2,氟化钙 15±1		铜基钎料或镍基钎料钎焊不锈钢
201	硼酐 77±1,脱水硼砂 12±1,氟化钙 10±0.5	850 ~ 1 150	高温合金
剂 105	氯化镉 29 ~ 31,氯化锂 24 ~ 26,氯化钾 24 ~ 26,氯化锌 13 ~ 16,氯化铵 4.5 ~ 5.5	450 ~ 600	钎焊铜和铜合金
铸铁钎剂	硼酸 40 ~ 45,氯化锂 11 ~ 8,碳酸钠 24 ~ 27,氟化钠+氯化钠 10 ~ 20(NaF∶NaCl=27∶73)	650 ~ 750	活性温度低,适宜于银基钎料和低熔点铜基钎料钎焊和修补铸铁
FB308P	硼酸盐+活性剂+成膏剂	600 ~ 850	弱腐蚀性膏状钎剂,适宜于银基钎料和铜基钎料钎焊钢、铜等
FB405L	硼酸三甲脂+活性剂+溶剂	700 ~ 850	用于气体钎焊铜与铜、铜与钢或钢与钢等结构,焊后残渣腐蚀性小
FB406L	硼酸三甲脂+活性剂+去膜剂+溶剂三氟化硼	700 ~ 850 >800	主要用于钎焊不锈钢等

5.5 气体钎剂

　　气体钎剂是一种特殊类型的钎剂,按钎焊方法分为炉中钎焊用气体钎剂和火焰钎焊用气体钎剂。这类钎剂最大的特点是钎剂以气体状态与钎料和待焊零件表面相互作用,达到钎剂应有的物理-化学作用,钎焊后没有钎剂残渣,钎焊接头无需清洗。但这类钎剂及其反应物大多有一定的毒性和腐蚀性,使用时应采取相应的安全措施。

　　气体钎剂可以是活性气体(如氯化氢、氟化氢、三氟化硼),或者是低沸点液态化合物(如三氯化硼和三氯化磷)和低升华点的固态化合物(氟化铵、氟硼酸钾、氟硼酸铵)等。

氯化氢和氟化氢是强酸,可以去除金属表面的氧化物,对母材有强烈的腐蚀性,一般不单独使用,一般只在惰性气体中添加少量来提高去膜能力。

三氟化硼是最常用的炉中钎焊用气体钎剂。特点是对母材的腐蚀作用小,去膜能力强,能保证钎料有较好的润湿性,可用于钎焊不锈钢和耐热合金。但去膜后生成的产物熔点较高,只适合于高温钎焊(1 050 ~ 1 150 ℃)。

三氯化硼和三氯化磷的沸点分别为12 ℃和75 ℃。它们对氧化物有更强的活性,且反应生成易挥发的$(BOCl)_3$和P_2O_5。它们添加于惰性气体中可在包括高温和中温的较宽温度范围(300 ~ 1 000 ℃)进行碳钢及不锈钢、铜及铜合金、铝及铝合金的钎焊。

还有一类硼有机化合物气体钎剂。以蒸气形式与燃气混合,燃烧时形成具有去除金属氧化物作用的硼酐。硼酐与金属氧化物反应生成硼酸盐。这类钎剂用于火焰钎焊。

此外,氢气作为气体钎剂目前应用广泛,它可以还原多种金属表面的氧化物。为了降低成本,提高还原气体的使用效率和安全性,氢气通常和氮气、氩气等惰性气体按照一定比例混合使用。CO 气体钎剂与氢气相当,但是没有氢气使用广泛。在使用气体钎剂时,需要考虑到待焊零部件的吸氢、氢脆、渗碳等不良影响。

在保护气体露点不变的条件下,使用气体钎剂可以改善钎料的润湿性,提高钎焊质量。

常用气体钎剂的种类和用途见表 5.12。

表 5.12 常用气体钎剂的种类、组分、钎焊工艺及用途

序号	钎钢种类	组分(质量分数)及配比/%	钎焊工艺	用 途
1	单相气体	三氟化硼	炉中钎焊:1 050 ~ 1 150 ℃	不锈钢、耐热合金的钎焊
2	单相气体	三氯化硼	炉中钎焊:300 ~ 1 000 ℃	铜及铜合金、铝及铝合金、碳钢及不锈钢的钎焊
3	单相气体	三氯化磷	炉中钎焊:300 ~ 1 000 ℃	铜及铜合金、铝及铝合金、碳钢及不锈钢的钎焊
4	单相气体	硼酸甲酯	火焰钎焊:>900 ℃	铜及铜合金、碳钢的钎焊
5	单相还原气体	氢气	钎焊工艺由非活性钎料而定	铜及铜合金、碳钢、高温合金、硬质合金等
6	多相还原气体	氢气 15 ~ 16,氮气 73 ~ 75,一氧化碳 10 ~ 1	钎焊工艺由非活性钎料而定	铜及铜合金、碳钢、高温合金等
7	分解氨	氢气 75,氮气 25	钎焊工艺由非活性钎料而定	铜及铜合金、碳钢、高温合金、硬质合金等
8	单相保护气体	氮气	钎焊工艺根据非活性钎料而定	铜及铜合金
9	单相保护气体	氩气	钎焊工艺根据钎料而定	铜及铜合金、碳钢、高温合金、钛及钛合金、硬质合金等

5.6 真 空

真空是指压力低于正常大气压压强的气体空间。通常按其压强高低把真空划分为四个等级:低真空、中真空、高真空及超高真空,它们所对应的压力范围分别为:$1 \times 10^5 \sim 1 \times 10^2$ Pa,$1 \times 10^{-1} \sim 1 \times 10^2$ Pa,$1 \times 10^{-6} \sim 1 \times 10^{-1}$ Pa,1×10^{-6} 以下。钎焊时使用的真空是依靠机械真空泵和扩散泵抽除钎焊室内的空气而得到的。

真空最大特点是所含的有害气体极少。真空中残余气体含量要比惰性气体或还原性气氛的杂质含量要低得多,因此它的保护作用比任何一种保护气体的效果都要好(见表5.13)。例如,超纯氩气的含氧量为 10^{-6} 以下,其露点也要低得多。就常用的真空度 $1 \times 10^2 \sim 1 \times 10^{-3}$ Pa 而言,它的杂质含量比最纯的气体要低得多,它的保护效果比任何一种保护气体的都要好。真空还具有除气作用,存在于金属内部的气体(H_2、O_2、N_2、CO 等)及吸附在表面上的气体都会随着真空加热而析出。同时对钎料也有极好的除气效果,尤其是选用含黏结剂的钎料时,更为重要。

表5.13 真空度的相对杂质含量及相应的露点

真空度/Pa	1.33×10^3	1.33×10^2	1.33×10	1.33	1.33×10^{-1}	1.33×10^{-2}	1.33×10^{-3}
相对杂质含量/%	1.34	0.134	1.34×10^{-2}	1.34×10^{-3}	1.34×10^{-4}	1.34×10^{-5}	1.34×10^{-6}
相对露点/℃	11	−18	−40	−59	−74	−88	−101

真空中并不含有能还原氧化物的气体。真空钎焊时,金属表面的氧化膜的去除,早期观点认为,真空降低了钎焊区氧分压,导致了氧化物的分解。但从图5.4可以看出,绝大多数的金属氧化物分解所需的氧分压是很低的。目前实际采用的钎焊真空度远远不能达到这样低的氧分压,因此指望氧化物自行分解的可能性是不切实际的。但是,一些氧化物在高温下有可能挥发,例如在1.33 Pa真空度下,MnO_2 在600 ℃,WO_2 在800 ℃,NiO在1 070 ℃,V_2O_5 和 MoO_2 在1 000 ～1 200 ℃挥发。尤其是 Fe_3O_4、Cr_2O_3 和1Cr18Ni11Nb不锈钢的氧化皮,在温度高于1 000 ℃时明显挥发(图5.5),这对钢和不锈钢表面氧化物的清除是非常重要的。

另一方面,在真空中钎焊钢材时,钢中的碳对氧化物的还原作用也是很重要的。很早已知碳钢在真空加热会出现表面脱碳现象。例如,含碳0.25%的低碳钢和低合金钢在 10^{-2} Pa真空中加热几分钟,由于表面形成了CO而发生表面脱碳。图5.6是根据热力学计算出的一些常见金属氧化物和一氧化碳的自由能变化同温度和压力的关系。此图表明,在真空条件下碳还原FeO和 Cr_2O_3 是很容易实现的。例如,在1 000 ℃条件下,为使FeO还原所需的一氧化碳分压只需低于98 066 Pa;使用 Cr_2O_3 还原所需的CO分压也只需低于13 Pa。当然,图5.6的曲线是按纯碳计算出来的,实际上碳钢或不锈钢的含碳量只有千分之几或者更少。但就是在这种情况下FeO和 Cr_2O_3 还是容易被碳还原的。图5.7是不锈钢含碳量与真空加热时间的关系。真空加热时间愈长,不锈钢的脱碳越严重;不锈钢表面氧化皮越厚,脱碳也越多。图5.8是用俄歇能谱仪分析经真空

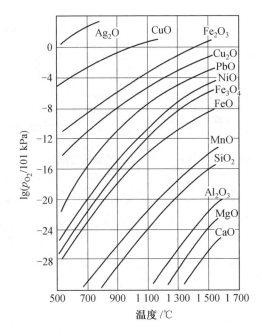

图 5.4　金属氧化物分解压与温度的关系

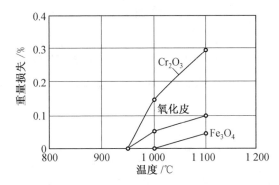

图 5.5　Cr_2O_3、Fe_3O_4 和 1Cr18Ni11Nb 不锈钢在真空加热时的重量损失与温度的关系

（真空度 1.3×10^{-3} Pa，加热时间 60 min）

加热后不锈钢表面碳元素分布情况。从图可见，经 1 000 ℃ 真空加热后的不锈钢表面含碳量明显下降。

因此，真空钎焊时由于氧化物的挥发，碳元素的还原作用，清除了金属表面的氧化物，这种去膜作用不但对碳钢和不锈钢是很有效的，即使对含铝、钛量不是很高的高温合金也起良好的作用。所以真空钎焊的保护和去膜作用是各种炉中钎焊方法中效果最好的，广泛用于那些用钎剂或其他气体介质难以钎焊的金属和合金，如不锈钢、高温合金、钛、锆、铌等，且钎焊接头具有光洁的外表和优异的致密性。

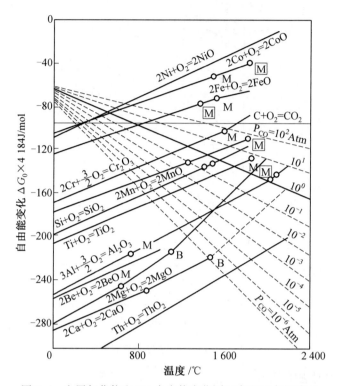

图 5.6　金属氧化物和 CO 自由能变化同温度和压力的关系

M̲-金属氧化物熔点；M-金属熔点；B-金属沸点

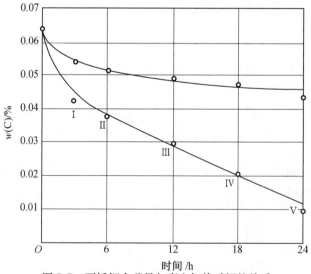

图 5.7　不锈钢含碳量与真空加热时间的关系

真空度 2×10^{-3} Pa 加热温度 950 ℃，上曲线为未氧化的不锈钢，下曲线为氧化过的不锈钢，Ⅰ、Ⅱ、Ⅲ、Ⅳ、Ⅴ分别表示预先在空气中经 650 ℃、700 ℃、750 ℃、800 ℃和 850 ℃氧化 1 h 的试样

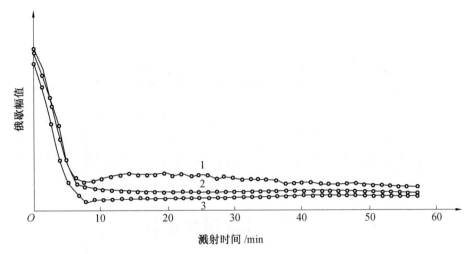

图 5.8 经真空加热后不锈钢表面的碳元素分布情况(剥离速度约 0.17 mm/min)
1—800 ℃;2—900 ℃;3—1 000 ℃

复习思考题

1.试述钎焊时去除氧化膜的必要性及常用的去膜方法。

2.试述钎剂的一般组成及作用。

3.试述可用作无机软钎剂的物质和其去膜机理。

4.阐述铝用反应软钎剂的组成及其去膜机理。

5.氯化锌作为钎剂成分在钎焊钢时和钎焊铝合金时的作用有何不同?

6.硬钎剂的基本组成是什么?

7.试述硼酸的去膜机理。

8.试述硼砂的去膜机理。

9.硼砂和硼酸单独作为钎剂时存在哪些问题?

10.阐述铝用有机软钎剂的组成及其使用中的问题。

11.阐述铝用氯化物硬钎剂的基本组成及其去膜机理。

12.钎焊时,钎剂的选择如何与钎料相互匹配?

13.举出一种软钎剂和一种硬钎剂,说明它们的特点和应用场合。

第6章　钎焊接头设计及钎焊工艺

钎焊接头设计和钎焊工艺过程是影响钎焊质量和接头性能的重要因素,因此必须根据采用的钎焊方法、材料和结构对钎焊接头设计并制定合理的钎焊工艺。钎焊接头设计包括接头形式、钎缝间隙等。钎焊工艺包括钎焊前工件表面准备、工件的装配和固定、安置钎料、钎焊、钎焊后处理等工序,每一工序均会影响产品的最终质量。

6.1　钎焊接头设计

6.1.1　钎焊接头的形式

无论是在焊接结构还是钎焊结构中,合格的接头应与被连接零件具有相等的承受外力的能力。钎焊接头的承载能力与接头形式、钎料强度、钎缝间隙值、钎料和母材间相互作用程度、钎缝钎着率等因素有关。其中,接头形式起相当重要的作用。

对接接头具有均匀的受力状态,节省材料、结构重量轻,熔焊连接多采用对接接头形式。但在钎焊连接中,钎料强度大多比母材强度低,接头的强度往往也就低于母材的强度,因而对接形式的接头常不能保证与焊件相等的承载能力。加之对接接头形式要保持对中和间隙大小均比较困难,故一般不推荐使用。传统的 T 型接头、角接接头形式同样难以满足相等承载能力的要求,而搭接接头形式,依靠增大搭接面积,可以在接头强度低于母材强度的条件下达到接头与焊件具有相等承载能力的要求,而且装配要求也较为简单,因此,钎焊接头大多采用搭接接头形式。

由于工件的形状不同,搭接接头的具体形式各不相同,如图 6.1 ~ 6.5 所示。

(1)平板钎焊接头

其形式如图 6.1 所示,其中图 6.1(a)、(b)、(c)是对接形式。当要求两个零件连接后表面平齐,而又能承受一定负载时,可采用图 6.1(b)、(c)的形式,但这对零件的加工要求较高。其他接头形式有的是搭接接头,有的是搭接和对接的混合接头。随着钎焊面积的增大,接头承载能力也可提高。图 6.1(j)是锁边接头,适用于薄件。

(2)管件钎焊接头

其形式如图 6.2 所示。当要求连接后的零件内孔径相同时,可采用图 6.2(a)的形式;当要求连接后的两个零件外径相同时,采用图 6.2(b)的形式;当零件接头的内外径都允许有差别时,可采用图 6.2(c)和 6.2(d)的形式。

(3)T 形和斜角钎焊接头

其形式如图 6.3 所示。对 T 形接头,为增加搭接面积,可将图 6.3(a)、(b)所示的

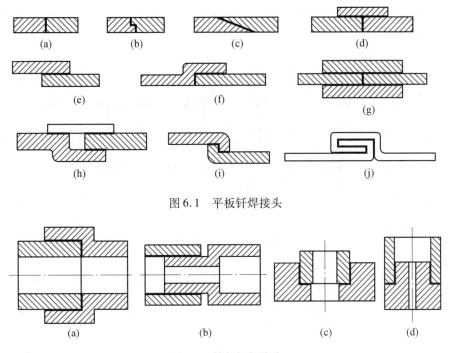

图 6.1　平板钎焊接头

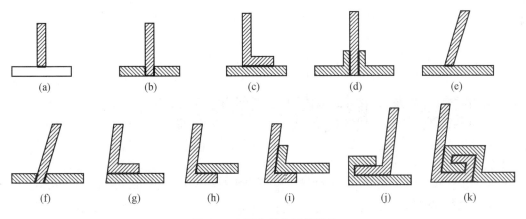

图 6.2　管件钎焊接头

形式改为图 6.3(f),(g)的形式;对楔角接头,可采用图 6.3(h)、(i)所示的形式来代替图 6.3(c)、(d)、(e)形式;图 6.3(k)、(j)所示形式的搭接面积更大;图 6.3(k)主要用于薄件的钎焊。

![图6.3 T形和斜角钎焊接头，包括(a)至(k)多种接头形式]

图 6.3　T形和斜角钎焊接头

(4)端面接头

特别是承压密封接头采用图 6.4 的形式。这种接头具有较大的钎焊面积,发生漏泄的可能性可减小。

(5)管或棒与板的接头

其形式如图 6.5 所示。图 6.5(a)所示的管板接头形式较少用,常以图 6.5(b)、

（c）、（d）所示的接头替代。图 6.5（e）所示的接头可用图 6.5（f）、（g）、（h）所示的接头替代。当板较厚时，可采用图 6.5（i）、（j）、（k）所示的接头形式。

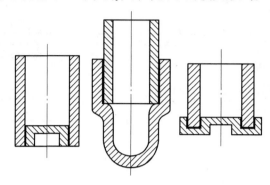

图 6.4　端面密封接头

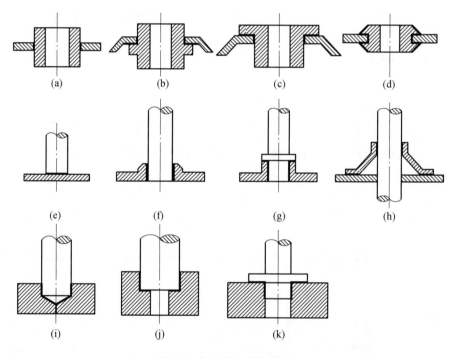

图 6.5　管或棒与板的接头

（6）线接触接头

其形式如图 6.6 所示。这种接头的间隙有时是可变的，毛细作用只在有限的范围内起作用，接头强度不是太高。这种接头主要用于钎缝受压，或受力不大的结构。

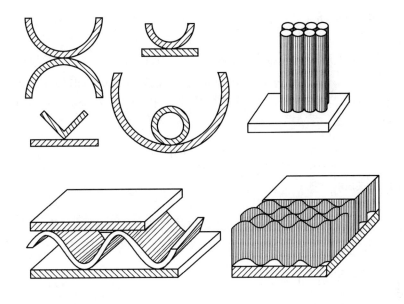

图 6.6 线接触钎焊接头

6.1.2 搭接长度的确定

当采用搭接接头形式时,钎焊接头的搭接长度 L 可根据保证接头与焊件承载能力相等的原则通过计算确定板件。板件搭接长度理论值可按下式计算

$$L = \alpha \frac{\sigma_b}{\sigma_\tau} \delta \tag{6.1}$$

式中　　σ_b——焊件材料的抗拉强度;

　　　　σ_τ——钎焊接头的抗剪强度;

　　　　δ——焊件材料的厚度;

　　　　α——安全系数。

在实际生产中,一般不是通过公式计算,可根据经验确定。对采用银基、铜基、镍基等强度较高的钎料的钎焊接头,搭接长度通常取为薄件厚度的 2 ~ 3 倍;对采用锡铅等低强度钎料的钎焊接头,搭接长度可取为薄件厚度的 4 ~ 5 倍,但不应大于 15 mm。这是因为搭接长度过大,既耗费材料、增大结构重量,又难达到相应提高承载能力的要求。搭接长度过大时,钎缝很难为钎料全部填满,往往形成大量缺陷。

同时,搭接接头主要靠钎缝的外缘承受剪切力,中心部分不承受大的力,而随搭接长度增加的却正是钎缝的中心部分。

上面讨论的钎焊接头都是用于结构中的承力接头。除此之外,钎焊连接也广泛用于电路中,此时接头的主要作用是传导电流。在导电接头的设计中,要考虑的主要因素是导电性。正确的接头设计不应使电路的电阻有明显增大。虽然一般钎料的电阻率要比紫铜的电阻率大得多,例如:H1SnPb39、BAg45CuZn,BCu80PAg,BCu95P 等钎料的电阻率分别为电解铜的 8.5,5.7,7.1,16.5 倍,但是,由于钎缝的厚度与电路的长度相比是极微小的,因此一般不会对电路的电阻产生大的影响。尽管如此,但就钎焊接头本身来说,仍可能因大电阻而引起过度发热的问题。为排除这种现象,接头设计的基本要求是应保证钎缝的电阻值与所在电路的同样长度的铜导体的电阻值相等。从这一原则出发对板件搭接接头,其搭接长度 L_j 的计算公式与相应的承力接头具有相似的形式,可按下式计算

$$L_{j} = \frac{\rho_{f}}{\rho_{e}} \cdot H$$

式中　ρ_f——钎料的电阻率;

　　　ρ_e——导体的电阻率。

对于板-板型式的硬钎焊搭接接头,其搭接长度可按经验公式取为接头中薄件厚度的 1.5 倍,此时其电阻值可大约与同样长度的铜导体的电阻值相等。

6.1.3　钎缝间隙的确定

钎缝间隙是两待焊零件的钎焊面之间的距离。钎焊时是依靠毛细作用使钎料填满间隙,因此必须正确选择接头间隙。间隙的大小在很大程度上影响钎缝的致密性和接头强度。

钎焊接头强度与钎缝间隙之间的关系如图 6.7、图 6.8 所示。图 6.7(a)是用锡铅钎料钎焊低碳钢、黄铜和铜(分别对应于曲线 1、2、3)的结果。图 6.7(b)是以 BAg45CuZn 钎料钎焊的 45 号钢和 A3 钢的套接接头强度。图 6.8 是用硼砂钎剂、Cu-30Zn 钎料在 1 000 ℃炉中钎焊的低碳钢接头在不同形式的载荷下的强度值:曲线 1、2、3、4 分别为疲劳强度、抗剪强度、断裂强度和弯曲强度。由图 6.7、图 6.8 可见,这种关系在不同接头形式、不同的钎料和母材组合、不同的载荷条件下都表现出来,并且具有某些共同的特性。为了更清楚地反映这些共同特性,现以搭接接头为基础,把它们综合概括为图 6.9 所示的原理示意曲线。

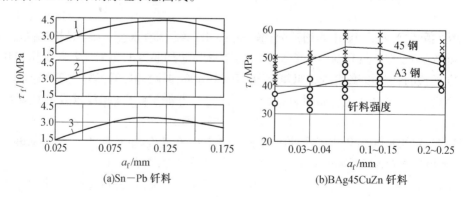

图 6.7　钎焊接头强度 τ_f 与钎缝间隙值 α_f 的关系

如图 6.9 所示,通常存在着某一最佳间隙值范围,在此间隙值范围内接头具有最大强度值,并且它往往高于原始钎料的强度。大于或小于此间隙值时,接头强度均随之降

低,因此常以此间隙值作为生产中推荐使用的间隙值。在此间隙值范围内接头强度出现上述特性是由于它保证了钎料充分而致密地填缝、母材对填缝钎料良好的合金化作用以及母材对钎缝合金层的足够支承作用。间隙偏小时接头强度随之下降,往往是由于钎料填缝变得困难,间隙内的气体、钎剂残渣也越来越难排出,在钎缝内造成未钎透、气孔或夹渣。间隙偏大时,毛细作用减弱,也使钎料不能填满间隙,母材对填缝钎料中心区的合金化作用消失,钎缝结晶生成柱状铸造组织和枝晶偏析以及受力时母材对钎缝合金层的支撑作用减弱,这些因素都将导致接头强度降低。

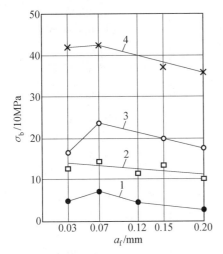 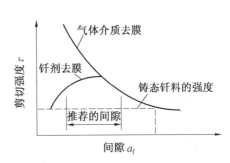

图 6.8 钎焊接头强度与钎缝间隙值的关系   图 6.9 接头强度与钎缝间隙关系的示意图

但是,对于不同的钎料和母材组合,其获得最高接头强度值的最佳间隙值范围各不相同,接头间隙的选择与下列因素有关:

(1)用钎剂钎焊时,接头的间隙应选得大一些。因为钎焊时熔化的钎剂先流入接头,熔化的钎料后流进接头,将熔化的钎剂排出间隙。当接头间隙小时,熔化的钎料难以将钎剂排出间隙,从而形成夹渣。真空或气体保护钎焊时,不发生上述排渣的过程,接头间隙可取得小些。

(2)母材与钎料的相互作用程度将影响接头间隙值。若母材与钎料的相互作用小,间隙值一般可取小些,如用铜钎焊钢或不锈钢时;若母材与钎料相互作用强烈,如用铝基钎料钎焊铝时,间隙值应大些,因为母材的溶解会使钎料熔点提高,流动性降低。

(3)流动性好的钎料,如纯金属(铜)、共晶、合金及自钎剂钎料,接头间隙应小些;结晶间隔大的钎料,流动性差,接头间隙可以大些。

(4)垂直位置的接头间隙应小些,以免钎料流出;水平位置的接头间隙可以大些;搭接长度大的接头,间隙应大些。

(5)设计异种材料接头时,必须根据热膨胀数据计算出钎焊温度时的接头间隙。

鉴于上述复杂情况,设计时须结合具体钎焊材料、接头形式、针焊方法和工艺,参照表6.1常用的接头间隙范围中推荐的数据,通过试验来确定接头的装配间隙值。

表 6.1　钎焊接头间隙

母　材	钎料	间隙值/mm
碳钢	铜	0.01～0.05
	铜锌	0.05～0.20
	银基	0.03～0.15
	锡铅	0.05～0.20
不锈钢	铜	0.01～0.05
	银基	0.05～0.20
	锰基	0.01～0.15
	镍基	0.02～0.10
	锡铅	0.05～0.20
铜和铜合金	铜锌	0.05～0.20
	铜磷	0.03～0.15
	银基	0.05～0.20
	锡铅	0.05～0.20
铝和铝合金	铝基	0.10～0.25
	锌基	0.10～0.30
钛和钛合金	银基	0.05～0.10
	钛基	0.05～0.15

6.1.4　其他设计原则

设计钎焊接头时还应考虑应力集中问题,尤其接头受动载荷或大应力时应力集中问题更为明显。在这种情况下的设计原则是不应使接头边缘处产生任何过大的应力集中,应将应力转移到母材上去。图 6.10 示出了一些受撕裂、冲击、振动等载荷的合理与不合理设计的接头。图 6.10(a)、(b)为受撕裂载荷的接头,为避免在载荷作用下接头处发生应力集中,可局部加厚薄件的接头部分,使应力集中点发生在母材而不是在钎缝边缘。图 6.10(c)所示接头,当载荷大时,不应用钎缝圆角来缓和应力集中,应在零件本身拐角处安排圆角,使应力通过母材上的圆角形成适当的分布。图 6.10(d)所示接头,为增强承载能力,一方面是增大钎缝面积,另一方面是尽量使受力方向垂直于钎缝面积。图 6.10(e)是轴和盘的接头,可在盘的连接处做成圆角,以减小应力集中。

对于要求承压密封的钎焊接头,设计时应注意:尽可能采用搭接接头,使其具有较大钎焊面,发生漏泄的可能性比较小。图 6.11 示出了几种承压密封容器的典型钎焊接头构造。为更慎重地确定钎缝间隙值,最好采用推荐范围的下限值。为了防止钎缝中产生不致密性缺陷,必要时可考虑采用不等间隙。

设计接头时,在下述一些情况应考虑在接头上或零件上开工艺孔。工艺孔是指并

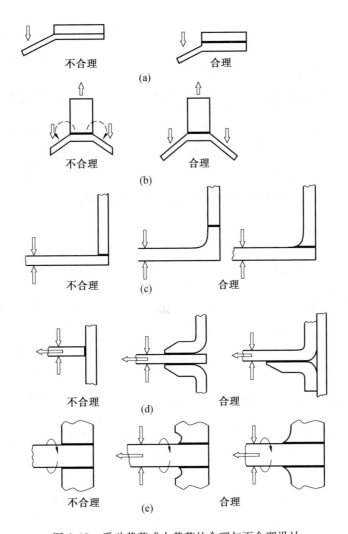

图 6.10 受动载荷或大载荷的合理与不合理设计

非出自结构或接头工作的需要,而只是满足工艺上的要求所安排的通孔。这些情况有:

(1)箔状钎料使用时,如果钎焊面积较大而其长宽比不大时,为了便于排除间隙内的气体,可在一个零件上对应于钎缝的中央部位开工艺孔。

(2)对于封闭型接头及密封容器,钎焊时接头和容器中的空气因受热膨胀而向外逸出,阻碍液态钎料填缝,使钎缝中产生气孔、未钎透,甚至不能钎合(图 6.11(a)、(d))。因此,设计时必须安排开工艺孔(图 6.11(b)、(c)和(e)),给膨胀外逸的空气以出路,保证接头的质量。

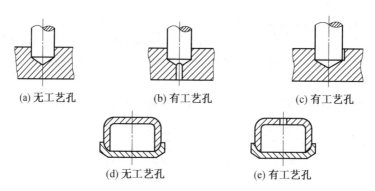

(a) 无工艺孔　　　　(b) 有工艺孔　　　　(c) 有工艺孔

(d) 无工艺孔　　　　(e) 有工艺孔

图 6.11　钎焊封闭型接头时开工艺孔的方法

6.2　表面准备

待焊工件在钎焊前的加工和存放过程中不可避免地会覆盖着氧化物、油脂和灰尘等,它们都将妨碍液态钎料在母材上铺展填缝。因此为保证钎焊的顺利进行,钎焊前必须仔细地清除工件表面的氧化物、油脂、脏物及油漆等。因为熔化了的钎料不能润湿未经清理的零件表面,也无法填充接头间隙。此外,在某些情况下,为改善母材的钎焊性以及提高钎焊接头的抗腐蚀性,钎焊前还必须将工件预镀覆某种金属层。

6.2.1　工件表面除油脂和有机物

工件上的所有有机物在钎焊加热时都会放出气体,并可能在工件表面留下影响钎料润湿的残留物,因此表面油脂及其他有机物如油漆、记号笔印迹、划线蓝色等均应清除。

工件表面的油脂和有机物可用有机溶剂和水基去油溶液去除。常用的有机溶剂有乙醇、丙酮、四氯化碳、汽油、三氯化烯、二氯乙烷及三氯乙烷等。水基去油溶液包括碱类水溶液和专用水基去油剂水溶液。

对于单件和小批量生产,最简单可行的方法是用有机溶剂清洗或擦洗,一般多使用乙醇或丙酮。如果零件表面有油封层,则应使用汽油清洗。在大批量生产中,可用二氯乙烷、三氯乙烷、三氯乙烯等有机溶剂除油。它们能很好地溶解油脂并容易再生,其中使用较多的是三氯乙烯。用三氯乙烯去油的过程是:先用汽油擦去工件表面大量的油污,再在三氯乙烯中浸泡 5 ~ 10 min 后擦干。然后在无水乙醇中浸泡,再在碳酸镁水溶液中煮沸 3 ~ 5 min,最后用水冲洗,用酒精脱水并烘干。三氯乙烯能溶解大多数油脂和有机物且不易燃,因而可以用较高的温度清洗零件,提高清洗速度和质量。但对于钛和锆,只可用非氯化物溶剂。

对于大批量生产,使用水基溶液化学除油也是常用方法,使用的溶液包括碱类水溶液或专用水基去油剂水溶液。采用水基溶液清洗时配合超声波一起使用,可以达到更好的效果。水基溶液清洗操作过程简单,成本低廉,效果较好。其缺点是溶液有时需要加热,用后难以再生,对某些金属具有腐蚀作用需进行干燥处理等。例如钢制工件可浸入 70~80 ℃ 的 10% 苛性钠溶液中脱脂,铜和铜合金零件可在 50 g 磷酸三钠、50 g 碳酸氢钠中加 1 L 水的溶液内清洗,溶液温度 60~80 ℃。另外采用市售专用水基去油剂也可以达到很好的效果,如 LXF-52 除油剂在常温除油效果很好。除油后用水仔细清洗。当工件表面能完全被水润湿时,表明表面油脂已去除干净。对于形状复杂而数量很大的小零件,也可在专门的槽子中用超声波清洗。超声波清洗,也是清除落入工件表面狭小缝隙中的不能溶解污物的唯一可行方法。槽液成分可以是添加有活性剂的水、碱液(磷酸三钠、苛性钠、碳酸钠等)以及有机溶剂,适宜的清洗温度分别为 50~60 ℃,不高于 60 ℃ 并低于其沸腾温度。超声波脱脂不仅效率高,而且简便、迅速。

对于工件表面的油漆、记号笔印迹、划线蓝色等通常采用化学溶剂擦洗去除,常用溶剂为无水乙醇、丙酮、汽油等,一般需在除油之后进行。对于较厚的油漆有时需采用机械方法去除。

6.2.2 工件表面除氧化物

工件表面氧化物的去除可根据工件材料、氧化膜厚度和精度要求采用机械清除和化学清洗的方法。

1. 机械清除

机械清除可采用锉刀、金属刷、砂纸、砂轮、喷砂等去除工件表面的氧化膜。当零件表面有热处理或热加工过程中生成的厚氧化皮时,最宜采用这种方法清理。其中,锉刀、刮刀和砂纸打磨,适用于单件生产,清理时形成的沟槽还有利于钎料的润湿和铺展。金属丝刷、金属丝轮和砂轮清理,效率较高,适于小批量生产。对于大面积及大批量生产的零件,可以采用喷砂清理,喷砂清除效率较高,一般用于黑色金属、镍基有色金属,不宜采用砂纸打磨或喷砂清除表面氧化膜。

机械清除氧化物的同时,宜使零件表面适当粗糙化,以增强表面对钎料的毛细作用,促进钎料铺展。应避免零件表面变光滑,但也要防止使表面太粗糙。

2. 化学侵蚀

化学侵蚀主要采用酸洗或碱洗来去除表面氧化物。与机械清除相比,化学侵蚀的优点是生产效率高,清除效果好,质量容易控制,特别是对于铝、镁、钛及其合金。因此,用化学清理焊件表面氧化膜是生产中最常用的方法,适用于大批量生产。但其工艺过程控制比较复杂,设备及器材成本较高,废液处理不当易造成环境污染。

对不同材料,其表面氧化膜性质不同,使用的化学溶液也不同,即使同一材料,也往往有多种溶液配方。对于钢、镍基合金、铜合金、钛合金等一般需进行酸洗,而对于铝合金、镁合金等需要进行碱洗,然后在酸性溶液中进行钝化处理。典型化学清洗液成分列于表 6.2。

表 6.2 化学侵蚀液成分

适用的母材	侵蚀液成分(体积分数)	处理温度/℃
铜和铜合金	(1)10% H_2SO_4,余量水	55~80
	(2)12.5% H_2SO_4+(1%~3%)Na_2SO_4,余量水	20~77
	(3)10% H_2SO_4+10% $FeSO_4$,余量水	50~80
	(4)0.5%~10% HCl,余量水	室温
碳钢与低合金钢	(1)10% H_2SO_4+侵蚀剂,余量水	40~60
	(2)10% HCl+缓蚀剂,余量水	40~60
	(3)10% H_2SO_4+10% HCl,余量水	室温
铸铁	12.5% H_2SO_4+12.5% HCl,余量水	室温
不锈钢	(1)16% H_2SO_4,15% HCl,5% HNO_3,64% H_2O	100 ℃,30 s
	(2)25% HCl+30% HF+缓蚀剂,余量水	50~60
	(3)10% H_2SO_4+10% HCl,余量水	50~60
钛及钛合金	(2%~3%)HF+(3%~4%)HCl,余量水	室温
铝及铝合金	(1)10% NaOH,余量水	50~80
	(2)10% H_2SO_4,余量水	室温

零件表面氧化物的清除还可采用电化学侵蚀。与单纯的化学侵蚀法相比,它们去除氧化物更为迅速有效。典型化学清洗液成分列于表 6.3。

表 6.3 电化学侵蚀

成 分		时间/min	电流密度/(A·cm^{-1})	电压/V	温度/℃	用 途
φ(正硫酸)	65%	15~30	0.06~0.07	4~6	室温	用于不锈钢
φ(碳酸)	15%					
φ(烙酐)	5%					
φ(甘油)	12%					
φ(水)	5%					
硫酸	15 g	15~30	0.05~0.1	—	室温	零件接阳极,用于有氧化皮的碳钢
硫酸铁	250 g					
氯化钠	40 g					
水	1 L					
氯化钠	50 g	10~15	0.05~0.1	—	20~50	零件接阳极,用于有薄氧化皮的碳钢
氯化铁	150 g					
盐酸	10 g					
水	1 L					
硫酸	120 g	—	—	—	—	零件接阴极,用于碳钢
水	1 L					

化学侵蚀和电化学侵蚀后,还应进行光泽处理或中和处理(表6.4),随后在冷水或热水中洗净,并加以干燥。

表6.4 光泽处理或中和处理

成分(体积分数)	温度/℃	时间/min	用 途
$HNO_3$30% 溶液	室温	3 ~ 5	铝、不锈钢、铜和铜合金、铸铁
$Na_2CO_3$15% 溶液	室温	10 ~ 15	
$H_2SO_4$8%,$HNO_3$10% 溶液	室温	10 ~ 15	

6.2.3 工件表面预镀覆

钎焊前对工件表面预镀覆金属是一项特殊的钎焊工艺措施,一般是基于简化钎焊工艺或改善钎焊质量的要求,但在有些情况下是实现工件良好钎焊的根本技术途径。从工件表面的预镀覆层的功用看可分为工艺镀层、阻挡镀层和钎料镀层。预镀覆金属的工艺方法有电镀、化学镀、热浸镀、压覆、物理气相沉积(PVD)、化学气相沉积等多种方法。表6.5 中给出了一些钎焊工艺中工件预镀覆金属的实例。

1. 工艺镀层

工艺镀层主要用以改善或简化钎焊工艺条件,多用于表面易被氧化或表面氧化膜稳定,在特定钎焊工艺条件下不易被钎料润湿的母材,镀覆一般为钎焊工艺性好的金属,如镍、铜、金、银等,表面镀覆后,使之能在较低的工艺条件下(如使用纯度较低的保护气体、较低的真空和活性较弱的钎剂)获得质量良好的钎焊接头(如表6.5 中的1、2);或用于较难或不能为钎料润湿的母材,如异种金属钎焊中润湿性差的钨、钼以及非金属材料陶瓷、石墨等,以改善钎料对它们的润湿,保证钎焊过程的顺利进行(如表6.5中的3 ~ 5)。

表6.5 预镀覆的使用情况

母 材	镀覆材料	方 法	功 用
1. 铜	银	电镀、化学镀	用作钎料
2. 铜	锡	热浸	提高钎料的润湿作用
3. 不锈钢	铜、镍	电镀、化学镀	提高钎料的润湿作用,铜又可用作钎料
4. 钼	铜	电镀、化学镀	提高钎料的润湿作用
5. 石墨	铜	电镀	使钎料容易润湿
6. 钨	镍	电镀、化学镀	提高钎料润湿作用
7. 可伐合金	铜、镍	电镀、化学镀	防止母材开裂
8. 钛	钼	电镀	防止界面产生脆性相
9. 铝	镍、铜、锌	电镀、化学镀	提高钎料润湿作用,提高接头抗腐性
10. 铝	铝硅合金	包覆	用作钎料

2. 阻挡镀层

阻挡镀层的作用在于抑制钎焊过程中可能发生的某些有害反应,例如在钎料作用下母材的自裂、钎料与母材反应生成脆性相以及母材成分和性能的变化(如表 6.5 中的 6~8)。为了起到较好的隔离防护效果,希望镀层能被液态钎料很好润湿而溶解反应程度要小。

3. 钎料镀层

钎料镀层的直接用途是作钎料(如表 6.5 中的 9、10)。以镀层形式实现钎料的添加主要出于如下目的:一是简化钎料的添加工艺,在大面积、多钎缝结构的钎焊生产中简化钎料的添加、固定工艺,提高生产效率,如铝合金热交换器的钎焊时采用复合钎料板等;二是实现钎料用量的精确控制,在钎料用量要求很小的情况下实现钎料的精确添加;三是实现难制备钎料的可靠添加,如难以加工成箔带钎料的大面积添加等。钎料镀层包括单组元或多组元钎料,多组元钎料需通过多层镀膜或合金镀膜的工艺来实现,有时也靠加热过程中与母材反应形成钎料,如铜表面镀银的共晶反应钎焊等。

6.2.4 表面制备后工件保存

钎焊零件经去油及清除表面氧化膜后,严禁手或其他赃物触及表面。清洗后的零件应立即装配钎焊或放在干燥容器内保存。钎焊零件组装时,应戴棉布手套。

对经过脱脂、清除氧化物或预镀覆等表面制备后的工件保存,应遵循两条原则:其一,应尽量缩短存放时间,尽快完成钎焊。缩短存放时间,意味着减少零件重新被污染和氧化的可能性,有利于保证钎焊质量。特别是对丁铝合金等表面易被氧化,及对表面制备要求较高的工件,缩短存放时间尤为重要。其二,在保存中必须保持工件的洁净。由于零件在表面制备后转入钎焊之前,必须经历运送、装配、固定等过程,如操作不当,易造成工件的污染。为了消除这种危险,应保持工件存放处的清洁,最好采用封闭的容器或经过妥善包装后再保存和运送零件。操作人员不应用手接触工件,接触工件应佩戴白色不起毛的棉布手套。对于要求严格的工件,应设置"清洁室"以存放工件及进行装配,清洁室应采取特殊措施减少粉尘、油污等污染,并保证必要的温度和湿度要求。

6.3 工件装配和钎料添加

6.3.1 装配和固定

经过表面制备的零件在实施钎焊前必须先按图纸进行装配。装配工序的任务在于将分散的零件形成一个整体,使各零件保持正确的位置关系,获得设计所需的钎缝间隙,并保证焊件的总体尺寸。有时为了防止在钎焊施工中零件的错动,装配时还应采用适当方法把零件固定在装配好的位置上。因此,正确而可靠的装配和固定,是顺利实现钎焊,获得符合技术要求的接头和焊件的重要保证。

钎焊接头的定位主要有两方面:一是工件接头的定位;二是钎料在工件中的定位。

对于尺寸小、结构简单的零件,工件接头定位可采用较简单的固定方法,如重力定位、紧配合、滚花、翻边、扩口、旋压、镦粗、敛缝、收口、咬口、弹簧夹、定位销、螺钉、铆钉、点焊、熔焊等,如图6.12所示。其中紧配合是利用零件间的尺寸公差来实现,简单但难保证钎缝间隙,主要用于以铜钎料钎焊钢,其他场合甚少用;滚花、翻边、扩口、旋压、收口、咬口等方法简单,但间隙难以保证均匀;螺钉、铆钉、定位销定位比较可靠,但比较麻烦;点焊和熔焊固定既简单又迅速,但定位点周围往往发生氧化,适用于小批量生产。应根据具体情况进行选择。

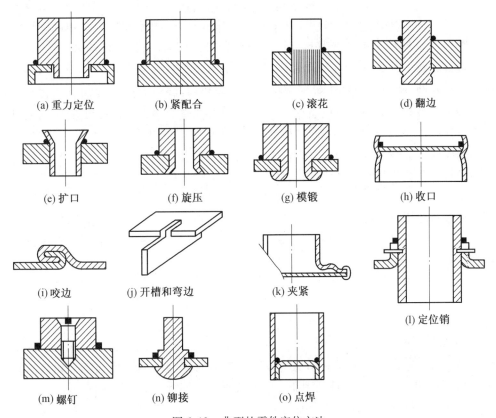

(a) 重力定位　　(b) 紧配合　　(c) 滚花　　(d) 翻边

(e) 扩口　　(f) 旋压　　(g) 模锻　　(h) 收口

(i) 咬边　　(j) 开槽和弯边　　(k) 夹紧　　(l) 定位销

(m) 螺钉　　(n) 铆接　　(o) 点焊

图6.12　典型的零件定位方法

对于结构复杂、生产量较大的零件一般采用专用的夹具来定位。它具有装配固定精确可靠、效率高的优点,但夹具本身成本较高。钎焊夹具与其他夹具(包括焊接夹具)相比,使用条件要恶劣得多,它们往往要在高温下,有时还要在强腐蚀性的气体或液体介质中工作。因此,对钎焊夹具的要求是夹具材料应具有良好的耐高温、抗氧化性和抗腐蚀性;夹具与零件材料应具有相近的热膨胀系数;夹具应具有足够的高温强度和耐热疲劳强度;在高温下不与零件材料发生反应,也不为钎料润湿;对于感应钎焊用的夹具,材料还应是非磁性的;夹具应具有足够的刚度,但结构要尽可能简单,尺寸尽可能小,热容量要小,使夹具既工作可靠,又能保证较高的生产效率。

钎料定位方式主要有凸肩定位、倒角定位和凹槽定位，如图 6.13 所示。钎料一般放置在钎缝的上方，以便熔化后能依靠自身的重力流入接头间隙。

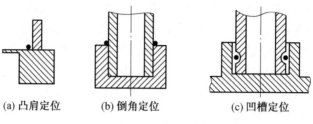

(a) 凸肩定位　　　(b) 倒角定位　　　(c) 凹槽定位

图 6.13　钎料的定位方法

6.3.2　钎料及钎剂添加

根据钎焊工艺的需要和钎料的加工性能，常将钎料加工成不同形状，包括棒状、条状、丝状、片状、箔状、垫圈状、环状、颗粒状、粉末状、膏状以及填有钎剂芯的管状钎料等。合理地选用钎料形状可以简化工艺，改善钎焊质量。通常根据钎焊方法、接头结构特点以及生产量来选用钎料形状。例如，烙铁钎焊、火焰钎焊，是手工操作送进钎料，一般采用棒状、条状和管状钎料；电阻钎焊以使用箔状钎料为便；炉中钎焊和感应钎焊可采用丝状、环状、垫圈状和膏状钎料；盐浴钎焊以采用压敷钎料板为宜。又如，对环形等呈封闭状的接头，便于使用成形丝状钎料；对短小钎缝可选用丝状、颗粒状钎料；而对大面积钎缝宜使用箔状钎料。对于镍基钎料、钛基钎料等本身具有一定脆性的钎料，受钎料加工性能的限制，一般只能采用粉状、粉状衍生的膏状、粘带形式，或使用非晶态箔带形式。

钎剂的使用包括液体、膏状、糊状、粉状以及气体等多种形式。对于边加热边送进的手工操作钎焊方法如火焰钎焊、烙铁钎焊等，钎剂大多随钎料一起送进，多采用利用钎料蘸覆钎剂或采用包覆钎剂的管状钎料等方法添加。对于需预先装配的自动火焰钎焊、炉中钎焊、感应钎焊等，钎剂需预先涂覆钎焊面及钎料上，或涂覆在其附近。火焰钎焊所采用的气体钎剂可采用专用的气体钎剂发生装置随火焰燃烧气体一起送入钎焊区，而炉中钎焊采用的气体钎剂则需专门的装置将气体钎剂引入钎焊区。

钎料量应保证能充分填满钎缝间隙，并在其外沿形成圆滑的钎角。钎料量不足会使钎角成形不好，甚至不能填满钎缝间隙；钎料量过多，除了造成浪费外，还会引起母材的溶蚀、焊件表面的污损以及焊件与夹具的粘连等问题。钎料的实际用量应大于按钎缝几何尺寸求出的计算值，即必须考虑一定的余量。这是因为在钎焊加热和填缝过程中不可避免存在损耗，以及存在钎料填充的不均匀性，易造成局部钎料不足，这一点对暗置钎料的接头尤其应注意。

钎料在焊件上的添加放置有两种方式：一种是明置方式，即钎料安放在钎缝间隙的外缘；另一种是暗置方式，是把钎料置于间隙内特制的钎料槽中。不论以哪种方式添加钎料，均应遵循以下原则：

①尽可能利用钎料的重力作用和钎缝间隙的毛细作用来促进钎料填缝；

②保证钎料填缝过程中间隙内的钎剂和气体有排出的通路；

③钎料要放置在不易润湿或加热中温度较低的零件上；

④钎料放置要牢靠，不致在钎焊过程中因意外干扰而错动位置或脱落；

⑤应使钎料的填缝路程最短，并尽可能地分散均匀；

⑥防止对母材产生明显的溶蚀或钎料的局部堆积，对薄件尤应注意。

钎料的明置方式与暗置方式相比，在保证钎料填缝方面存在明显的弱点，如钎料易向间隙外的零件表面流失，钎料受意外干扰而错位以及填缝路程较长，不利于保证稳定的钎焊质量。但是，明置方式简便易行，而暗置方式将钎料放置在钎焊间隙内预先加工好的钎料槽中，或采用箔状的钎料形式夹在大面积的钎焊间隙面中间。暗置方式不仅增加了工作量，而且减小了钎焊面积，降低了零件的承载能力。因此，对于接头简单以及钎焊面积不大的接头宜采用明置方式；而对于钎焊面积大或构造复杂的接头，则宜采用暗置方式。暗置时的钎料槽应开在较厚的零件上。

图 6.14 列举了放置环状钎料的实例。其中图（a）、（b）的放法是合理的，熔化钎料可在重力和毛细力共同作用下填缝。但钎料应置于稍高于钎缝处，不得与板或法兰的凸肩接触，防止钎料沿平面流失。图（c）、（d）的情况，为了避免钎料在法兰平面上流失，采取了在法兰端部开槽或将法兰安放得略高出套管的措施。图（e）、（f）中，焊件水平放置，在这种情况下应使钎料贴紧钎缝，以借助毛细力的作用填缝。图（g）、（h）所示是钎料的暗置方式。

在各种钎焊方法中，除火焰钎焊和烙铁钎焊外，大多数是将钎料预先放置在接头上的。

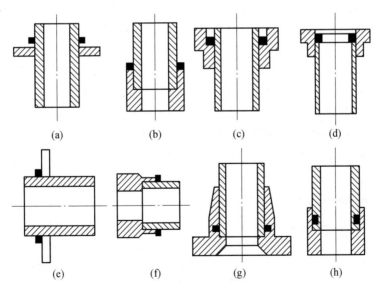

图 6.14 环状钎料的安置方法

箔状或垫片状的钎料均应裁成与钎焊面基本相同的形状，根据钎料厚度及钎焊面的宽度，裁成比钎焊面稍大或稍小的形状，直接放置在钎焊间隙内。钎焊间隙设计成闭

　　合结构,钎焊时并要加一定的压力压紧接头,以保证填满间隙,如图 6.15 所示。不能闭合的间隙内塞进箔状钎料一般难以填满接头间隙。

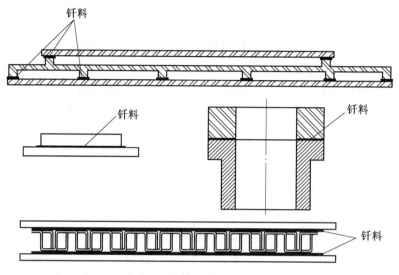

图 6.15　箔状钎料的添加

　　粉状钎料容易散落,通常配合黏结剂一起使用。粉末与黏结剂配合添加可以采用多种形式。可将粉末钎料与黏结剂混合,制成膏状钎料,采用注射器均匀地添加在钎缝附近;也可借助工具先将粉末钎料添加在钎缝附近,再用黏结剂固定;或是将钎料粉末与黏结剂混合,轧制成带状钎料使用。黏结剂的选用应遵循以下原则:在钎焊加热过程中黏结剂应能完全分解、降解等,并以气体的形式完全挥发掉,不残留任何有害残渣;黏结剂不与钎料反应,以免造成钎料性质的改变;钎料装配操作过程及加热过程中尽可能不放出对人体有毒或对环境有害的气体;在钎焊升温过程中产生的挥发物应能被抽走或排出,不应造成对钎焊设备的污染;在保证钎料可靠添加和钎焊工艺的前提下黏结剂用量应尽可能少。采用粉状钎料时还应考虑钎焊加热过程中的钎料洒落因素。由于钎焊加热过程中黏结剂挥发后钎料附着力减弱,使用不当易造成钎料洒落,因此在没有支撑的部位使用粉状钎料时用量不应太多,在结构设计时应将添加钎料的部位设计为具有内角的结构,以利于粉状钎料的附着。钎焊升温时,也应采用较缓慢的升温速度,避免黏结剂气体的瞬时强烈挥发。

6.3.3　钎料流动的控制

　　为获得表面洁净、尺寸精度高的焊件,希望钎焊时钎料熔化后全部充填钎缝间隙而不向间隙外的表面流失。在采用夹具的情况下,由于钎料过分流动,或夹具材料与工件的反应,会造成夹具与零件的焊接或粘连。为防止上述现象的发生,需采用相应的钎料流动控制和隔离措施。这首先要靠正确地确定间隙大小、钎料用量并合理放置来保证。此外,适当地控制钎焊温度、保温时间以及保护气体成分,也有助于防止钎料流失。但上述各因素对钎料流动并不能起直接控制作用,要准确而可靠地控制钎料流动,主要的方法是使用阻流剂。

阻流剂主要是一些对钎焊无害的非常稳定的氧化物,氧化铝、氧化镁、氧化钛、氧化铁和某些稀土金属的氧化物,或钎料不能润湿的非金属物质,如石墨、白垩等。阻流剂使用时可以借助于黏结剂或悬浮剂等调成糊状或液体,钎焊前预先涂在接头旁的零件表面上,靠不被钎料润湿而阻止钎料的流动,钎焊后除去。涂覆阻流剂是炉中钎焊最常用的工艺措施,这是因为零件入炉后很难用其他方法来控制钎料的流动。为获得较好的阻流效果,阻流剂应采用粒度较细的粉末,通常阻流剂粉末粒度应小于600目。调制阻流剂所用的黏结剂基本要求与粉末钎料所用黏结剂基本相同,但要求更低,现场操作时也可采用水、酒精、丙酮等用于阻流剂的调制。阻流剂的作用除了可以控制钎料的流动外,还可以用于工件间、钎焊夹具与零件之间粘连的防止,操作时在夹具与工件接触面上预先涂上一层阻流剂即可。

防止零件间及零件与夹具粘连还可以采用隔离的措施,即在易粘连的零件或夹具间放置性能稳定的隔离材料,如陶瓷、石墨、云母等。另外,为避免工件或工装间强烈反应,应严格避免在钎焊温度下发生共晶反应的材料间的直接接触,例如,在900 ℃以上钛合金与镍基合金的接触,1 100 ℃以上结构钢与石墨材料的接触等。

6.3.4 钎缝间隙的控制和补偿

钎焊时,只有在钎焊温度下焊件之间能保持合适的间隙才能得到质量好的接头。要达到这一目的,在设计、加工及装配的三个环节均需考虑钎焊间隙控制。接头设计是保证钎焊间隙的重要环节,应从在钎焊温度下能保持合适的间隙值的要求出发来设计零件的尺寸及配合公差,同时在随后加工过程和装配过程中应保证实现设计规定的间隙值。

可以采用多种方法来控制钎缝间隙。例如,在圆轴与圆环的钎焊中,可利用圆轴滚花来保证,也可以借助于在零件钎焊面上适当的冲孔凸点,在间隙中安放薄垫片,包括金属丝、带或与母材相容的隔片材料等保证间隙。对于结构比较复杂的焊件,在焊前的加工过程中并不总能保证要求的尺寸进度,因而在装配后可能出现钎缝间隙过宽的情况。对于上述情况可以用下述方法来补偿:

①选用填充间隙能力好的钎料,并配合合适的钎焊工艺。

②采用在间隙中添加合金粉末的大间隙钎焊工艺。熔化温度区间较大的钎料具有较强的填充大间隙的能力,一般添加的合金粉末可以是与基体成分相同或相近的金属,例如在镍基钎料中掺加纯镍粉等。

③电镀一个零件来减小钎缝间隙。

④使用与基体相容的金属丝或垫片、块等填充宽间隙。

6.4 钎焊热循环

钎焊工艺过程中,钎焊温度和保温时间是最重要的工艺参数,直接影响到钎料的熔化和填缝效果,以及母材与钎料的相互作用程度、母材的组织与性能,从而决定钎焊质量的高低。另外,升温速度和降温速度也是重要的工艺参数,对接头质量也有不可忽视的影响。真空和保护气氛钎焊时,还需考虑真空度、气体纯度、气体分压等因素的影响。

6.4.1 钎焊温度

钎焊温度是最主要的工艺参数,确定钎焊温度的重要依据是所选钎料的熔点和所钎焊母材的热处理工艺。钎焊温度应适当地高于钎料熔点,以减小液态钎料的表面张力,改善润湿和填缝,并使钎料与母材能充分相互作用,有利于提高接头强度。同时钎焊温度适当高于钎料熔点并留出足够的温度空间,还可以避免因设备温度控制不准确、工件温度不均匀可能引起的钎料熔化不良缺陷。但钎焊温度过高却是有害的,它可能引起钎料中低沸点组元的蒸发、母材晶粒的长大或过烧,以及钎料与母材过分的相互作用而导致溶蚀、脆性化合物层、晶间渗入等问题,使接头强度下降,并可能严重削弱母材的性能,如图6.16所示。

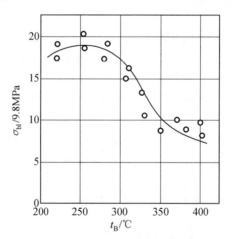

图6.16 锡铅钎料钎焊铜时接头强度与钎焊温度的关系

通常将钎焊温度比钎料液相线温度高 25～60 ℃。但是该惯例不是适用任何情况,对于不同的钎料,需高出钎料本身液相线的温度范围是不同的,有时甚至需要在低于材料的液相线温度下进行钎焊。如果钎料与母材相互作用很强,由于填缝过程中其成分会发生很大的变化而形成新的合金,这时为了保证填缝过程的顺利进行,钎焊温度的确定应以钎缝中形成的新的合金的熔点为依据来确定。例如,用 Ni-Cr-B-Si-Fe 钎料钎焊不锈钢,合适的钎焊温度应高于钎料熔点 140 ℃ 左右。也有相反的情况,例如,对于某些结晶温度间隔宽的钎料,由于在固相线温度以上已有液相存在,并具有一定的流动性,这时钎焊温度也可低于钎料液相线温度。对于共晶反应钎焊,钎焊温度只需在共晶反应温度稍稍偏上即可。

考虑到钎焊热循环对母材性能的影响,钎焊温度选择时必须考虑对母材性能的影响,钎焊须在母材发生强烈晶粒长大或过烧的温度以下进行。钎焊温度的制定还需与钎焊后的热处理工艺相适应。例如,钎焊温度可以选择与材料固溶处理温度一致,也可以采用钎焊-热处理一体化工艺,钎焊保温后直接冷却,在一个热循环内同时完成钎焊和热处理工艺。

6.4.2 保温时间

确定钎焊保温时间,首先要考虑钎料与母材相互作用的特性。当钎料与母材的相互作用会发生强烈溶解、生成脆性相、引起晶间渗入等不利倾向时,应尽量缩短钎焊保温时间;反之,当钎料与母材的相互扩散作用有利于消除钎缝中脆性相和低熔共晶组织时,则应适当延长保温时间,必要时可以大幅度延长保温时间进行扩散处理,以提高接头的性能。

保温时间确定还需考虑工件的尺寸、结构、钎缝间隙值及装炉量的影响。为保证钎焊的零件各处均能达到所需的钎焊温度,大而厚的零件比薄而小的零件保温时间长,钎缝间隙大比钎缝间隙小的保温时间长,装炉量多时比装炉量少时保温时间长。保温时间还与采用的测温方式、热电偶的放置位置等因素有关,操作时应综合考虑。炉中钎焊时需保证焊件足够的钎缝完成时间,在焊件不太大和装炉量不太多时,一般钎焊保温时间为 5 ~ 30 min。值得注意的是,钎焊温度和保温时间不应孤立的确定,它们之间存在一定的互补关系,可以在一定范围内相互补偿。具体选择时通过试验来确定。

6.4.3 加热速度和冷却速度

钎焊时加热速度和冷却速度对钎焊质量也有一定影响。加热速度过快会使焊件内温度不均而诱发变形、错位及产生内应力;加热速度过慢又会促进母材晶粒长大、钎料组元挥发、钎剂失效和溶蚀等有害过程的发生。因此应在保证均匀加热的前提下尽量缩短加热时间。具体确定升温速度时,应根据所选的工艺、设备特性、焊件尺寸以及母材和钎料特性等因素综合考虑。对于大件、厚件以及导热性差的工件,应采用较慢的升温速度,有时为使温度均匀化,应在适当的温度采取保温的工艺措施,等温度均匀后再继续升温。对于母材活性较强、钎料含有易挥发组分以及母材与钎料、钎剂间存在有害作用时,应采用尽量快的加热速度。

焊件的冷却是在钎缝形成后进行的,但降温速度对钎焊接头质量也有影响。过慢的冷却可能引起母材晶粒长大,强化相的析出或残余奥氏体的出现等,影响基体材料的性能。冷却速度过快,可能使工件冷却不均匀,形成热应力和变形,有时会使钎缝开裂,或因钎缝迅速凝固使气体来不及逸出而产生气孔。因此,确定冷却速度也需根据所钎焊母材、钎料特性、焊接尺寸和结构特性,以及焊接的热处理工艺、生产效率要求等因素加以综合考虑。

6.5 钎焊后处理

经钎焊后的零件,在投入使用前还必须根据技术指标及其他要求进行相应的处理,包括钎剂残渣的去除、阻流剂的去除和钎焊后热处理。

6.5.1 钎剂残渣的去除

大多数钎剂残渣对钎焊接头和工具起腐蚀作用,影响零件的使用寿命,也妨碍对钎缝质量的检查,因此钎焊后必须将其清除干净。钎剂残渣清除的方法主要有水洗、化学清洗和机械清理三种。因钎剂的种类和性质不同,清除钎剂的方法也不同。

软钎剂松香不会起腐蚀作用,不必清除。含松香的活性钎剂残渣不溶于水,可用异丙醇、酒精、汽油、三氯乙烯等有机溶剂除去。对于水溶性软钎剂,如水溶性有机软钎剂和无机酸类软钎剂,可用热水洗涤的方法去除。对于由凡士林调制的膏状钎剂、活性松香类钎剂等,应采用有机溶剂去除,常用的有机溶液包括酒精、异丙醇、汽油、三氯乙烯等。对于无机盐类软钎剂产生的不溶于水的钎剂残渣(例如氯化锌),可用2%盐酸溶液洗涤,再用氢氧化钠水溶液中和,最后用热水和冷水洗净。对于难清洗的软钎剂残渣,有时需采用复合清洗。

硬钎焊用的硼砂和硼酸钎剂残渣呈玻璃状粘在接头的表面,很难清除,一般用机械方法去除,如喷砂等,或在沸水中长时间浸煮来解决。含氟化物的硬钎剂残渣也较难清除。含氟化钙时,残渣可先在沸水中洗 10 ~ 15 min,然后在 120 ~ 140 ℃的 300 ~ 500 g/L NaOH 和 50 ~ 80 g/L NaF 的水溶液中长时间浸煮。含其他氟化物的钎剂残渣,如在不锈钢或铜合金表面,可先用 70 ~ 90 ℃的热水清洗 15 ~ 20 min,再用冷水清洗 30 min。如为结构钢接头,用 70 ~ 90 ℃的质量分数为 2% ~ 3% 的铬酸钠或铬酸钾溶液清洗 20 ~ 30 min,再在质量分数为 1% 的重铬酸盐溶液中洗涤 10 ~ 15 min,最后以清水洗净重铬酸盐并干燥。清洗均不应迟于钎焊后 1 h。

铝用软钎剂残渣可用有机溶剂(例如甲醇)清除。铝用硬钎剂残渣对铝具有很大的腐蚀性,钎焊后必须立即清除干净。下面列出了一些清洗方法,可以得到较好的效果。如有可能,可将热态工件放入冷水中,使钎剂残渣崩裂。

(1)60 ~ 80 ℃热水中浸泡 10 min,用毛刷仔细清洗钎缝上的残渣,冷水冲洗,15% HNO_3 水溶液中浸泡约 30 min,再用冷水冲洗。

(2)60 ~ 80 ℃流动热水冲洗 10 ~ 15 min。放在 65 ~ 75 ℃,$CrO_3$2%,5% H_3PO_4 水溶液中浸泡 5 min,再用冷水冲洗,热水煮,冷水浸泡 8h。

(3)60 ~ 80 ℃流动热水冲洗 10 ~ 15 min,再流动冷水冲洗 30 min。放在 2% ~ 4% 草酸,1% ~ 7% NaF,海鸥牌洗涤剂 0.05% 溶液中浸泡 5 ~ 10 min,再用流动冷水冲洗 20 min,然后放在 10% ~ 15% 硝酸溶液中浸泡 5 ~ 10 min,取出后再用冷水冲洗。

对于有氟化物组成的无腐蚀性铝钎剂,可将工件放在 7% 草酸、7% 硝酸组成的水溶液中,先用刷子刷洗钎缝,再浸泡 1.5 h,取出后用冷水冲洗。

6.5.2 阻流剂的去除

钎焊后清除的对象有时还有阻流剂。多数情况下可以采用机械方法进行清除,如采用擦洗、压缩空气吹、水洗或超声波水洗等方法去除,或采用毛刷、金属丝刷等方法去除。若阻流剂与母材表面存在相互作用时,可用热硝酸-氢氟酸浸洗,可取得良好的效果。但若钎料中含有 Cu 或 Ag 时,应避免采用上述方法,这时可用浓的氢氧化钠溶液清洗去除。除阻流剂后,必须用清水将残余酸、碱彻底冲洗掉。

6.5.3 钎焊后热处理

钎焊后热处理的目的是提高钎焊件的整体性能水平,包括提高母材本身性能和提高接头性能两个方面。由于钎焊热循环常常伴随母材性能的降低,钎焊后热处理经常是为恢复母材的性能而进行的。在安排为强化母材本身而进行的热处理时,如有可能应选择钎焊温度合适的钎料,使钎焊过程和热处理在一次热循环中来完成。若钎焊后安排单独的热处理,则热处理温度应在钎料重熔温度以下进行,以避免钎缝开裂。如有必要应采用合适的热处理工装以防止钎缝开裂和工件变形。

工艺性的钎焊后热处理一般有两种类型:一是为改善接头组织进行的扩散处理,其特点是在低于钎料固相线温度的条件下长时间保温;二是为消除钎焊产生的内应力而进行的低温退火处理。

6.6 钎焊缺陷及检验

钎焊接头在整个钎焊构件中属于最薄弱的部位,为了保证钎焊构件的质量和运行安全,钎焊后的焊件必须检验,以判定钎焊接头是否符合质量要求。本章简要讨论一些常见的钎焊缺陷、产生原因和检验方法。

6.6.1 常见钎焊接头的缺陷及防止

钎焊接头的缺陷与熔焊接头相比,无论在缺陷的类型、产生原因或消除方法等方面都有很大的差别。钎焊接头内常见的缺陷包括:气孔、夹渣、未钎透、裂缝和溶蚀等。

1. 钎缝的不致密性

钎缝的不致密性是指钎缝中的夹渣、夹气、夹气-夹渣、气孔和未钎透等缺陷,这些缺陷基本存在于钎缝内部,经机械加工后会暴露在钎缝表面。这些缺陷会给焊件带来下列影响:

(1)降低焊件的气密性、水密性、导电能力以及接头的强度;

(2)钎焊后要镀银的焊件,在镀银基面上的缺陷会使镀银后的钎缝翻浆,引起镀银表面发霉、腐蚀;

(3)对于采用钎剂钎焊的铝件,表面缺陷往往是导致接头腐蚀破坏的主要原因。

钎缝的不致密性缺陷是生产中常遇到的问题,其产生原因见表6.6。

表6.6 不致密性缺陷的产生原因

缺　陷	产　生　原　因
部分间隙未填满	1. 接头间隙过大或过小;装配时零件歪斜 2. 钎焊前表面准备不佳 3. 钎剂选择不当(如活性差、熔点不合适等) 4. 钎焊温度不当
钎料在一面没有填满间隙及形成圆角	1. 钎剂的活性或毛细填缝能力差 2. 钎料的毛细填缝能力差或数量不足 3. 钎焊加热不均匀
钎缝中气孔	1. 钎焊前零件清洗不当 2. 钎剂选择不当 3. 母材和钎料中析出气体
钎缝中夹缝	1. 钎剂使用量过多或过少 2. 间隙选择不合适 3. 钎料从两面填缝 4. 钎剂与钎料熔化温度不配合 5. 钎剂黏度或密度太大 6. 加热不均匀

(1)钎缝不致密性缺陷的形成机理

钎缝中各种不致密性缺陷的产生与钎焊过程中熔化钎料及钎剂的填缝过程有很大的关系。利用 X 射线及工业电视研究用锡铅钎料钎焊纯铜的填缝动态过程摄影结果表明(见图 6.17),平行板间隙钎焊时,液态钎剂或钎料填缝速度是不均匀的,沿试件宽度方向填缝速度相差可达几倍到几十倍,不仅在前进方向会有流速不均匀现象,有时还受钎料沿焊件侧向流动影响。因此,液体钎剂或钎料在填缝时不是均匀、整齐地流入间隙,而是以不同的速度、不规则的路线流入间隙,这是产生不致密性缺陷的根本原因之一。从理论上说,如果接头间隙均匀,且间隙内部金属表面粗糙度和清洁度是均一的,则液态钎剂或液态钎料在间隙内部的填缝过程中应该速度比较一致,填缝的前沿均匀整齐,而实际情况常常不是这样。由于间隙内部的金属表面不可能绝对平齐,清洁度也有所差异,加以液态钎剂和钎料同金属表面的物理化学作用等因素的影响,使钎剂和钎料在填缝时常常以不整齐的前沿向前推进,结果形成小包围的现象(见图 6.18),导致了各种不致密性缺陷。钎焊时通常总是钎剂先熔化,熔化的钎剂在平行间隙中填缝时,由于小包围现象而将一部分气体包住,被包围的气体很难被排出钎缝。当熔化的钎料填缝时,由于小包围处的金属缺乏钎剂的去膜作用,钎料无法填充,残留在包围圈内的气体形成气孔。同样,钎料在填缝时也会造成对钎剂的小包围现象,结果形成小块的夹渣。

其次,熔化的钎剂或钎料沿钎缝外围的流动速度与其在间隙内部的填缝速度是不同的。在平行间隙条件下钎焊时,熔化钎料在钎缝外围流动的速度常常大于它在间隙内部的填缝速度,结果可能造成钎料对间隙内部的气体或钎剂的大包围现象(见图

图6.17 钎料填缝过程动态摄影图

6.18）。一旦形成大包围后，所夹的气体或夹渣就很难从很窄的平行间隙中排出，使钎缝中形成大块的气孔和夹渣缺陷。造成大包围现象的原因可能如下：

①钎缝外围受钎剂或气体介质去氧化膜的作用比间隙内部更为充分，以致使钎料易于沿钎缝外围流动；

②钎料在平行间隙中填缝比在 L 型槽中流动时受到的阻力大，因此钎料在外围流动比在间隙内部要快；

③钎缝外围的温度往往比间隙内部高，有助于液态钎剂和钎料的流动。

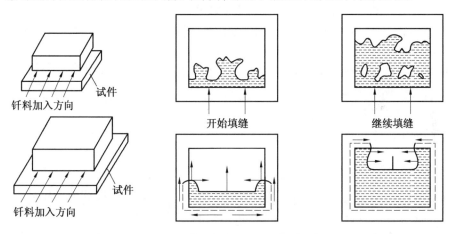

图6.18 实际钎料填缝过程示意图

因此，间隙内部的毛细作用力虽然比外围的大，但由于上述因素的影响，钎料沿钎缝外围的流动速度却大于它在间隙内部的填缝速度。

此外，钎剂在加热过程中可能分解出气体；母材或钎料中某些高蒸气压元素的蒸发以及溶解在液态钎料中的气体在钎料凝固时的析出。这些气体在钎料凝固前如果来不及全部排出钎缝，也会形成气孔。图6.19 为实际钎焊件中的典型缺陷形貌。

由以上不致密性缺陷产生原因的分析可以得知，在一般钎焊过程中，要完全消灭这类缺陷是很困难的；但仍应采取相应的措施，尽量减少产生的可能性。

（2）提高钎缝致密性的措施

①适当增大钎缝间隙，可使因钎缝表面高低不平而造成的缝隙的差值比较小，因而

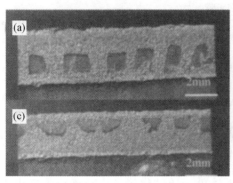

图 6.19　钎焊件中的典型内部缺陷

毛细作用力比较均匀,有利于钎料比较均匀的填缝,可以减少由于小包围现象而形成的缺陷。一般情况钎缝间隙的最佳值为 0.01 ~ 0.2,具体数值视母材种类而定,本书表 6.1 给出了不同母材与钎料组合的接头间隙推荐值,在实际生产中可以参考。

　　②采用不等间隙,也就是不平行间隙,其夹角 α 以 3° ~ 6° 为宜,不等间隙接头的示意图如图 6.20 所示。这是因为在不等间隙中熔化的钎料能自行控制流动路线和调整填缝前沿,夹气夹渣有定向运动的能力,可以自动地由大间隙端向外排除。当完全采用不等间隙时,对保证焊件的装配精确度不利。因此,只要求钎缝经局部加工后能保持加工面的致密性时,可以采用部分不等间隙,以便获得一定宽度的致密带,而在钎缝其他部分仍可采用平行小间隙,以保证焊件的装配精确度。

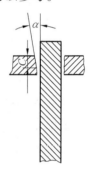

图 6.20　不等间隙接头示意图

　　不等间隙能提高钎缝致密性的主要原因是:不等间隙有利于减少小包围现象。对不等间隙来说,小间隙端的毛细作用最强,因此液体有首先填满较小间隙的能力。无论从小间隙端添加钎料(图 6.21(a))还是从大间隙端或侧端填缝(图 6.21(b)),总是先填满小间隙,逐渐再向大间隙发展。这样就大大减少了小包围的倾向,较易获得致密的钎缝。基于同样原因,不等间隙也有利于减少大包围现象。这时熔化的钎料先在小间隙外围形成钎角,再向大间隙外围推进。最后,不等间隙对间隙内已形成的气孔或夹渣也有一定的排除的可能性,因为被包围的气体或夹渣都有向大间隙端移动的倾向。

　　采用不等间隙可以提高钎缝的致密性,但是,由于影响钎缝致密性的因素很多,因此并不能解决全部问题,在这方面还有待于进一步研究,以确保钎焊质量。

2. 母材的自裂

　　许多高强度材料,如不锈钢、铜镍合金、镍基合金等,钎焊时与熔化的钎料接触的地方容易产生自裂现象。例如用 H62 黄钢钎料钎焊 1Cr18Ni9Ti 不锈钢和钎焊某些钢合金时,易产生自裂现象。自裂现象常出现在焊件受到锤击或有划痕的地方以及存在冷作硬化的焊件上;或当焊件被刚性固定或者钎焊加热不均匀时,容易产生自裂。因此,钎焊过程中的自裂是在应力作用下,在被液态钎料润湿过的地方发生的。

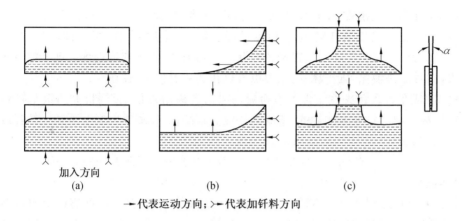

加入方向

(a)   (b)   (c)

→代表运动方向；⤚代表加钎料方向

图6.21　不等间隙对钎剂或钎料填缝的影响

试验结果表明,液态钎料与金属接触时都有使金属强度和塑性下降的倾向。例如,液态黄铜 H62,可使 20 号钢强度下降 19%,使 45 号钢的强度下降 25%,使 30CrMnSiA 钢 的 强 度 下 降 25%, 使 1Cr18Ni9Ti 钢 的 强 度 下 降 35%。 又 如 BAg25CuZn 和 BAg45CuZn 银钎料与 1Crl8Ni9Ti 不锈钢接触时,使其强度下降 11%；另外,将直径 10 mm、壁厚 1 mm 的 1Cr18Ni9Ti 不锈钢管加热到 960 ℃时,不镀钎料层的管子弯曲到 90°后出现裂缝,而镀黄铜钎料的管子只弯曲到 7°就出现裂缝,镀银铜锌镉钎料的管子弯曲到 26°出现裂缝。

从以上试验结果可见,在液态钎料与金属接触时金属强度和塑性下降的情况下,如果又有较大的拉应力作用,当应力值超过它的强度极限时,就会产生自裂。由于晶界的强度低,所以裂缝都是沿着晶界分布的,液态黄铜就沿着开裂的晶界渗入。

产生拉应力的原因有：

(1)焊件刚性大或被牢固地夹持着,加热和冷却时不能自由膨胀或收缩,造成相当大的内应力；

(2)由局部加热或冷却引起的内应力。火焰钎焊和感应钎焊时只有接头被加热,加热部分的膨胀和收缩受到限制,形成了内应力,这种内应力足以使母材发生破坏。例如,用氧乙炔焰以黄铜钎料钎焊时,加热到 950 ℃温度下,钢的瞬时破坏应力只有 1～46 MPa；在同样条件下高频感应钎焊时,钢的瞬时破坏应力为 4～50 MPa。由于局部加热而形成的热应力足以超过这些数值,导致母材自裂；

(3)焊件内部存在的应力。如经受冷加工而冷作硬化的焊件,焊件受到锤击、冷弯和划痕的地方,淬火件等,均存在着内应力,在钎焊时的高速加热情况下,这些内应力来不及消除,促使母材在钎焊时发生自裂；

因此,为了消除自裂缺陷,从减小内应力出发可以采取以下措施：

(1)在接头设计选材时要考虑材料之间热膨胀系数的匹配性,另外在设计选材上尽可能采用退火材料代替淬火材料；

(2)焊前进行去应力处理,对于有冷作硬化的焊件预先进行退火；

（3）减小接头的刚性，尽量使接头在钎焊热循环中能自由膨胀和收缩；

（4）选用尽可能慢的升温、降温速度，尽量减小产生热应力的可能性；或采用均匀加热的钎焊方法，提高升降温过程中工件温度的均匀性，如炉中钎焊等。这不但可减小热应力，而且冷作硬化等造成的内应力也可以在加热过程中消除；

（5）在满足钎焊接头性能要求的前提下尽量选用熔点低的钎料，如用银基钎料代替黄铜钎料。由于钎焊温度较低，造成的热应力较小，并且银基钎料对不锈钢的强度和塑性降低的影响比黄铜钎料小；

（6）焊后去应力退火。

3. 溶蚀

溶蚀是钎焊过程中母材向钎料过渡溶解所造成的，会在钎焊工件表面上出现溶蚀缺陷，严重时会出现溶穿，如图 6.22 所示。溶蚀缺陷一般发生在钎料安置处，溶蚀缺陷的存在将降低钎焊接头性能，对薄板结构或表面质量要求很高的零件，更不允许出现溶蚀缺陷。

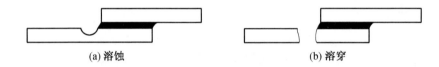

(a) 溶蚀　　　　　　　　　　　　　　　　(b) 溶穿

图 6.22　溶蚀缺陷

溶蚀首先取决于母材和钎料母材与钎料相互作用能力，当母材确定后，则主要是钎料的选择问题。其次，当母材和钎料确定后，钎焊工艺参数（加热温度、保温时间和加热速度等）、钎料用量等对溶蚀也有较大的影响。正确地选择钎料是避免产生溶蚀现象的主要因素，因此，选择钎料时应遵循这样的原则，钎焊时，不应因母材向钎料的溶解而使钎料的熔点进一步下降，否则母材就可能发生过量的溶解。若采用因母材向钎料的溶解而使钎料熔点下降的钎料，其溶蚀倾向就较大；反之，溶蚀倾向就小。

以铝-硅钎料钎焊来进行说明。铝-硅合金状态图如图 6.23 所示，如用共晶钎料，即 $w(Si) = 11.7\%$ 的钎料钎焊，在固定温度下全部熔化，然后铺展和填缝，整个过程很短，母材来不及向钎料堆集处溶解。此外，母材向铝钎料的溶解，将导致钎料熔点的升高，从而使溶解过程停止。所以用共晶成分钎料钎焊时，母材发生溶蚀的可能性较小。若用亚共晶成分钎料，即 $w(Si) < 11.7\%$ 的钎料钎焊时，当钎料中的低熔点部分熔化后即开始填缝，遗留在钎缝外边的部分钎料的熔点较高，含铝量也比较高，母材同该部分钎料的铝的浓度差缩小，加之母材铝的溶解将使堆集处钎料的熔点升高，这一切均不利于母材的溶解，所以用亚共晶成分钎料钎焊时母材发生溶蚀的倾向也不大。若钎料为过共晶成分，即 $w(Si) > 11.7\%$ 时，当低熔点部分熔化并开始填缝后，间隙外留下的高熔点部分的钎料——硅，同母材铝的浓度差增大，尤其是母材铝的溶解将使高熔点部分的钎料的熔点下降，从而形成新的共晶成分液相，直到全部形成共晶成分。显然，这将使母材的溶入量增多。而且，即使钎料全部形成共晶成分后，母材铝还要向液相继续溶解以形成亚共晶，直到在钎焊温度下所能达到的溶解度为止。所以母材的溶解量要比共晶、亚共晶成分钎料多得多,母材发生溶蚀的倾向也就大得多。因此,钎料成分对溶蚀缺陷有决定性影响。

钎焊温度对溶蚀的影响是很明显的,由图6.23可见,钎焊温度越高,铝可以溶解到液相钎料中的数量越多;加之温度升高,溶解速度也增大,促使母材更快的溶解。因此,为了防止溶蚀,钎焊温度不可过高。保温时间过长,母材与钎料相互作用加剧,也容易产生溶蚀,但保温时间对溶蚀的影响没有钎焊温度那样显著。另外,为了防止溶蚀产生,还必须严格控制钎料用量,这对薄件钎焊尤为重要。

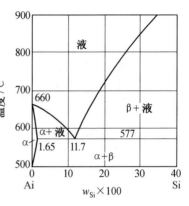

图6.23 Al-Si 二元相图

6.6.2 钎焊接头破坏性检验方法

钎焊接头质量的检验方法按检验数量可分为抽检和全检;按检验方法可分为破坏性检验和无损检验。破坏性检验用于钎焊接头的抽查检验,常用来评定钎焊接头的力学性能,检验所选钎焊方法、接头形式及钎焊材料等是否满足产品设计要求。破坏性检验只用于重要结构的钎焊接头的抽查检验。破坏性检验方法有力学性能试验(包括拉伸或剪切试验、撕裂试验、弯曲试验、冲击试验、硬度试验、疲劳试验等)、剖切检验、金相检验、化学分析和腐蚀试验、功能试验等。

1. 力学性能试验

(1)钎焊接头强度试验方法

国标 GB 11363—89《钎焊接头强度试验方法》规定了硬钎焊接头常规拉伸与剪切的试验方法及软钎焊接头常规剪切的试验方法,它适用于黑色金属、有色金属及其合金的硬钎焊接头在低温、室温、高温时的瞬时抗拉、抗剪强度以及软钎焊接头在低温、室温、高温时的瞬时抗剪强度的测定。

拉伸试验用试板、试棒及钎焊后经机械加工的试样尺寸如图6.24所示,剪切试验用试板尺寸及钎焊后的试样如图6.25所示。按试验需要,可任意选择其中的试样形式。贵重金属钎料试验时,在满足试验的条件下,试样尺寸可相应缩小。

试验材料加工时,板状试件应平整,拉伸试板、试棒的钎焊端面应与拉伸方向成直角,加工后试件的毛刺、毛边应彻底清除。钎焊前,待钎焊面及其周围应用适当方法清理,去除油污及氧化物等杂质。

装配时,为避免钎焊时试件的偏移,应采用适当的夹具或点焊定位。钎缝间隙 C 根据母材与钎料的性质可在 $0.02 \sim 0.3$ mm 之间选择,或按实际构件需要确定;装配时要保证钎焊部位的间隙均匀一致;需进行对比试验时,应选用相同的间隙,并记录实际装配间隙值。

剪切试样的搭接长度 F_1、F_2、F_3 由母材、钎料的性质及试验目的来确定。

钎焊时,加热方法没有限制,钎焊温度为钎料液相线温度增加 $30 \sim 50$ ℃ ,特殊情

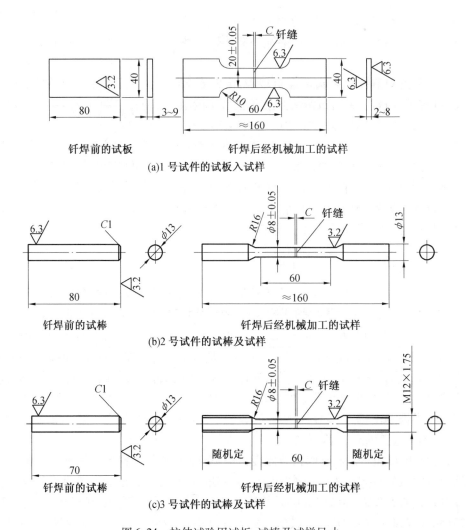

图 6.24　拉伸试验用试板、试棒及试样尺寸

况可放宽上限温度。

（2）钎焊接头弯曲试验方法

弯曲试验是焊接接头常用的试验方法之一,弯曲试验可测定焊接接头总的塑性,总的塑性用弯曲角 α 表示。所谓弯曲角就是弯曲了的试件的一面和它另外一面的延长线所夹的角。钎焊接头的弯曲试验目前尚未制定国家标准或行业标准,一般参照 GB 2653—89《焊接接头弯曲及压扁试验方法》中有关条款进行。试样制备及试验方法如图 6.26 ~ 6.28 所示。

试样在钎焊完成、试件冷却后便可制取。弯曲试验可采用三点弯曲试验法(见图 6.27)或缠绕导向弯曲试验法(见图 6.28)进行。试验压头 D 的尺寸、试样弯曲程度 α 的大小,按产品的技术条件确定。

经弯曲后的试样,在钎缝处无裂纹、起层和断口则认为合格。

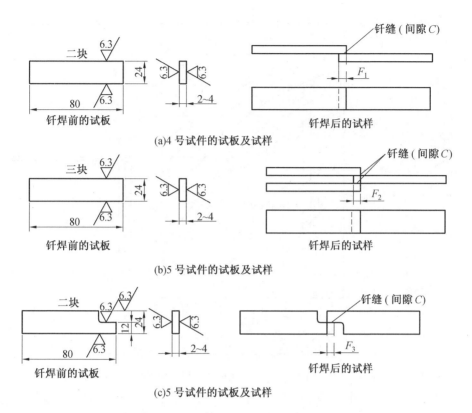

图 6.25 剪切试板及钎焊试样

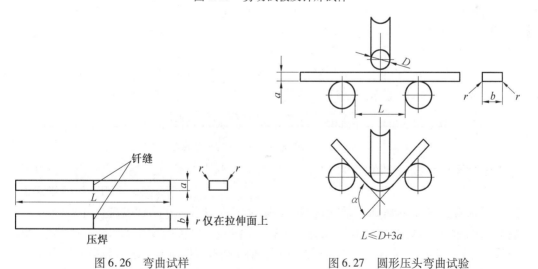

图 6.26 弯曲试样

a—试样厚度;b—试样宽度;L—试样长度;r—圆角半径

图 6.27 圆形压头弯曲试验

（3）钎缝撕裂试验方法

钎缝撕裂试验主要用于评价搭接接头的质量。如图 6.29 所示,先将两块试板弯成直角,再焊接 T 形试件,弯曲长度及钎缝长度视试验要求而定。试件焊好后,将焊缝 1

处加上成圆角(圆滑过渡的四面),将 A、B 置于拉伸试验机的两个夹持端,以慢速进行拉伸,记录拉断载荷。

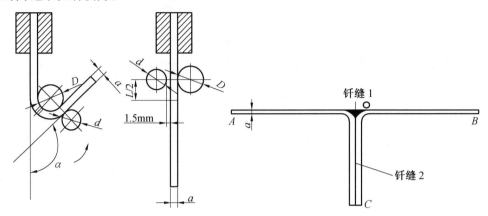

图 6.28　轧辊弯曲试验　　　　图 6.29　撕裂试验试件示意图

2. 钎焊接头金相检验方法

钎焊接头金相检验可确定钎焊接头的一般质量和装配状况,以及气孔、钎料流布填缝情况、母材溶蚀等缺陷,分宏观试验和微观试验。

宏观检验是用肉眼或低倍放大镜(放大倍数一般小于50)检查试样,试样表面可处理或不处理。宏观检验多为无损检验。微观检验是用显微镜检查试样,一般放大倍数是50~500,试样表面可处理或不处理。钎焊接头的金相试样磨片的制备过程与一般焊接接头金相组织显微分析磨片的制备过程相同,即要进行观察面的粗加工、磨光、抛光、腐蚀和显微镜下观察等步骤。磨片经用侵蚀液侵蚀后,在显微镜下可观察到钎缝区的微小缺陷、钎缝、扩散以及母材金属的组织结构。钎焊接头的金相试样磨片,一般在钎缝的横截面制取,也可根据需要,沿钎缝纵轴方向制取。

钎焊接头金相试样磨片的常用侵蚀液成分见表6.7。由于母材与钎料成分上的差异,侵蚀液应分别选择,才能清晰地将钎焊金属(母材)和钎料(钎缝)的组织分别显示出来。

表 6.7　常用钎焊接头的侵蚀液成分

钎焊金属	钎　料	侵蚀步骤及侵蚀液成分
低碳钢	铜和黄铜钎料	母材:4%硝酸酒精溶液显示钢的组织 钎料:浓氨水溶液显示钎料的组织;稀硝酸水溶液
低碳钢	锡铅钎料	母材:4%硝酸酒精溶液显示钢的组织 钎料:1% HNO_1;1% CH_3COOH;98%甘油显示钎料和过渡层组织
铜和黄铜	银钎料	母材:过氧化氢水溶液:稀硝酸与硫酸水溶液 钎料:10%过硫酸铵水溶液;100 mL蒸馏水+2 g三氯化铁
铜和黄铜	锡铅钎料	在 H_3PO_4(密度 1.54 g/mL)中电解侵蚀,电流密度达0.5 A/mm^2,显示钎料金属、钎料及过渡层组织 10%过硫酸铵水溶液显示钎料过渡层组织

如采用 BAg45CuZu(HL303)钎料钎焊紫铜(T2)时,钎焊接头侵蚀液可分别选择如下:

钎料,5 % ~10 %过硫酸铵水溶液;

母材,5 % ~10 %硫酸与硝酸水溶液。

腐蚀时,应先腐蚀钎料,后腐蚀母材,并注意每次蘸取少量侵蚀液轻轻浸(腐)蚀,切忌过量以免造成浸(腐)蚀过大。

6.6.3　钎焊接头无损检验方法

钎焊接头无损检验是在不破坏钎焊接头或在不影响钎焊接头使用的前提下进行的以检验钎焊接头是否存在焊接缺陷的检验方法,是生产过程中必不可少的一个环节。无损检验常用的方法有外观检查、致密性检查、磁粉检验、着色和渗透检验、X 射线检验、超声波检验、热传导检验等。

1.钎缝外观检查

外观检查是一种常用的简便易行的方法,它是用肉眼或低倍放大镜来检查接头质量。主要是观察钎缝外形、颜色,检查钎焊接头的表面质量,几何测量零件形位尺寸、变形情况,如钎料是否填满间隙,钎缝外露端是否形成圆角以及圆角是否均匀等,是否有裂纹、气孔、疏松、溶蚀等缺陷。对于深孔、盲孔等不能直接目视的钎缝,可用反光镜进行检查,如图 6.30 所示。对于弯曲或遮挡部位表面钎缝的检查,可用内窥镜进行检查,如图 6.31 所示。

所有接头外部较明显的缺陷,用外观检查方法可以发现;但要求检验人员具有一定的实践经验,并按中华人民共和国机械行业标准《钎缝微观质量评定方法》(JB/T 6966—93)进行检验,但此评定方法主要适用于硬钎焊钎缝外观质量的检验和评定。

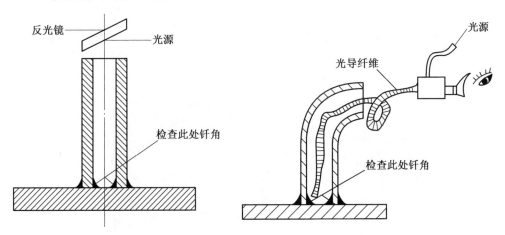

图 6.30　深孔构件的反光镜检查示意图　　图 6.31　弯曲构件的内窥镜检查示意图

肉眼较难分辨的裂纹、气孔和针孔等缺陷可用渗透检查法检验,适用于 Ⅰ、Ⅱ级钎缝外观检查,可按 GB 5616 和 ZB H04005 中有关规定进行检验。小工件一般采用荧光检验,大工件通常用着色探伤来检查。

外观检查是一种初步检查,根据技术条件规定,再进行其他无损检验。

2. 内部缺陷检验

对于内部缺陷常采用 X 射线、超声波(C 扫描)、工业 CT、红外热成像等方法检验。

(1)X 射线检验

X 射线检验方法的原理是 X 射线可穿透物质和在物质中有衰减的特性来发现缺陷的一种检验方法,是检查钎缝内部缺陷的常用方法,它可以显示工件装配关系的正确性,检查出钎缝内部的气孔、夹渣、裂纹、未钎透以及钎缝和母材的开裂等缺陷。

X 射线检验法又可分为 X 射线照相法、电离法、荧光屏观察法等,在生产中用得最多的是 X 射线照相法。X 射线照相法是 X 射线通过钎缝、接合部分和缺陷部分 X 射线的吸收、减弱能力不同,因而使胶片感光程度不同,以此来判别钎缝内部有无缺陷以及缺陷的大小、形状等。X 射线电离法、荧光屏观察法等可对试件进行连续检验,并可易于自动化,但它们的检验灵敏度差,工件复杂时检验准确度低。

因设备灵敏度不够,X 射线检验难以发现厚度 0.05 mm 以下的面型缺陷,不适于厚件钎缝检测,也不适于多层钎缝检测,使其应用受到一定限制。

图 6.32 是不锈钢导管高频感应钎焊接头 X 射线检测的结果,钎料为铜镍锰基带状钎料,图中箭头所指暗色区域为钎焊缺陷。图 6.33 是某型发动机定向凝固涡轮叶片铸造工艺孔真空钎焊 X 射线检测的结果,从底片上可看出锥堵与孔外壁之间未钎上,同时通过底片也可判断锥堵装配位置是否正确。

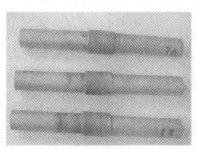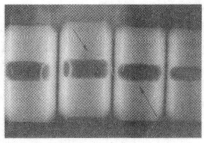

图 6.32　不锈钢导管钎焊后进行 X 射线检测的结果

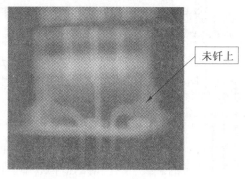

未钎上

图 6.33　某型发动机导向叶片锥头钎焊后进行 X 射线检测的结果

（2）超声波检验

超声波检验是利用超声波在金属材料中的传播、反射和衰减的物理特性来发现缺陷的。

钎焊的面型缺陷对超声波非常敏感，当来自工件表面的超声波进入金属内部，遇到缺陷及工件底部时就分别发生反射现象，将反射波束收集到荧光屏上就形成脉冲波形，根据脉冲波形的特点来判断缺陷的位置、性质和大小。超声波检验具有灵敏度高、操作方便、检测速度快、成本低、对人体无害等优点，其局限是受接头形式和钎焊构件形状的影响，多用于规则的平面钎缝，对于复杂不等厚度曲面难以检测，多层钎缝内部缺陷无法检测，对界面及不同组织敏感，对缺陷进行定性和定量判定尚存在困难，不能精确判定缺陷，检验前需制作标块，检验结果受检验人员的经验和技术熟练程度影响较大。

图 6.34 是钎焊的某型天线局部结构和超声波 C 扫描检测所获得的图像，中图边缘部分未获得清晰的波导壁格形貌，很多区域未钎上，右图为钎焊良好的 C 扫描图像。图 6.35 是某结构的模拟钎焊件实物及其超声波 C 扫描图像，人为预先设置不等厚度面型缺陷，真空钎焊后采用超声波 C 扫描检查，图中箭头所指区域为预置面型缺陷，即未钎上区域。图 6.36 是扇形块实物图和超声波检测图像，试验选用粉状镍基钎料，采用真空钎焊方法，图中白色区域为未钎上区域。

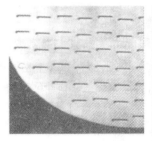

图 6.34 钎焊的某型天线局部结构及其超声波 C 扫描结果

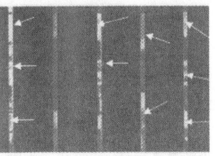

图 6.35 某结构模拟件实物及其超声波 C 扫描图像

（3）工业 CT 检验

工业 CT 是采用计算机控制的 X 射线断层扫描，可以获得工件某一横截面（通常厚度零点几毫米以下）的材料密度变化信息，可得到图像信息。工业 CT 可检测钎缝内部缺陷，其局限是只能对一个个截面进行抽检，成本较高，对零件面型缺陷不敏感。图

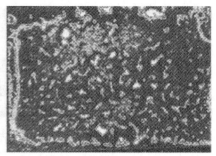

图 6.36 钎焊的扇形块及其超声波 C 扫描图像

6.37是某型对开叶片试验件一个截面 CT 检测图像,采用该方法可以获得构件内部清晰的结构截面图像。图 6.38 是对钎焊缺陷结构模拟件进行工业 CT 检测的实例。在构件肋板中部和端部,分别人为地预置厚 0.2 mm、0.1 mm、0.05 mm 的面型缺陷,真空钎焊后采用工业 CT 进行检查,图中暗色区域为预置缺陷,从左到右分别为 0.2 mm、0.1 mm、0.05 mm 的缺陷图像(中间三条),可见当缺陷厚度为 0.05 mm 时图像显示已经模糊不清。

图 6.37 某型对开叶片 CT 检测图像

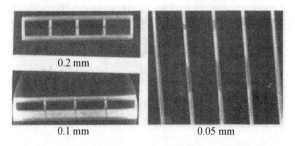

图 6.38 某结构模拟件纵向、横向 CT 检测图像

其他检测方法还有热传导检测、电阻法、激光全息照法、超声波扫描显微镜检验法、声发射法等都可以检验钎焊接头质量,但这些方法某些特定情况下采用。

例如,钎焊飞机螺旋桨叶片时,可用热传导检验。工件出炉后趁其红热时拍照,从彩色照片上可以看出,凡与加强肋钎焊良好的区域的外表面都呈光亮的红色,钎焊得不好的区域则呈暗红色或黑色。

检验蜂窝结构面板的钎焊质量可用红外线加热灯。这种方法是将工件置于红外线加热灯下,涂敷一层低熔点粉末或液态物质以指示不同的热传导特性。温度的变化使液体从热处排向冷处,并在冷处聚集,中心脱钎部位起加热器的作用,使液体流向已钎焊良好的区域,从液体的分布、流向情况可以对钎焊质量作出评价。

电阻法是根据某一恒定的金属截面上电位降的变化来评价钎焊接头质量的。钎焊接头各种缺陷都会引起电位降的增加或电阻值的增大,用微电阻测定仪测定电阻值的变化或用电桥测量电位降的变化均可检查出钎焊接头质量是否符合要求。

其他常用的技术是使用热敏感磷光体、液晶和其他热敏材料。具有电视显示功能的红外敏感电子变像装置,已在工业上用于通过钎焊接头时热传导特性的变化产生的温差来监视钎焊工件的质量。电子变像装置产生可用录像带记录,当热量在工件背面快速传导时,已钎焊好的部位则显示为亮点;由于未钎上部位不能强烈地发射红外线,因此看到的是暗点,从而可以清楚准确地检查钎焊接头的质量。

上述方法各有利弊,且尚在研究、发展阶段。

3. 钎焊结构的功能性检验

对钎焊结构的致密性检验常用方法有一般的水压试验、气密性试验、气渗透试验、煤油渗透试验和质谱试验等方法。

(1)水压试验

水压试验一般用于高压容器,方法是将待检容器灌满水,并将容器密封,用水泵将水压升至试验压力,维持一段时间后降至工作压力,然后用小锤轻轻敲击钎缝两侧,检查有无渗漏或钎缝开裂情况。

(2)气密性试验

气密性试验用于低压容器。气密性试验方法在钎缝外表面涂抹肥皂水溶液,封闭组合件的所有开口,然后由试验孔通入一定压力(一般为 0.4~0.5 MPa)的压缩空气,观察有无气泡出现。当钎缝表面出现肥皂泡时,该处为缺陷区。也可封闭组合件的所有开口,然后给钎焊容器内腔充气加压,随即将其放入水中观察有无气泡出现。

(3)气渗透试验

气渗透试验用于不受压容器。气渗透试验是向容器中通入 0.3~0.4 MPa 压力的氨气并将此压力保持一段时间,在容器的钎缝表面涂刷显示剂(酚酞)或粘贴宽度宽于钎缝的石蕊试纸,显示剂或试纸变色处则为钎焊缺陷区。

(4)煤油渗透试验

煤油渗透试验是在钎缝外表面涂白粉,随后向钎焊容器内注煤油,等 5~10 min 后,观察白粉的变色情况。若在涂白粉的一面上出现油痕,则该处被判定为缺陷区。密封性检查若发现钎缝处有渗漏,必须进行补钎,补钎次数和报废处理应按产品图样规定进行。

(5)质谱试验

质谱试验用于真空密封接头钎焊质量的检验。

其他的功能性检验还包括耐压试验、流量试验、导电、导热性、电性能和磁性能等。

6.7 钎焊操作中的安全与防护

焊接安全技术包括焊接技术、劳动卫生、劳动防护和安全技术四个领域。目前,国外对这个综合性学科进行了大量研究,初步形成了焊接(包括钎焊)安全与卫生的独立综合性学科。国内近年来也做了大量研究工作,并取得了一定成果,但尚未形成综合系统的研究格局。国外先进国家在焊接安全与防护方面都有相应的法规和标准,国内有关这方面的法规和技术标准目前还不够完善。由于焊接操作人员缺乏焊接安全知识,同时又少有相应法规标准遵循,所以在焊接实际操作中难免出现事故,有时甚至造成严重的人身伤亡。因此,必须了解和掌握钎焊操作中的安全与防护。

由于钎焊技术种类繁多,它们的安全防护技术又各有特点,本章仅就火焰钎焊、浸沾钎焊、感应钎焊和炉中钎焊等操作中的安全与防护作简要叙述。

6.7.1 不安全及不卫生因素

1. 钎焊材料中的有毒物质

钎焊时使用的各种钎剂,焊前和焊后使用的清洗剂等,以及一些钎料和被焊母材金属,其中含有某些有毒物质,见表6.8。

表6.8 钎焊材料中的有毒物质

钎焊材料		有毒物质
钎剂	软钎剂	无机酸、无机和有机盐类
	硬钎剂	氯化物、氟化物、碘化物等
	气体钎剂	所有钎剂及其化合物的产物,如氯化氢、氟化氮、氯硼酸钾等
清洗剂		酸、碱类,有机溶剂如四氯化碳、三氯乙烯、四氯乙烯、丙酮等
母材、镀层和钎料		有毒金属元素 Be、Zn、Cd、Pb 等

在钎焊前后清洗金属零件时,采用清洗剂,包括有机溶剂、酸类和碱类等化学物品,在清洗过程中会挥发出有毒蒸气。有机清洗剂四氯化碳很少量时也会产生严重的累计危害;三氯乙烯和四氯乙烯受高温或电弧作用,会分解有毒卤素和碳酰氯光气。有机溶剂苯、甲苯、二甲苯都是有毒的,毒性依次更大。长期吸入,尽管浓度不大也会产生头疼,严重些会引起血小板的下降,身体皮肤发生紫斑,甚至引发血液病。试剂中的氢氟酸是最容易对人体产生严重伤害的试剂,因为它与皮肤初始接触时毫无感觉,等到皮肤发痒,泡涨发白时,为时已晚,皮肤已深度腐蚀,发黑坏死,极为疼痛难忍,手部大面积受伤常导致截肢,没有有效救治方法。氟化氢蒸气也有同样杀伤效果。其他酸或碱虽也会对皮肤造成伤害,但因稍一接触皮肤便会有痛感,容易发觉,用大量水冲洗并用对应的溶液浸泡即可缓解。

氟化物对人体的危害主要表现为骨骼疼痛、骨质疏松或变形,严重者会发生自发性骨折。对皮肤的损伤是发痒、疼痛和湿疹等。吸入较高浓度的氟化物气体或蒸气,可引起鼻腔溃疡和喉咙黏膜充血,严重可导致支气管炎、肺炎等疾病。在使用含有氟化物的钎剂时,必须在有通风的条件下进行钎焊,或者使用个人防护装备。当用含氟化物钎剂进行浸沾钎焊时,排风系统必须保证环境浓度在规定范围内,现行国家规定最大允许浓度为 $1 mg/m^3$。

当钎焊金属和钎料中含有毒性金属成分时,要严格采取防护措施,以免操作者发生中毒,这些金属包括 Be、Zn、Cd、Pd 等。

Be 在原子能、宇航和电子工业中应用价值很高,但它毒性大,钎焊时要特别重视安全防护措施。Be 主要通过呼吸道和有损伤的皮肤吸入人体,从体内排出速度缓慢,短期大量吸入会引起急性中毒,吸入 BeO 等难溶性化合物可引起慢性中毒,数年后发病,主要表现为呼吸道病变。铍和氧化铍钎焊时,最好在密闭通风设备中进行,并应有净化装置,达到规定标准才可排出室外。

Zn 及其化合物 $ZnCl_2$ 在钎焊时,Zn 和 $ZnCl_2$ 会挥发生成锌烟,人体吸入可引起金属烟雾热,症状为战栗、发烧、全身出汗、恶心头痛、四肢虚弱等。接触 $ZnCl_2$ 烟雾会引起肺损伤,接触 $ZnCl_2$ 溶液会引起皮肤溃疡。因此,防止烟雾接触人体,必须应用个人防护设备和良好的通风环境,当皮肤触到 $ZnCl_2$ 溶液时要用大量清水冲洗接触部位。

Cd 通常是为了改善钎焊工艺性在钎料中加入的元素,加热时易挥发,可从呼吸道和消化道吸入人体,积蓄在肾、肝内,多经胆汁随粪便排出,短期吸入大量 Cd 烟尘或蒸气会引起急性中毒,长期低浓度接触 Cd 烟尘蒸气,会引起肺气肿、肾损伤、嗅觉障碍症和骨质软化症等。

Pb 是软钎料中的主要成分。加热至 $400 \sim 500 \ ℃$ 时即可产生大量 Pb 蒸气,在空气中迅速生成氧化铅,Pb 及其化合物有相似的毒性,钎焊时主要是以烟尘蒸气形式经呼吸道进入人体,也可通过皮肤伤口吸收。Pb 蒸气中毒通常为慢性中毒,主要表现为神经衰弱综合征,消化系统疾病、贫血、周围神经炎、肾肝等脏器损伤等。我国现行规定车间空气中最高容许浓度,铅烟为 $0.03 \ mg/m^3$ 时,铅尘为 $0.05 \ mg/m^3$。

2. 易燃易爆物

火焰钎焊时常采用可燃气体或液体燃料(如乙炔、液化石油气、雾化汽油、煤气等)与助燃气体氧气或空气混合燃烧,这些燃料都是易燃易爆品。

乙炔又名电石气,是不饱和碳氢化合物,化学式为 C_2H_2。纯的乙炔无味,工业上用的乙炔由于含微量杂质磷化氢而带有刺激性臭味。乙炔化学性质非常活泼。乙炔与空气混合形成的混合气,自燃点为 $305 \ ℃$,即使在常压下也容易发生爆炸。乙炔与氧混合,爆炸极限较宽(2.8% ~93%),其自燃点为 $300 \ ℃$。乙炔与氯气混合或次氯酸盐等化合,也会引起爆炸。因此乙炔燃烧失火时,严禁用四氯化碳灭火器扑救。

乙炔有毒性。乙炔中毒主要表现为中枢神经系统损伤。其症状轻度的表现为精神兴奋、多言、走路不稳等;重度的表现为意识障碍、呼吸困难、发呆、瞳孔反应消失、昏迷等。

电石是碳化钙的俗称,分子式为 CaC_2。电石和水接触立即产生化合反应,生成乙

炔并同时放出大量热量。电石与水的化合反应式为

$$CaC_2 + 2H_2O \xupropto C_2H_2 + Ca(OH)_2 + 130 \text{ kJ / mol}$$

工业上常常利用这个反应随时产生乙炔来焊接。电石属于遇水燃烧危险品。电石与水有很强的化学亲和力,它甚至能吸取空气中的水蒸气或夺取盐类中的结晶水而产生化合作用,如果乙炔发生器内的水量不足,或未按规定及时换水,致使水质混浊,电石分解产生的热量得不到良好冷却时,会使电石剧烈过热,温度超过 580 ℃,即使在正常工作压力下,也会引起乙炔的燃烧和爆炸。因此,电石过热是乙炔发生器着火爆炸的主要原因之一。

电石具有腐蚀作用,接触皮肤会引起发炎和溃烂,掉入眼睛中是危险的。电石由于含有磷化钙、砷化氢等杂质,与水作用放出磷化氢和砷化氢,对人体也是有害的。

液化石油气是炼油工业的副产品,其成分不稳定,主要由丙烷、丙烯、丁烷、丁烯等组成,其中丙烷约占 50% ~ 80%,常温常压下,液化石油气为气态,加压后变成液体,便于瓶装贮存和运输。

液化石油气各组分都能和空气形成爆炸性混合气,但其爆炸极限范围窄,比乙炔安全得多,但与氧的混合气则有较宽的爆炸极限范围(3.2% ~ 64%),易爆炸。

液化石油气易挥发,容易从贮瓶中泄漏逸出,由于它比空气重(密度约为空气的1.5 倍),易往低处流动积聚。另外,液化石油气闪点低,其中的主要成分丙烷沸点为 −42 ℃,闪点−20 ℃,所以在低温时,它的易燃性就是很大的。

液化石油气有一定毒性,空气中含量很少时,人吸入不会中毒,但当它的浓度较高时,就会引起麻醉,在浓度大于 10% 的空气中停留 3 min 后,就会使人头脑发晕。随着我国石油工业的发展,液化石油气来源丰富,同时又具有良好的安全性,可代替乙炔使用。

氧气瓶、乙炔瓶、液化石油气瓶等都属于压力容器。氧气瓶是压缩气瓶,用于存储和运输氧气的高压容器,满瓶压力高达 1 470 MPa。乙炔瓶是溶解气瓶,常温下满瓶压力为 151.9 MPa。液化石油气瓶是液化气瓶,常温下最大工作压力为 156.8 MPa。可燃气体与压力容器接触,同时又使用明火,如果焊接设备或安全装置有缺陷,或违反安全操作规程,就有可能发生爆炸和火灾事故。

浸沾钎焊时,如果工件表面和钎剂中有残留水分,会在进入盐浴槽时瞬间即可产生大量蒸气,使溶液飞溅,发生剧烈爆炸造成严重的火灾和烧伤人体。

另外,在真空钎焊时如果对设备操作不当,有可能造成阀门串气或泄漏而引起扩散泵爆炸,也有因设备故障发生爆炸的危险事故,如在高温时冷却水内漏,使真空设备中产生大量蒸汽瞬时变为正压,因此有关人员对真空钎焊过程中的安全操作也应给予足够重视。

总之,操作人员对钎焊生产中涉及的易燃易爆物以及易燃易爆因素的危害应有充分认识,在钎焊操作过程中应严格遵守相关的劳动安全生产法律法规,认真遵守操作规程。

3. 高频电磁场

感应钎焊时采用的高频感应加热热源在工作过程中高频电磁场泄漏严重,对周围环境构成严重电磁波污染,造成无线电波干扰和对人身体健康危害。

高频电磁场对人体的危害主要是引起中枢神经系统的机能障碍和交感神经紧张为主的植物神经失调,主要症状是头昏、头痛、全身无力、疲劳、失眠、健忘、易激动、工作效率低,还有多汗、脱发、消瘦等症状。但是造成上述障碍,不属于器质性的改变,只要脱离工作现场一段时间,人体即可恢复正常,采取一定防护措施是完全可以避免高频电磁场对人体的危害。

4. 噪声

钎焊设备如真空钎焊炉的真空系统、循环水冷却系统等工作时产生的噪声,也会对身体有危害。首先是听觉器官,强烈的噪声和长时间暴露在一定强度噪声环境中,可引起听觉障碍、噪声性耳聋等症状。此外,噪声对中枢神经系统和血管系统也有不良影响,引起血压升高、心跳过速等症状,还会使人产生厌倦、烦躁等现象。

6.7.2 常用钎焊方法的安全操作和健康防护

1. 火焰钎焊操作安全与防护

火焰钎焊时常采用氧乙炔焰、压缩空气雾化火焰、空气液化石油气火焰等进行钎焊加热,这些气体都是易燃易爆气体,使用的容器为压力容器,在搬运、贮存这些材料和气体时,都易产生不安全因素,操作不当易发生事故。

钎焊前,应严格检查设备或安全装置。氧气瓶应符合国家颁布的《气瓶安全监察规定》和TJ30《氧气站设计规范》(试行)的规定。乙炔瓶的充装、检验、运输储存等均应符合原国家劳动部颁布的《溶解乙炔气瓶按群监察规程》和《气瓶安全监察规程》规定。用于钎焊的液化石油气钢瓶的制造和充装量都应符合《液化石油气钢瓶标准》规定。检查瓶阀、接管螺纹和减压器等有无缺陷,减压器不得沾有油污,如发现漏气、滑扣和表针不正常等情况应及时维修,在安装和拆卸减压器时,不能将面部正对着减压器。钎焊过程中要严格遵守操作规程,以避免爆炸和火灾事故发生。

用乙炔发生器制取乙炔时,应先检查设备,确认各部分正常后方可灌水加料。发生器启动前和工作过程中,应仔细检查压力表、温度计、安全阀及各接头处,如果出现压力过大或温度过高等异常情况,应采取措施或暂时停止工作。

使用乙炔气瓶时注意竖立放置后,应静候 15 min 左右再装减压器,瓶阀开启也不要过量,一般开启 3/4 转为宜。使用时必须配置乙炔专用减压器和回火防止器,并采取防止冻结措施。一旦冻结应用热水或水蒸气解冻,禁止采用明火烘烤或用铁器敲打解冻。乙炔瓶体表面温度不得超过 40 ℃,防止因乙炔在丙酮中溶解度下降导致压力剧增。乙炔瓶不能经受剧烈振动或撞击。在室内存放时应注意通风换气,防止泄漏的乙炔气滞留室内。

乙炔瓶要比乙炔发生器安全得多。此外,尤其因纯度高,在钎焊有色金属时有重要意义。例如用电石气钎焊铝合金时,接头处常常发黑,而用瓶装乙炔钎焊则没有这一弊病。乙炔瓶还有节省能源、操作方便和减少公害等优点,因此,在国内已逐步取代了移动式乙炔发生器。

在进行手工火焰钎焊时,焊炬、气体胶管的使用安全也很重要。钎焊用胶管按现行标准焊接中使用的氧气胶管为黑色,乙炔胶管为红色。焊接前,应检查胶管有无磨损、扎伤、刺孔、老化、裂纹等情况,并及时修理或更换。乙炔胶管与氧气胶管不能相互换用,不得用其他胶管代替。氧气、乙炔气胶管与回火防止器、汇流排等导管连接时,管径必须互相吻合,并用管卡严密固定。

焊炬应符合 JB/T 6970 等标准的要求,焊炬在使用前应检查射吸能力、气密性等技术性能及其气路通畅情况。焊炬各气体通路均不得沾染油脂,以防氧气遇到油脂而燃烧爆炸。焊嘴的配合面不能碰伤,以防因漏气而影响使用。焊炬应定期检查维护。

2. 浸沾钎焊操作安全与防护

浸沾钎焊分为盐浴钎焊和金属浴钎焊两种。它们是将钎焊件局部或整体浸入熔融的盐液或熔化钎料中进行加热和钎焊的方法。浸沾钎焊的优点是加热速度快,生产效率高,液态介质保护焊件不被氧化,特别适用于大规模连续性生产。缺点是能源消耗量大,钎焊过程中从熔盐中挥发出大量有害气体,严重污染环境。因此,浸沾钎焊操作过程中必须采取严格的防护措施,以保证操作人员的人身安全。

盐浴浸沾钎焊时所用的多含有氯化物、氟化物和氰化物盐类,在钎焊加热过程中会大量地挥发有毒气体。另外,在进行金属浴钎焊时,钎料中又含有挥发性金属,如铍、锌、镉、铅等,金属蒸气对人体十分有害,如铍蒸气有剧毒。在软钎焊时,钎剂中所含的有机溶液蒸发出来的气体对人体也十分有害。因为这些有害气体和金属蒸汽密度都较大,必须要严格采取防护措施排除,以免操作者发生中毒。

另外,在浸沾钎焊过程中,必须要把浸入盐浴槽中的焊件烘烤十分干燥,不得在焊件上留有水分,否则当浸入盐浴槽时,瞬间即可产生大量蒸气,使溶液飞溅,发生剧烈爆炸造成严重的火灾和烧伤人体。在向盐浴槽中添加钎剂时,也必须事先把钎剂充分烘干,不仅要求除去其潮气,同时还要消除钎剂中结晶水,否则也会引发爆炸。

3. 感应钎焊操作安全与防护

感应钎焊是将钎焊件放在感应线圈所产生的交变磁场中,依靠感应电流加热焊件。生产实践表明,感应钎焊时电流频率使用范围较宽,一般可在 10 ~ 460 kHz 间选用。

对高频加热电源最有效的防护是对其泄漏出来的电磁场进行有效屏蔽。通常是采用整体屏蔽,即将高频设备和馈线、感应线圈等放置在屏蔽室内。操作人员在屏蔽室外进行操作。

屏蔽室墙壁一般采用铝板、铜板或钢板制成,板厚一般为 1.2 ~ 1.5 mm。操作时对需要观察的部位可装活动门或开窗口,一般用 40 目(孔径 0.450 mm)的钢丝屏蔽活动门或窗口。对于功率较大的高频设备还可用复合屏蔽的方法增强防护效果。通常是在屏蔽室内将高频变压器和馈线等高频泄漏源,先用金属板或双层金属网进行局部屏蔽。

设备启动操作前,仔细检查冷却水系统,只有水冷系统工作执行时,才允许通电预热振荡管。设备检修一般不允许带电操作,如需要带电检修,操作者必须穿绝缘鞋,带绝缘手套，必须另有专人监护。停电检修时，必须切断总电源开关，并用放电棒将各个电容器组放电后，才允许进行检修工作。

4. 炉中钎焊操作安全与防护

炉中钎焊包括气体保护炉中钎焊和真空炉中钎焊两种。常用的保护气体为氢气、氩气和氮气。氩气和氮气不燃烧，使用安全。氢气为易燃易爆气体，使用时要严加注意。

防止氢气爆炸的主要措施是加强通风。除氢炉操作间整体通风外，因其密度小，泄漏时常向室顶集聚，因此设备上方要安装局部排风设施。设备启动前必须先开通风，定期检查设备和供气管道是否漏气，若发现漏气必须修复后才能使用。氢炉启动前，应先向炉内充 N_2 气以排除炉内空气，然后通 H_2 排 N_2，绝对禁止直接通 H_2 排除炉内空气。熄炉时也要先通 N_2 排 H_2，然后才可停炉。密闭氢炉必须安装防爆装置。氢炉旁边应常备 N_2 气瓶，当 H_2 气突然中断供气时应立即通 N_2 气保护炉腔和焊件。此外，H_2 炉操作间内禁止使用明火，电源开关最好用防爆开关，氢炉接地要良好等。

真空炉使用安全可靠，操作时要求炉内保持清洁，真空炉停炉不工作时也要抽真空保护，不得泄漏大气。钎焊完毕时，炉内温度降到 400 ℃ 以下，才可关闭扩散泵电源，待扩散泵冷却低于 70 ℃ 时才可关闭机械泵电源，保证钎焊件和炉腔内部不被氧化。

禁止在真空炉中钎焊含有 Zn、Mg、P、Cd 等易蒸发元素的金属或合金，以保持炉内清洁不受污染。

5. 通风和对毒物的防护

由于钎焊前清洗和钎焊过程中会产生有毒、有害物质污染环境，损害操作者的健康，所以在钎焊操作过程中，必须采取妥善的防护措施。

通常采用的有效防护措施是室内通风。它可将钎焊过程中所产生的有毒烟尘和毒性物质挥发气氛排出室外，有效的保证操作者的健康和安全。

通常生产车间通风换气的方式有自然通风和机械通风。在工业生产厂房中，要求采用机械通风排除有害物质。机械通风又可分为全面排风和局部排风两种。

当钎焊过程中产生大量有毒害物质，难于用局部排风排出室外时，可采用全面排风的方法加以补充排除。一般情况下，是在车间两侧安装较长的均匀排风管道，用风机作动力，全面排除室内的含毒物空气，或者在屋顶分散安装带有风帽的轴流式风机进行全面排风。但是全面排风效率较低，不经济，实际生产中应尽量采用局部排风。局部排风是排风系统中经济有效的排风方法。通常在有害物的发生源处设置排风罩，将钎焊时产生的有害物加以控制和排除，不使其任意扩散，因而排风效率高。

对腐蚀性气体和剧毒气体应单独设置排风系统，排入大气之前要进行预处理，达到国家规定有害物排放标准后方可排放。

在限制的工作区，或者有隔板、障碍物等妨碍对流通风的钎焊空间内，必须提供足够的通风，以防止有毒物质积聚或钎焊操作者及其他人员发生缺氧中毒。不能保证通风条件时，必须提供国家职业安全部门规定的供气呼吸器或软管防毒面具，同时应在工作区外设置一名助手，以确保工作区内操作人员的安全。

对有毒有害物品的存放和使用应严格按照有关环保及技术安全部门的相关管理规定进行,避免造成人身伤害和环境污染。对含有有毒有害物质的钎剂和钎料,在保管和使用时应特别注意,按有关规定采取特殊的防护措施,在其包装、盒子或包封上必须贴有明显、醒目的标志及注意事项。

对含氟化物的钎剂,在其包装、盒子或包封上必须明确标注其中含有氟化物,以及使用中的危害呼吸设备,在敞开空间使用时,如经空气取样试验证明氟化物含量低于规定的极限值,现行国家规定最大允许浓度为 $1\ mg/m^3$,可不用专门的通风设施。当采用含氟化物的钎剂进行炉中钎焊时,要有专门的排气装置以及防腐蚀炉壁及炉内金属,且排气处理需符合环保标准。用含氟化物钎剂槽进行浸渍钎焊时也要有适当的通风装置。

在清洗操作场所也要采取适当的通风措施,安置设计良好的排气系统,有效地除去清洗槽和酸洗槽中产生的烟气。在使用酸和碱的过程中,必须按规定谨慎操作,储存容器应密闭并防止阳光直射。使用化学清洗剂之前应确定其成分是否易燃或产生有毒的烟气。一般禁止使用四氯化碳,三氯乙烯和四氯乙烯不应用于灼热工件和电弧附近,要防止三氯乙烯和高氯乙烯的烟气进入有紫外线辐射存在的焊接环境中。苯和汽油等清洗剂有毒且易燃,应尽可能避免使用,如需使用则必须采取适当的防火措施。用有机溶剂脱脂的部件,在钎焊前应完全晾干。如遇酸碱伤害,酸伤害可在 NH_4OH 或小苏打溶液中浸泡,碱伤害可在稀醋酸中浸泡等。对于防止各种化学药剂伤害的有效方法就是勤洗手,稍有疑惑,就立即洗手。

复习思考题

1. 钎焊接头的基本形式有哪些?

2. 钎焊搭接接头的长度如何确定?

3. 钎焊时钎缝间隙存在一最佳间隙值范围,为什么在最佳间隙值范围内接头具有最大强度?

4. 对于不等厚工件,钎焊接头设计时应注意哪些问题?

5. 钎焊前,清除工件表面的油脂、氧化物等应采取哪些措施?

6. 钎焊时零件表面的预镀覆层分几种? 各有何功用?

7. 钎料放置应该遵循哪些原则? 钎料有哪两种放置形式? 各有何优缺点?

8. 钎焊过程中,如何确定钎料用量?

9. 钎焊工件的定位方法有哪些? 各适用于何种情况?

10. 钎焊工艺参数有哪些? 如何影响接头的性能?

11. 钎焊后如何清除钎焊工件表面的钎剂和残渣?

12. 试述钎焊不致密性缺陷的形成机理及气孔、夹渣是如何产生的。

13. 阐述采用不等间隙改善钎焊不致密缺陷的原理。

14. 控制溶蚀的措施有哪些?

15. 钎焊质量检验方法有哪些?

16. 你在钎焊操作中遇到些什么问题? 你自己是采用什么方法解决的,有什么建议?

第7章 常用金属材料的钎焊

7.1 铝及铝合金的钎焊

铝及其合金由于密度小,热导率和电导率高(仅列于 Ag、Cu、Au 之后),在近代工业材料中占有其独特的地位。在人造卫星、火箭、导弹、微波元件、飞机或地面雷达天线、汽车水箱或空调散热器等的制造上,为了减轻重量,降低能耗,提高效率和增强机动性都竭尽可能地以铝代铜,甚至代钢。能否取代的关键在于铝及其合金的焊接,而焊接之精密者首推钎焊。

7.1.1 铝及铝合金的钎焊性

铝及铝合金的钎焊性见表7.1,与其他常见的金属材料相比,铝及铝合金的钎焊性是较差的。主要原因在于其表面有一层极为致密的氧化膜,这层氧化膜的性质非常稳定,能够充分抵抗大气的侵蚀,它又能在旧膜被破坏时随时生成新膜。铝的化学性质非常活泼,正是这层随时生成的氧化膜的保护,才使得铝及其合金有可能成为今日的重要材料。铝及其合金钎焊时需要破坏这层膜,否则熔化的钎料不能与母材润湿;焊后又需要维持保护膜的完整,否则接头将会产生严重的腐蚀。

表7.1 常见的铝及铝合金的钎焊性

类 别			牌号	主要成分(质量分数)/%	熔化温度/℃	钎焊性	
						软钎焊	硬钎焊
工业纯铝			1060 ~ 8A06	Al≥99.0	约600	优良	优良
变形铝合金	防锈铝	铝镁	LF1	Al–1Mg	634 ~ 654	良好	优良
			5A02	Al–2.5Mg–0.3Mn	627 ~ 652	困难	良好
			5A03	Al–3.5Mg–0.45Mn–0.65Si	627 ~ 652	困难	很差
			5A05	Al–4.5Mg–0.45Mn	568 ~ 638	困难	很差
			5A06	Al–6.3Mg–0.65Mn	550 ~ 620	很差	很差
		铝锰	3A21	Al–1.2Mn	643 ~ 654	优良	优良
	热处理强化铝合金	硬铝	2A11	Al–4.3Cu–0.6Mg–0.6Mn	612 ~ 641	很差	很差
			2A12	Al–4.3Cu–1.5Mg–0.5Mn	502 ~ 638	很差	很差
			2A16	Al–6.5Cu–0.6Mn	549	困难	良好

续表7.1

类 别			牌号	主要成分(质量分数)/%	熔化温度/℃	钎焊性	
						软钎焊	硬钎焊
变形铝合金	热处理强化铝合金	锻铝	6A02	Al-0.4Cu-0.7Mg-0.25Mn-0.8Si	593~652	良好	良好
			2B50	Al-2.4Cu-0.6Mg-0.9Si-0.15Ti	555	困难	困难
			2A90	Al-4Cu-0.5Mn-0.75Fe-0.75Si-2Ni	509~633	很差	困难
			2A100	Al-4.4Cu-0.6Mg-0.7Mn-0.9Si	510~638	很差	困难
		超硬铝	7A04	Al-1.7Cu-2.4Mg-0.4Mn-6Zn-0.2Cr	477~638	很差	困难
			919	Al-1.6Mg-0.45Mn-5Zn-0.5Cr	600~650	良好	良好
铸造铝合金			ZL102	Al-12Si	577~582	很差	困难
			ZL202	Al-5Cu-0.8Mn-0.25Ti	549~584	困难	困难
			ZL301	Al-10.5Mg	525~615	很差	很差

7.1.2 铝及铝合金钎焊接头形式及固定

在铝钎焊实践中会遇到各种形式的钎焊接头,一般很少采用对接方式,这是因为对接的钎焊面很小,钎缝两侧形不成圆角,而钎料的强度往往又低于母材。图7.1列举了各种典型的接头。

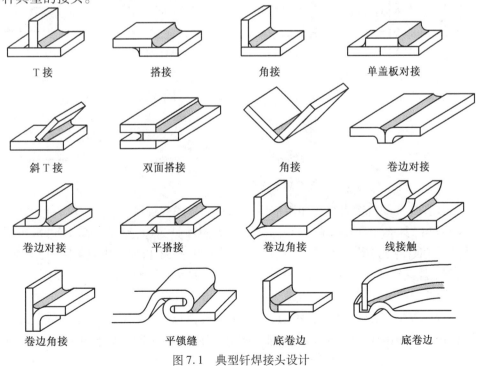

T接　　　　搭接　　　　角接　　　　单盖板对接

斜T接　　　双面搭接　　　角接　　　卷边对接

卷边对接　　平搭接　　　卷边角接　　线接触

卷边角接　　平锁缝　　　底卷边　　　底卷边

图7.1　典型钎焊接头设计

通常简单的铝及铝合金的钎焊都是使用搭接、套接或 T 接完成，但许多有特殊要求的钎缝，例如需要密封、特殊受力或要求无变形的钎缝等，则须认真考虑钎缝的设计。设计钎缝有几个基本情况需要注意：

(1)钎焊时钎缝宽度的变化对工装精度的影响，特别是使用片状钎料(夹入钎缝中)和压覆钎料的板材时，钎料熔化后工件整体尺寸变化。

(2)铝合金的线膨胀系数比通常的金属约大 1/3，因此夹具应采用挠性的。

(3)铝合金在钎焊受热时比较软，纤细而垂直的工件一定要进行支撑。

(4)一些可热处理的铝合金钎焊后为恢复原来强度而需淬火时难免会有变形，零件应考虑留有加工余量。

铝钎焊的钎缝间隙影响钎焊工艺和钎缝的质量。间隙越窄，熔态钎料在钎缝中的毛细作用越强，但易夹渣。间隙太宽，毛细作用减弱，钎料难于填满整个接头间隙，钎缝的应力分布也不均匀。铝及铝合金钎焊的合适间隙可参考表 7.2。

表 7.2　铝及铝合金钎焊间隙

钎焊方法	接头宽度	合适的钎缝间隙
浸沾钎焊	<6.5 mm	0.05 ~ 0.1 mm
	>6.5 mm	0.05 ~ 0.5 mm
火焰、炉中、感应钎焊	<6.5 mm	0.1 ~ 0.2 mm
	>6.5 mm	0.1 ~ 0.5 mm

为方便钎剂和钎料的流入，在组配铝及铝合金部件时，应避免压紧固定或紧配合接头。在无钎剂场合，例如盐浴钎焊时，情况正好相反，装配的部件，在这个钎焊过程中必须是紧密接触，采用夹具固定是常用的方法。夹具的设计可以根据具体情况决定，但应尽量减少夹具本身的体积及质量，并采用挠性、弹性好的材料。镍基合金、不锈钢、特殊合金以及低碳钢通常用来做夹具，图 7.2 为夹具的一种形式。

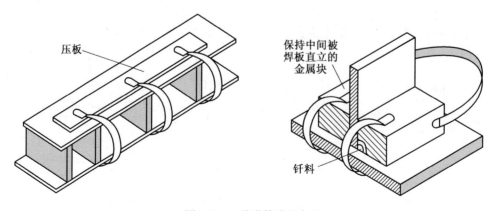

图 7.2　一种弹簧式的夹具

钎焊的过程中使用夹具会占据空间，而且耗热，沾钎剂后还需要清洗，这些都会增加许多麻烦,因此在工厂中,尤其是批量生产的工厂中常使用自夹紧接头,即用铆钉、机械胀管、凸线压紧、销键甚至定位焊等方法固定而不采用夹具。图7.3 给出了自夹紧接头的类型。

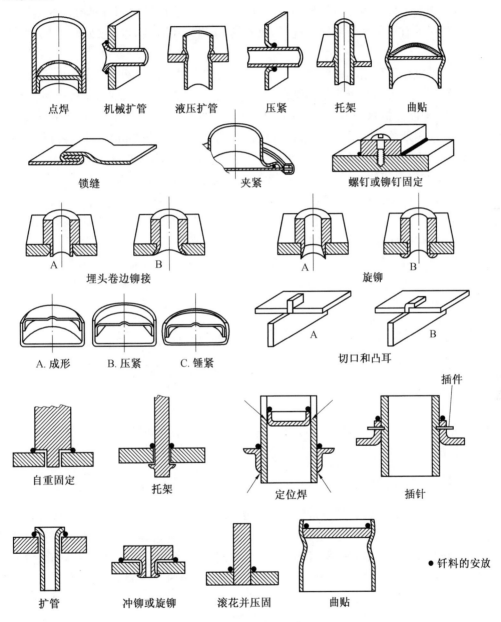

点焊　　机械扩管　　液压扩管　　压紧　　托架　　曲贴

锁缝　　　　　夹紧　　　　螺钉或铆钉固定

A　　　　B　　　　　　A　　　　B
埋头卷边铆接　　　　　　　旋铆

A.成形　B.压紧　C.锤紧　　　A　　　B
切口和凸耳

插件
自重固定　　托架　　定位焊　　插针

● 钎料的安放
扩管　　冲铆或旋铆　　滚花并压固　　曲贴

图7.3　自夹紧接头的类型

7.1.3　铝及铝合金钎焊前及焊后清理

被钎焊的工件必须仔细除去表面的各种污物、过厚的氧化膜和加工带来的油污,否则不能获得良好的钎缝。

去除工件表面油污常用的方法为水溶液或有机溶剂刷洗。水溶液去油的配方最好用磷酸三钠的碱性水溶液加少许洗洁净(烷基苯磺酸钠)类的表面活性剂刷洗,最后用水冲净。铝制工件表面去油污最理想的方法是在一个密闭舱内用有机溶剂的蒸气冲刷去除。常用的有机溶剂为三氯乙烷、四氯乙烯,也可以用石油类溶剂或氯化烃类溶剂刷洗。

过厚的氧化膜可用不锈钢丝或铜丝刷打、磨等方法局部去除。一定不要用砂布,谨防有砂粒嵌入。大面积清除氧化膜常用化学方法。通常用 $w(NaOH) = 5\%$ 的氢氧化钠溶液清洗,温度保持 60 ℃ 左右。碱洗的时间最好控制在 10 ~ 15 s 内,碱液在去除氧化膜时不是均匀地蚀去一层,而经常将母材蚀出高低不平的凹坑和留下一些碎屑。碱洗后应该用清水仔细冲净碱液。残余的微量碱液完全冲净是很难的,用酸浸泡则很容易去除,通常在室温下使用稀的硝酸或铬酸(CrO_3 水溶液加一些重铬酸钾)来冲洗。酸浸后应该再用水冲净,最后 1 ~ 2 次应该用离子水或蒸馏水冲洗以免留下水垢,然后风干或温风吹干。此过程中不可再用手直接接触,否则洁净的表面极易留下汗迹和指纹。

如果钎焊时使用了钎剂,焊后粘附钎剂的工件必须彻底清洗干净以防腐蚀。最有效的清洗是焊后趁热浸入沸水中并继续煮沸。在清洗釜内的水应该流动循环或吹入气流搅动并且需要定时更换。必要时还需人工或机械刷洗工件。超声振动清洗是极有效的一种方法。复杂的带狭缝或小深孔的工件常需在流动的,不时更换的热水中浸泡好几天。铝工件在这种情况下只要洗水勤于更新,一般不至于引起孔蚀。

钎剂的最后残余常需采用硝酸清洗液、硝酸–氢氟酸混合清洗液、氢氟酸清洗液、硝酸–重铬酸钠清洗液以及铬酸酐–磷酸清洗液等化学方法清除。清洗完毕要用清水将清洗液彻底冲净,否则清洗液本身又会给工件薄弱处酿成穿孔腐蚀。要求高的工件还需要用去离子水或蒸馏水洗涤。清洗槽在用硝酸作清洗液时可以使用不锈钢制成,在使用硝酸–氢氟酸混合洗液或氢氟酸清洗液时需用玻璃钢槽,这种槽也可以用于硝酸–重铬酸钠清洗液,热的清洗液也可使用。

7.1.4 铝用钎料

铝及铝合金的软钎焊是不常应用的方法,因为软钎焊中钎料与母材的成分及电极电位相差很大,易使接头产生电化学腐蚀。软钎焊主要采用锌基钎料和锡铅钎料,按使用温度范围可分为低温软钎料(150 ~ 260 ℃)、中温软钎料(260 ~ 370 ℃)和高温软钎料(370 ~ 430 ℃)。当采用锡铅钎料并在铝表面预先镀铜或镀镍进行钎焊时,可防止接头界面处产生腐蚀,从而提高接头的耐蚀性。

铝及铝合金的硬钎焊方法应用很广,如滤波导、蒸发器、散热器等部件大量采用硬钎焊方法。铝及铝合金的硬钎焊只能采用铝基钎料,其中铝硅钎料应用最广。其具体使用范围见表 7.3。但这类钎料的熔点都接近母材,因此钎焊时应严格而精确地控制加热温度,以免母材过热甚至熔化。

铝硅钎料通常以粉末、膏状、丝材或箔片等形式供应。在某些场合下,采用以铝为芯体,以铝硅钎料为复层的钎料复合板。这种钎料复合板通过滚压方法制成,并常作为钎焊组件的一个部件。钎焊时,复合板上的钎料熔化后,受毛细作用和重力作用而流布,填满接头间隙。

表7.3 铝及铝合金用硬钎料的适用范围

钎料牌号	钎焊温度/℃	钎焊方法	可钎焊的铝及铝合金
B-Al92Si	599 ~ 621	浸渍,炉中	1060 ~ 8A06,3A21
B-Al90Si	588 ~ 604	浸渍,炉中	1060 ~ 8A06,3A21
B-Al88Si	582 ~ 604	浸渍,炉中,火焰	1060 ~ 8A06,3A21,LF1,LP2,6A02
B-Al86SiCu	585 ~ 604	浸渍,炉中,火焰	1060 ~ 8A06,3A21,LF1,5A02,6A02
B-Al76SiZnCu	562 ~ 582	火焰,炉中	1060 ~ 8A06,3A21,LF1,5A02,6A02
B-Al67CuSi	555 ~ 576	火焰	1060 ~ 8A06,3A21,LF1,5A02,6A02,2A50,ZL102,ZL202
B-Al90SiMg	599 ~ 621	真空	1060 ~ 8A06,3A21
B-Al88SiMg	588 ~ 604	真空	1060 ~ 8A06,3A21,6A02
B-Al86SiMg	582 ~ 604	真空	1060 ~ 8A06,3A21,6A02

7.1.5 铝钎剂

除了在惰性气体或真空条件下钎焊铝及其合金不需要使用钎剂外,由于铝及铝合金表面的氧化膜致密、稳定,每种钎焊方法都必须使用钎剂。通常在350 ℃以上使用的铝钎剂称为硬钎剂,而在350 ℃以下使用的铝钎剂称为软钎剂。

常用的铝用硬钎剂主要有两大类:氯化物钎剂和氟化物钎剂,其成分和用途见表7.4。

表7.4 铝用高温钎剂成分及用途

牌号	化学成分/%	熔点/℃	钎焊温度/℃	特点及用途
QJ201	LiCl 31 ~ 35 KCl 47 ~ 51 $ZnCl_2$ 6 ~ 10 NaF 9 ~ 11	420	450 ~ 620	极易吸潮,能有效去除 Al_2O_3 膜,促进钎料在铝合金上漫流。活性极强,适用于在450 ~ 620 ℃火焰钎焊铝及铝合金,也可用于某些炉中钎焊,是一种应用较广的铝钎剂,工件需预热至550 ℃左右
QJ202	LiCl 40 ~ 44 KCl 26 ~ 30 $ZnCl_2$ 19 ~ 24 NaF 5 ~ 7	350	420 ~ 620	极易吸潮,活性强,能有效去除 Al_2O_3 膜,可用于火焰钎焊铝及铝合金,工件需预热至450 ℃左右

续表 7.4

牌号	化学成分/%	熔点/℃	钎焊温度/℃	特点及用途
QJ206	LiCl 24 ~ 26 KCl 31 ~ 33 ZnCl$_2$ 7 ~ 9 SrCl$_2$ 25 LiF 10	540	550 ~ 620	极易吸潮,活性强,适用于火焰或炉中钎焊铝及铝合金,工件需预热至 550 ℃左右
QJ207	KCl 43.5 ~ 47.5 CaF9 1.5 ~ 2.5 NaCl 18 ~ 22 LiF 2.5 ~ 4.0 LiCl 25 ~ 29.5 ZnCl$_2$ 1.5 ~ 2.5	550	560 ~ 620	与 Al-Si 共晶类型钎料相配,可用于火焰或炉中钎焊纯铝、LF21 及 LD2 等,能取得较好效果。极易吸潮,耐腐蚀性比 QJ201 好,黏度小,湿润性强,能有效破坏氧化膜,焊缝光滑
Y-1 型	LiCl 18 ~ 20 KCl 45 ~ 50 NaCl 10 ~ 12 ZnCl$_2$ 7 ~ 9 NaF 8 ~ 10 AlF$_3$ 3 ~ 5 PbCl$_3$ 1 ~ 1.5	—	580 ~ 590	去膜能力极强,保持活性时间长,适用于氧-乙炔火焰钎焊。可顺利地钎焊工业纯铝、LF21、LF1、LD2、ZL12 等,也可钎焊 LY11、LF2 等较难焊的铝合金,若用煤气火焰钎焊,效果更好
YJ17	LiCl 41 KCl 51 KF·AlF$_3$ 8	—	500 ~ 600	适用于浸沾钎焊
—	LiCl 34 KCl 44 NaCl 12 KF·AlF$_3$ 10	—	550 ~ 620	
QF	KF 42 AlF$_3$ 58 （共晶）	562	>570	具有"无腐蚀"的特点,纯共晶（KF·AlF3）钎剂可用于普通炉中钎焊,火焰钎焊纯铝或 LF21 防锈铝
—	KF 39 AlF$_3$ 56 ZnF$_2$ 0.3 KCl 4.7	540	—	是我国近年来新研制的钎焊铝用钎剂,活性期为 30 s,耐腐蚀性好。可为粉状,也可调成糊状,配合钎料 400 适用于手工、炉中钎焊
129A	LiCl-NaCl-KCl-ZnCl$_2$-CdCl$_2$-LiF	550	—	可用于 LY12、LF2 铝合金火焰钎焊
171B	LiCl-NaCl-KCl-TiCl-LiF	490	—	

　　氯化物钎剂是目前铝及铝合金钎焊应用最广的一类钎剂,这类钎剂以碱金属或碱土金属的氯化物的低熔点混合物为基本成分,加入少量氟化物和重金属的氯化物(氯化锌、氯化亚锡等)以增强去膜能力和提高钎剂的活性。对于氯化物钎剂的去膜机制的认识目前还存在争议,最初认为铝母材在快速加热过程中,表面的氧化铝膜会发生开裂(见图7.4),钎剂会与裂缝下的铝接触并发生下列反应:

$$3ZnCl_2 + 2Al \longrightarrow 2AlCl_3 \uparrow + 3Zn \downarrow$$
$$3CdCl_2 + 2Al \longrightarrow 2AlCl_3 \uparrow + 3Cd \downarrow$$

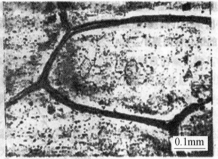

图 7.4　快速加热时 LF21 铝合金表面氧化膜的开裂及变化

　　反应产物 $AlCl_3$ 为气体,其外逸时会冲破氧化铝膜,而重金属锌、镉等沉积于铝的表面并促进钎料的铺展。由于大量的 $AlCl_3$ 气体外逸,破坏了钎剂的保护作用,因而加入一些碱金属氟化物(如 NaF)来抑制 $AlCl_3$ 的生成量,从而减轻钎焊时钎剂中的气泡数量。上述反应是可以进行的,但其关于碱金属氟化物作用的描述是不完善的。当钎剂中不含有氟化物时,其去膜效果明显减弱。

　　关于铝用氯化物基硬钎剂去膜的另一种观点是电化学去膜机制。这种观点认为,在钎焊温度下,熔化的钎剂呈电离状态,其中的阴离子(如 Cl^-、F^-)能迅速渗入由于与铝的热膨胀系数不一致的氧化铝膜的裂缝,使氧化铝膜与铝在界面处的熔融钎剂中形成微电池。铝为阳极,放出电子,使金属铝变为铝阳离子而被腐蚀:

$$4Al \longrightarrow 4Al^{3+} + 12e$$

这样就破坏了氧化铝膜与铝的结合,加上 Al^{3+} 从膜下渗出时的力的作用和熔化钎剂的表面张力的作用,使氧化铝膜从铝表面上剥脱下来,成为细小的碎片进入熔化的钎剂中。未剥脱的氧化铝膜在微电池中成为阴极,溶解在钎剂中的氧从阴极上获取铝释放的电子,成为氧阴离子:

$$3O_2 + 12e \longrightarrow 6O^{2-}$$

　　氧阴离子的形成保证了铝继续阳离子化的过程,使氧化铝膜得以彻底去除。图7.5给出了上述电化学反应过程的示意图。铝阳离子冲破氧化铝膜后在熔化的钎剂中形成 $AlCl_3$ 气体逸出,使钎剂产生大量的气泡。当钎剂中有氟化物存在时,钎剂中生成 $AlCl_3$ 的过程可被生成稳定的 AlF_6^{-3} 络合离子的过程所取代,这样不但防止了气泡的产生,而且有效地降低了熔化钎剂中铝的电极电位,加速了铝的电化学腐蚀,增强了钎剂清除氧化铝膜的作用。

氯化物钎剂钎焊时残留的钎剂具有腐蚀性，要进行焊后清除处理；同时，氯化物钎剂容易吸潮，保管和使用不方便。使用氟化物钎剂进行钎焊就可以克服以上的缺点。铝钎焊时常用的氟化物钎剂是氟铝酸钾钎剂，有时又称为无腐蚀不溶性钎剂（Non-Covrosive insoluble flux，简称 Nocolok 钎剂）。其成分是 KF 和 AlF_3 的共晶体，严格地说应该是 $KAlF_4$ 和 K_3AlF_6 的共晶体，其熔点为 562 ℃。这种钎剂最大的优点是钎剂本身

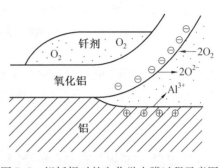

图 7.5 铝钎焊时的电化学去膜过程示意图

和钎剂残渣均不溶于水，因而对铝母材及钎缝无腐蚀作用。在室温下，Nocolok 钎剂不与铝发生反应，一旦熔化会溶解待连接铝表面的氧化膜，并且防止表面重新氧化，同时，钎剂会润湿待焊铝或铝合金的表面，使得熔化钎料通过毛细作用顺利流入接头，实现钎焊连接。冷却后残留的钎剂在表面形成很薄的一层，通常厚度为 1 ~ 2 μm，该层不吸潮、防腐蚀、无需清洗。

7.1.6　铝及铝合金钎焊方法

铝及铝合金的软钎焊方法主要有火焰钎焊、烙铁钎焊和炉中钎焊等。这些方法在钎焊时一般都采用钎剂，并对加热温度和保温时间有严格要求。火焰钎焊和烙铁钎焊时，应避免热源直接加热钎剂以防钎剂过热失效。由于铝能溶于含锌量高的软钎料中，因而接头一旦形成就应停止加热，以免发生母材溶蚀。在某些情况下，铝及铝合金的软钎焊有时不采用钎剂，而是借助超声波或刮擦方法进行去膜。利用刮擦去膜进行钎焊时，先将工件加热到钎焊温度，然后用钎料棒的端部（或刮擦工具）刮擦工件的钎焊部位，在破除表面氧化膜的同时，钎料端部熔化并润湿母材。

铝及铝合金的硬钎焊方法主要有火焰钎焊、炉中钎焊、浸沾钎焊、真空钎焊及气体保护钎焊等。火焰钎焊多用于小型工件和单件生产。为避免使用氧乙炔焰时因乙炔中的杂质同钎剂接触使钎剂失效，以使用汽油压缩空气火焰为宜，并使火焰具有轻微的还原性，以防母材氧化。具体钎焊时，可预先将钎剂、钎料放置于被钎焊处，与工件同时加热，也可先将工件加热到钎焊温度，然后将蘸有钎剂的钎料送到钎焊部位，待钎剂与钎料熔化后，使钎料均匀填缝后，慢慢撤去加热火焰。

空气炉中钎焊铝及铝合金时，一般应预置钎料，并将钎剂溶解在蒸馏水中，配成浓度为 50% ~ 75% 的稠溶液，再涂覆或喷射在钎焊面上，也可将适量的粉末钎剂覆盖于钎料及钎焊面处，然后将装配好的焊件放到炉中再进行加热钎焊。为防止母材过热甚至熔化，必须严格控制加热温度。

铝及铝合金的浸沾钎焊一般采用膏状或箔状钎料。装配好的工件应在钎焊前进行预热，使其温度接近钎焊温度，然后浸入钎剂中钎焊。钎焊时，要严格控制钎焊温度及钎焊时间。温度过高，母材易于溶蚀，钎料易于流失；温度过低，钎料熔化不够，钎着率降低。钎焊温度应根据母材的种类和尺寸、钎料的成分和熔点等具体情况而定，一般介

于钎料液相线温度和母材固相线温度之间。工件在钎剂槽中的浸沾时间必须保证钎料能充分熔化和流动,但时间不宜过长;否则,钎料中的硅元素可能扩散到母材金属中去,使近缝区的母材变脆。

铝及铝合金的真空钎焊常采用金属镁作活化剂,镁蒸气能够破坏氧化膜与母材的结合,使熔化的钎料得以润湿和铺展。镁可以以颗粒形式直接放在工件上使用,或以蒸气形式引入到钎焊区内,也可以将镁作为合金元素加入到铝硅钎料中。对于结构复杂的工件,为了保证镁蒸气对母材的充分作用以改善钎焊质量,常采取局部屏蔽的工艺措施,即先将工件放入不锈钢盒(通称工艺盒)内,然后置于真空炉中加热钎焊。真空钎焊的铝及铝合金接头,表面光洁,钎缝致密,钎焊后不需进行清洗;但真空钎焊设备费用高,镁蒸气对炉子污染严重,需要经常清理。

7.2 铜及铜合金的钎焊

铜具有优良的导电性、导热性、耐蚀性、延展性和一定的强度。在铜中添加各种合金元素可提高其耐蚀性、强度和改善机加工性能。因此,铜和铜合金在电气、电工、化工、食品、动力、交通、航空、航天、兵器等工业部门获得广泛应用。

7.2.1 钎焊性

铜及铜合金通常可分为紫铜(纯铜)、黄铜、青铜和白铜 4 大类,它们的钎焊性主要取决于表面氧化膜的稳定性及钎焊加热过程对材料性能的影响。

纯铜表面可形成氧化铜和氧化亚铜,这两种氧化物容易被还原性气体还原,也容易被钎剂去除,所以纯铜的钎焊性是很好的。但纯铜不能在含氢的还原气氛中进行钎焊。这是因为铜内的氧化物被还原,会在固体金属内形成高压水蒸气而发生氢脆。铜加热时不发生相变,当加热温度较高时,晶粒长大并产生退火,使冷作硬化的工件软化。因此,选用熔化温度较低的钎料比较合适。

普通黄铜中含 Zn 量低于 15% 时,表面氧化膜主要由 Cu_2O 组成,其中含有 ZnO 微粒;当含 Zn 量大于 20% 时,其氧化物主要由 ZnO 组成。Zn 的氧化物比较容易去除,因此普通黄铜的钎焊性也很好。锰黄铜的表面由 Zn 的氧化物和 Mn 的氧化物组成,Mn 的氧化物比较稳定,较难去除,需采用活性强的钎剂以保证钎料的润湿。黄铜不宜在保护气氛和真空中钎焊,因为 Zn 的蒸气压高,在保护气氛和真空中钎焊时,黄铜中的 Zn 挥发,表面变红,并影响其钎焊性和母材性能。如必须在保护气氛和真空中钎焊,应预先在黄铜表面电镀 Cu 或 Ni,以防止 Zn 的挥发,但镀层可能影响接头的强度。钎焊黄铜时必须使用钎剂。

锡青铜、镉青铜表面的氧化膜均容易去除,硅青铜、铍青铜表面氧化膜虽然较稳定,但也不难去除。而 $w(Al)$ 超过 10% 的铝青铜,表面主要是铝的氧化物,很难去除,必须采用专门的钎剂。如果铝青铜零件在淬火和回火状态下钎焊,则钎焊温度不能超过回火温度,否则将使母材发生软化;如在高温下钎焊,则钎焊温度应与淬火温度相适应,然后进行回火处理。

白铜表面上镍的氧化物和铜的氧化物容易去除,但应选用不含 P 的钎料进行钎焊,因含 P 的钎料钎焊白铜时易在界面形成脆性镍磷化合物,降低接头的强度和韧性。

一些常用的铜和铜合金的钎焊性见表 7.5。

表 7.5 常用铜及铜合金的钎焊性

合金	铜 T1	无氧铜 TU1	黄 铜			锡青铜 HSn62-1	锰黄铜 HMn58-2	锡青铜		铅黄铜 HPb59-1
			H96	H68	H62			QSn6.5-0.1	QSn4-3	
钎焊性	优	优	优	优	优	优	良	优	优	良

合金	铝青铜		铍青铜		硅青铜 QSi3-1	铬青铜 QCr0.5	镉青铜 QCd1	锌白铜 BZn15-20	锰白铜 BMn40-1.5
	QAl9-2	QAl10-4-4	QBe2	QBe1.7					
钎焊性	差	差	良	良	良	良	优	良	困难

7.2.2 钎焊材料

铜及铜合金部件根据其应用场合和使用温度的不同,所采用的钎焊材料可分为硬钎焊用和软钎焊用钎料和钎剂两大类。

(1)软钎焊用钎料及钎剂

铜及铜合金的钎焊过程中所需要的软钎料主要包括锡基钎料、镉基钎料,几种常用软钎料用于铜及黄铜软钎焊的接头性能见表 7.6。

表 7.6 铜及黄铜软钎焊接头的强度

钎料牌号	抗剪强度/MPa		抗拉强度/MPa	
	铜	黄铜	铜	黄铜
S-Pb80Sn18Sb2	20.6	36.3	88.2	95.1
S-Pb68Sn30Pb2	26.5	27.4	89.2	86.2
S-Pb58Sn40Sb2	36.3	45.1	76.4	78.4
S-Pb97Ag3	33.3	34.3	50.0	58.8
S-Sn90Pb10	45.1	44.1	63.7	68.6
S-Sn95Sb5	37.2	—	—	—
S-Sn92Ag5Cu2Sb1	35.3	—	—	—
S-Sn85Ag8Sb7	—	82.3	—	—
S-Cd96Ag3Zn1	57.8	—	73.8	—
S-Cd95Ag5	44.1	46.0	87.2	88.2
S-Cd92Ag5Zn3	48.0	54.9	90.1	96.0

软钎料中应用最广的锡铅钎料,其润湿性和铺展性随钎料中含锡的增加而提高。

这种钎料的工艺性和经济性均好,接头强度也能很好地满足使用要求。含锡量95%以上的锡铅钎料主要用于食品工业和餐具的钎焊,以减少铅的污染。S-Sn60Pb 和 S-Sn63Pb的熔化温度最低,具有优越的工艺性能,主要用于电子器件的手工钎焊、波峰钎焊、热熔钎焊和浸沾钎焊等。但是用锡铅钎料钎焊铜及铜合金时,在钎料和母材界面上容易形成金属间化合物 Cu_6Sn_5,这种金属间化合物存在的形态和数量会影响到接头的性能,因此必须注意控制钎焊温度和钎焊保温时间。

近几十年锡铅钎料已经成为了电子工业的主要焊接材料,然而铅和铅的化合物有剧毒,长期大量的使用会给人类环境和安全带来不可忽视的危险。国际环保公约规定,含铅钎料应用日期截止到 2006 年 6 月底,因此无铅钎料在 2006 年下半年开始得到广泛应用。常用的无铅钎料的化学成分和物理性能见表7.7。目前在电子工业最佳的锡铅钎料的替代品是 Sn-Ag-Cu 系列的钎料。这一系列钎料的力学性能和抗蠕变性能比锡铅钎料好,但是铺展性和润湿性要比锡铅共晶钎料差得多,而且成本较高。

镉基钎料是软钎料中耐热性最好的钎料,并具有较好的耐蚀性,主要替代锡铅钎料用于使用温度较高的铜合金的手工钎焊,接头承受的最高温度可达 250 ℃,但由于 Cd 是对人体有害元素,一般情况下不推荐使用。

用锡铅钎料钎焊铜时,可选松香酒精溶液或活性松香和 $ZnCl_2 + NH_4Cl$ 水溶液等钎剂,后者还可用于黄铜、青铜和铍青铜的钎焊。钎焊铝黄铜、铝青铜和硅黄铜时,钎剂可选氯化锌盐酸溶液。钎焊锰白铜时,钎剂可选磷酸溶液。用镉基钎料钎焊时可采用 FS205 钎剂。

表7.7 常用无铅钎料的化学成分和物理性能

钎料牌号	化学成分(质量分数)/%				固相线 /℃	液相线 /℃	抗拉强度 /MPa
	Sn	Ag	Sb	其他			
HL605	96.0	4.0	—	—	221	230	53.0
HLSn95Sb	95.0	—	5.0	—	233	240	39.0
HLSn92AgCuSb	92.0	5.0	1.0	Cu:2.0	250	—	49.0
HLSn85AgSb	84.5	8.0	7.5		270	—	80.4
HLSn91Zn	91.0	—	—	Zn:9.0	199	—	—
HLSn95CuAg	95.0	0.5	4.5		266	360	—
HLSn94SbZnAgCu	94.5	0.5	3.0	Zn:1.5,Cu:0.5	215	228	—
HLSn91SbCuAg	91.0	0.5	5.0	Cu:3.5	238	360	—
HLSn96BiCuAg	96.0	0.5	—	Bi:3.0,Cu:0.5	206	234	—
HLSn96CuBiAg	96.0	0.1	—	Bi:1.0,Cu:3.0	215	238	—
HLSn95CuSbAg	95.0	0.5	1.0	Cu:3.5	221	231	—

2.硬钎焊用钎料及钎剂

用于铜及铜合金硬钎焊的钎料根据组成钎料的主要元素不同,分为铝基、银基、铜基、锰基、金基、镍基等。几种常用的硬钎料用于铜及黄铜硬钎焊的接头性能见表7.8。

在表7.8所使用的钎料中,银基钎料的熔点适中,工艺性好,并具有良好的强度、韧性、导电性、导热性和耐腐蚀性,是应用极广的硬钎料。对于要求导电性能高的工件,应选用含银量高的钎料,如 B-Ag70CuZn 等。真空钎焊或保护气氛炉中钎焊,应选用不含挥发性元素 Zn 的钎料。含银量较低的钎料,价格便宜,钎焊温度高,钎焊接头的韧性较差,主要用于钎焊要求较低的铜及铜合金。

表7.8 铜及黄铜硬钎焊接头的性能

钎料牌号	抗剪强度/MPa		抗拉强度/MPa		弯曲角/(°)	冲击吸收功/J
	铜	黄铜	铜	黄铜	铜	铜
H62	165	—	176	—	120	353
B-Cu60ZnSn-R	167	—	181	—	120	360
B-Cu54Zn	162	—	172	—	90	240
B-Cu52Zn	154	—	167	—	60	211
B-Cu64Zn	132	—	147	—	30	172
B-Cu93P	132	—	162	176	25	58
B-Cu92PSb	138	—	160	196	—	—
B-Cu92PAg	159	219	225	292	120	—
B-Cu80PAg	162	220	225	343	120	205
B-Cu90P6Sn4	152	205	202	255	90	182
B-Ag70CuZn	167	199	185	321	—	—
B-Ag65CuZn	172	211	177	334	—	—
B-Ag55CuZn	172	208	174	328	—	—
B-Ag45CuZn	177	216	181	325	—	—
B-Ag25CuZn	167	184	172	316	—	—
B-Ag10CuZn	158	161	167	314	—	—
B-Ag72Cu	165	—	177	—	—	—
B-Ag50CuZnCd	177	226	210	375	—	—
B-Ag40CuZnCd	168	194	179	339	—	—

铜磷钎料由于含有一定量的 P 元素,使该系列钎料的钎焊温度大幅度降低,同时该系列钎料自钎作用明显,可以在通常气氛下不需添加任何钎剂而施焊,钎料的工艺性能十分优越,因此广泛应用于电器、机械等行业中各种管路、结构零部件的火焰钎焊或感应钎焊。但是由于铜磷系列钎料耐蚀性和固有的接头脆性等缺点,应用领域受到了一定的限制。

用银基钎料钎焊铜及铜合金时,采用 FB101 或 FB102 钎剂可得到良好的效果。钎焊铍青铜和硅青铜,最好采用 FB102。用银铜锌镉钎料钎焊时,应采用 FB103。用铜磷、铜磷银钎料钎焊纯铜时可以不用钎剂,但钎焊黄铜及其他铜合金必须使用。用铜磷钎料钎焊铜及铜合金时,为了防止钎焊接头氧化,还使用有机气体钎剂,如有机硼气态钎剂,能够得到光亮、无任何变色的钎焊接头。

7.2.3 钎焊工艺

钎焊前要对待钎焊铜或铜合金表面进行处理,溶剂除油或碱液除油都适用于铜和铜合金。机械方法、金属丝刷和喷砂等可用来去除氧化物。铜和铜合金的化学清洗过程如下。

（1）铜、黄铜和锡青铜

在 10% ~ 20% H_2SO_4 冷水溶液中浸洗 10 ~ 20 min;或在 $w(H_2SO_4):w(HNO_3):w(H_2O) = 2.5:1:0.75$ 溶液中浸洗 15 ~ 25 s。

（2）硅青铜

先在 5% H_2SO_4 的热水溶液中浸洗,再在 2% HF 和 5% H_2SO_4 的冷混合酸水溶液中浸洗。

（3）铬青铜和铜镍合金

在 5% H_2SO_4 的热水溶液中浸洗,然后在 15 ~ 37 g/L 重铬酸钠和 4% H_2SO_4 的溶液中浸洗。

（4）铝青铜

先在 2% 的 HF 和 3% 的 H_2SO_4 的冷混合酸水溶液中浸洗,然后在 5% 的 H_2SO_4 的溶液中浸洗。

（5）铍青铜

厚氧化膜应在 50% 的 H_2SO_4 水溶液中于 65 ~ 75 ℃下浸洗。薄氧化膜可在 2% 的 H_2SO_4 水溶液于 71 ~ 82 ℃温度下浸洗,然后在 30% 的 HNO_3 水溶液中浸一下。

铜及铜合金可用多种方法进行钎焊,如烙铁钎焊、浸沾钎焊、火焰钎焊、感应钎焊、电阻钎焊、炉中钎焊、接触反应钎焊等。但高频感应钎焊时,由于铜的电阻小,要求加热的电流比较大。

含氧铜暴露在含氢的气氛下能使铜产生脆化。应避免使用火焰钎焊大型组件,炉中钎焊也应避免使用含氢气氛。温度高、时间长会加重发生氢脆的危险。黄铜在炉中钎焊时,锌发生蒸发,使黄铜成分发生变化,故钎焊黄铜最好先镀铜。含锌的钎料在炉中钎焊时,为了防止锌的蒸发,最好加少量的钎剂。含铅的铜合金经长时间加热容易析出铅,如果从合金中(特别是铅的质量分数高于 2.5%)析出大量的铅,由于变脆和钎焊不良,会形成有缺陷的钎焊接头。铝青铜钎焊时,为了防止铝向银钎料中扩散,使接头质量变坏,钎焊加热时间必须尽可能短。在铝青铜表面上镀铜或镀镍也可以防止铝向钎料的扩散。钎焊铍青铜时,钎焊加热温度应与热处理规范相配合。对于一些容易自裂的合金,如硅青铜、磷青铜、铜镍合金,一定要避免产生热应力,不宜采用快速加热方法。

钎焊后要清除钎剂的残渣,清洗工件表面。清除残渣的主要目的是为了防止残渣对工件的腐蚀,有时也是为了获得一个良好的外观或对钎焊后的工件作进一步加工,这些残渣很容易用热水浸泡而溶解掉。

7.3　碳钢、低合金钢和不锈钢的钎焊

碳钢、低合金钢和不锈钢在现代工业中的应用范围非常广泛,其钎焊技术也发展很快。

7.3.1　碳钢和低合金钢的钎焊

1. 钎焊性

碳钢和低合金钢的钎焊性很大程度上取决于材料表面上所形成氧化物的种类。随着温度的升高,在碳钢的表面上会形成 γ-Fe_2O_3、α-Fe_2O_3、Fe_3O_4 和 FeO 四种类型的氧化物。这些氧化物除了 Fe_3O_4 之外都是多孔和不稳定的,它们都容易被钎剂所去除,也容易被还原性气体所还原,因而碳钢具有很好的钎焊性。

对低合金钢而言,如果合金元素的含量较低,则材料表面上所存在的氧化物基本是铁的氧化物,这时的低合金钢具有与碳钢一样的钎焊性。如果所含的合金元素增多,特别是像 Al 和 Cr 这样易形成稳定氧化物元素的增多,会使低合金钢的钎焊性变差,这时应选用活性较大的钎剂或露点较低的保护气体进行钎焊。

2. 钎焊材料

碳钢和低合金钢的钎焊包括软钎焊和硬钎焊。软钎焊中应用最广的钎料是锡铅钎料,这种钎料对钢的润湿性随含锡量的增加而提高,因而密封接头宜采用含锡量高的钎料。锡铅钎料中的锡与钢在界面上可能形成 Fe-Sn 金属间化合物层,为避免该层化合物的形成,应适当控制钎焊温度和保温时间。几种典型的锡铅钎料钎焊的碳钢接头的抗剪强度见表 7.9。其中以 $w(Sn)$ 为 50% 的钎料钎焊的接头强度最高,不含锑的钎料所焊的接头强度比含锑的高。

表 7.9　锡铅钎料钎焊的碳钢接头的抗剪强度

钎料牌号	S-Pb90Sn	S-Pb80Sn	S-Pb70Sn	S-Pb60Sn	S-Sn50Pb	S-Sn60Pb
抗剪强度/MPa	19	28	32	34	34	30
钎料牌号	S-Pb90SnSb	S-Pb80SnSb	S-Pb70SnSb	S-Pb60SnSb	S-Sn50PbSb	S-Sn60PbSb
抗剪强度/MPa	12	21	28	32	34	31

碳钢和低合金钢硬钎焊时,主要采用铜基钎料和银基钎料。纯铜由于熔点高,钎焊时易使母材氧化,主要用于保护气体钎焊和真空钎焊。但应注意的是钎焊接头间隙宜小于 0.05 mm,以免产生因铜的流动性好而使接头间隙不能填满的问题。用纯铜钎焊的碳钢和低合金钢接头具有较高的强度,一般抗剪强度为 150～215 MPa,而抗拉强度

为 170 ~ 340 MPa。

使用黄铜钎料时,为了防止锌的蒸发,必须采用快速加热方法,如火焰钎焊、感应钎焊、浸沾钎焊等;通常选用含有少量硅的钎料,可有效减少锌的蒸发。黄铜钎料的钎焊温度比较低,钢不会发生晶粒长大,钎焊接头强度和塑性均比较好,如用 B-Cu62Zn 钎料钎焊的低碳钢接头强度达 421 MPa,抗剪强度达 294 MPa。用铜基钎料钎焊镀 Zn 钢板时,利用电弧钎焊高热能密度、快速加热的特点,可有效防止锌的蒸发,并且能获得良好的接头。

常用的银基钎料主要有 B-Ag45CuZn、B-Ag40CuZnCd、B-Ag50CuZnCd 和 B-Ag40CuZn钎料。银铜锌钎料的工艺性能好,钎焊温度比铜基钎料低,在铜表面有良好的铺展性。采用银铜锌钎料钎焊碳钢和低合金钢,可获得强度和塑性均较好的接头,具体数据列于表 7.10。

表 7.10　银铜锌钎料钎焊的低碳钢接头的强度

钎料牌号	B-Ag25CuZn	B-Ag45CuZn	B-Ag50CuZn	B-Ag40CuZnCd	B-Ag50CuZnCd
抗剪强度/MPa	199	197	201	203	231
抗拉强度/MPa	375	362	377	386	401

钎焊碳钢和低合金钢一般均需用钎剂或适当的保护气体。钎剂常按所选的钎料和钎焊方法而定。当采用锡铅钎料时,可选用氯化锌与氯化铵的混合液做钎剂或其他专用钎剂。这种钎剂的残渣一般都具有很强的腐蚀性,钎焊后应对接头进行严格清洗。

硬钎焊时,钎剂常由硼砂、硼酸和某些氟化物等组成。如黄铜钎料则选硼砂或硼砂与硼酸的混合物作钎剂;银基钎料可选择硼砂、硼酸和某些氟化物的混合物作钎剂;银基钎料和保护气氛可同时使用。钎剂可采用膏状、粉状和与钎料相结合等形式。在手工送钎料时,手持钎料丝,随时粘着适量的钎剂以备使用。在保护气氛中钎焊时,钎料需预先放置在接头内或置于接头附近,然后把组件装入钎焊工作室中,必须控制钎焊的最高温度和保温时间,以保证适当的熔化,使钎料完全渗入接头。

3. 钎焊技术

采用机械或化学方法清理待焊表面,确保氧化膜和有机物彻底清除。清理后的表面不宜过于粗糙,不得粘附金属屑粒或其他污物。

采用各种常见的钎焊方法均可进行碳钢和低合金钢的钎焊。火焰钎焊时,宜用中性或稍带还原性的火焰,操作时应尽量避免火焰直接加热钎料和钎剂。感应钎焊和浸沾钎焊等快速加热方法非常适合于调质钢的钎焊,同时宜选择淬火或低于回火的温度进行钎焊,以防母材发生软化。保护气氛中钎焊低合金高强钢时,不但要求气体的纯度高,而且必须配用气体钎剂才能保证钎料在母材表面上的润湿和铺展。

钎剂的残渣可以采取化学或机械的方法来清除。有机钎剂的残渣可用汽油、酒精、丙酮等有机溶剂擦拭或清洗;氯化锌和氯化铵等强腐蚀性钎剂的残渣,应先在 NaOH 水溶液中中和,然后再用热水和冷水清洗;硼酸和硼酸盐钎剂的残渣不易清除,只能用机械方法或在沸水中长时间浸煮解决。

7.3.2 不锈钢的钎焊

根据组织不同,不锈钢可分为奥氏体不锈钢、铁素体不锈钢、马氏体不锈钢和沉淀硬化不锈钢。不锈钢钎焊接头广泛地应用于航空航天、电子通讯、核能及仪器仪表等工业领域,如蜂窝结构、火箭发动机推力室、微波波导组件、热交换器及各种工具等。此外,诸如不锈钢锅、不锈钢杯等日常用品也常用钎焊方法来制造。

1. 不锈钢的钎焊性

不锈钢钎焊中的首要问题是表面存在的氧化膜严重影响钎料的润湿和铺展。各种不锈钢中都含有相当数量的 Cr,有的还含有 Ni、Ti、Mn、Mo、Nb 等元素,它们在表面上能形成多种氧化物甚至复合氧化物,其中,Cr 和 Ti 的氧化物 Cr_2O_3 和 TiO_2 相当稳定,较难去除。在空气中钎焊时,必须采用活性强的钎剂才能去除它们;在保护气氛中钎焊时,只有在低露点的高纯气氛和足够高的温度下,才能将氧化膜还原;真空钎焊时,必须有足够高的真空度和足够高的温度才能取得良好的钎焊效果。

其次,钎焊的加热温度对不锈钢性能影响很大,所以钎焊温度必须与其热处理温度相适应,通常在淬火温度下钎焊可以获得最好的性能。例如钎焊 1Cr18Ni9 和 0Cr18Ni9 时,加热到 427~876 ℃时,由于碳化铬的析出而引起晶间腐蚀,为此钎焊时尽量缩短在该温度范围的加热时间,也可选用加入碳化物稳定剂 Ti、Nb 的不锈钢,这样能够避免晶间腐蚀。另外,钎焊这类钢时,要注意钎焊温度的选择,应选择使晶粒不致猛烈长大的温度。例如,1Cr18Ni9Ti 不锈钢的晶粒长大温度为 1 150 ℃,故应低于此温度钎焊。

还应指出的是所有铬镍不锈钢都容易产生应力腐蚀裂纹。这种现象往往发生在基体金属处于应力作用状态下,在高应点上,熔化钎料沿着晶界向基体金属渗入,使基体金属强度大为降低,因此,最佳的钎焊效果是在消除应力的材料上获得的。消除应力的热处理可以在钎焊前或钎焊过程中进行,如果是在钎焊过程中进行的,它的处理温度必须低于钎料的固相线温度。零件的装配和支撑方式要避免在钎焊过程再产生应力。

2. 钎料

根据不锈钢焊件的用途、钎焊温度、接头性能及造价的不同,不锈钢焊件常用的钎料有锡铅钎料、银基钎料、铜基钎料、锰基钎料、镍基钎料及贵金属钎料等。

不锈钢的软钎焊主要采用锡铅钎料,为了获得较好的润湿性能,以含锡量高的锡铅钎料为宜。几种常见的软钎料钎焊 1Cr18Ni9Ti 不锈钢接头的抗剪强度见表 7.11。采用锡铅钎料钎焊不锈钢获得的接头的强度较低,故只用于钎焊承载不大的零件。

银基钎料是钎焊奥氏体不锈钢最常用的钎料,其中银铜锌及银铜锌镉由于钎焊温度不太高,对母材的性能影响不大而应用最为广泛。这些钎料在钎焊温度下容易引起晶界析出碳化物,但由于 1Cr18Ni9Ti、1Cr18Ni9Nb 不锈钢含有钛、铌稳定剂,则可避免出现晶间腐蚀的倾向。银基钎料钎焊的接头强度见表 7.12。

表 7.11 1Cr18Ni9Ti 不锈钢软钎焊接头的抗剪强度

钎 料	钎 剂	接头抗剪强度/MPa	其他说明
S-Pb92Sn5Ag2-S	磷酸水溶液	17~26	
S-Pb60Sn40Ag2-S	磷酸水溶液	22~38	
S-Sn99-S	磷酸水溶液	28~30	
S-Sn96BiSbCuNi	磷酸水溶液	34~45	
	盐酸二乙胺、正磷酸乙二醇溶液	30~43	
	酒精松香	53~67	母材表面镀 Sn-Bi 合金

表 7.12 含银钎料及钎焊 1Cr18Ni9Ti 不锈钢接头的强度

型号	钎料强度/MPa	接头抗拉强度/MPa	接头抗剪强度/MPa
BCu53ZnAg	451	386	198
BCu40ZnAg	353	343	190
BAg45CuZn	386	394	198
BAg50CuZn	343	375	201
BAg40CdZnCu	392	375	205

采用银基钎料钎焊铁素体不锈钢时,应采用含镍的钎料以防止接头在潮湿空气中发生间隙腐蚀。而采用银基钎料钎焊马氏体不锈钢时,必须考虑母材的热处理制度,以免母材因加热温度过高而使母材发生软化。

一般银基钎料钎焊的不锈钢接头,其使用温度不宜超过 300 ℃,因为超过 300 ℃以后,钎焊接头强度急剧下降。若要求提高工作温度,可选用 BAg49CuZnMnNi 钎料,但此钎料在高于 480 ℃后抗氧化性能急剧下降。银基钎料常以棒状、丝状、片状及箔状形式使用。

用于不锈钢钎焊的铜基钎料主要有纯铜、铜镍及铜锰钴钎料等。纯铜钎料主要用于保护气氛下钎焊 1Cr18Ni9Ti 不锈钢。当用于真空钎焊时,钎焊时间要短,或充以部分氩气,以防止铜的蒸发。另外,纯铜钎料用于保护气氛或真空钎焊的抗氧化性不好,所以钎焊接头的工作温度不宜超过 400 ℃。对于在较高温度下工作的 1Cr18Ni9Ti 不锈钢焊件,可以用铜镍钎料进行钎焊。铜镍钎料,如 BCu68NiSi(B),主要用于火焰钎焊、感应钎焊等方法,所钎焊的 1Cr18Ni9Ti 不锈钢接头能与母材等强度,且工作温度较高。马氏体不锈钢可采用铜锰钴钎料,如 BCu59MnCo,在保护气氛中进行钎焊,接头强度和工作温度可与用金基钎料钎焊的接头强度相匹敌,表 7.13 是采用铜锰钴钎料和金基钎料钎焊 1Cr13 不锈钢接头的抗剪强度,可以看出两者性能相当,但生产成本大大降低。

表 7.13 1Cr13 不锈钢钎焊接头的抗剪强度

钎料型号	接头抗剪强度/MPa			
	室温	427 ℃	538 ℃	649 ℃
Cu59MnCo	415	317	221	104
82.5Au–17.5Ni	441	276	217	149
54Ag–21Cu–25Pd	299	207	141	100

镍基钎料钎焊不锈钢,可以得到相当好的高温性能。这种钎料一般用于气体保护钎焊或真空钎焊。镍基钎料钎焊不锈钢接头的组织和性能与钎焊接头间隙及钎焊保温时间密切相关。钎焊接头间隙小,钎焊保温扩散时间长,则钎焊接头组织为单一的固溶体相,具有较高的接头强度;反之,接头间隙大,钎焊保温时间短,在接头中会出现脆性化合物,使接头强度降低。表 7.14 列出了采用几种镍基钎料在不同钎焊接头间隙及不同保温时间条件下钎焊 1Cr16Ni13Nb 不锈钢接头的抗拉强度。镍基钎料的组织中含有大量的脆性金属间化合物,无法进行塑性变形加工,因此镍基钎料通常以粉末、黏带和非晶态箔带形式使用。

表 7.14 镍基钎料钎焊 1Cr16Ni13Nb 不锈钢接头的抗拉强度

钎 料	钎焊规范	接头间隙/μm	抗拉强度/MPa
B–Ni82CrSiB	1 040 ℃/10 min	25	315
		50	206
	1 040 ℃/10 min+ 1 000 ℃/1 h	25	552
		50	485
		100	42
B–Ni71CrSi	1 190 ℃/10 min	12	530
		25	370
		50	175
	1 190 ℃/10 min+ 1 000 ℃/1 h	12	520
		25	485
		50	485
B–Ni76CrP	1 065 ℃/60 min	12	290
		25	115
		50	90

贵金属钎料主要有金基(钎料包括金铜、金镍及金钯)和含钯钎料。贵金属钎料的主要优点有:钎焊工艺性能优良;对母材的溶蚀作用小,可钎焊薄件;无易挥发组分,可钎焊在高温下和真空中工作的各种部件;不含能形成难熔氧化物的组分,在保护气氛或

真空中钎焊时对气氛纯度和真空度要求不高;抗腐蚀性好;加工性好,容易加工成丝、片、箔等形式,使用方便。其中使用较多的是 B-Au82Ni 钎料。含钯钎料主要有银铜钯钎料、银钯锰钎料和银锰钯钎料。但贵金属钎料的价格昂贵,现已被其他钎料(如 BAg54CuPd、BCu58MnCo 等钎料)逐步取代。

3. 钎剂和保护气体

不锈钢的表面含有 Cr_2O_3 和 TiO_2 等氧化物,必须采用活性强的钎剂才能将其去除。采用锡铅钎料钎焊不锈钢时,可配用的钎剂为磷酸水溶液或氯化锌盐酸溶液。磷酸水溶液的活性时间短,必须采用快速加热的钎焊方法。

采用银基钎料钎焊不锈钢时,可配用 FB102、FB103 或 FB104 钎剂。采用铜基钎料钎焊不锈钢时,由于钎焊温度较高,故采用 FB105 钎剂。

炉中钎焊不锈钢时,常采用真空气氛或氢气、氩气、分解氨等保护气氛。真空钎焊时,要求真空压力低于 10^{-2}Pa。保护气氛中钎焊时,要求气体的露点不高于-40 ℃。如果气体纯度不够或钎焊温度不高,还可在气氛中掺加少量的气体钎剂,如三氟化硼等。

4. 钎焊工艺

不锈钢钎焊前的清理要求比碳钢更为严格,这是因为不锈钢表面的氧化物在钎焊时更难以用钎剂或还原性气氛加以清除。

不锈钢钎焊前的清理应包括清除任何油脂和油膜的脱脂工作。待焊接头的表面还要进行机械清理或酸液清洗。但是,要避免用金属丝刷子擦刷,尤其要避免使用碳钢丝刷子擦刷。清理以后要防止灰尘、油脂或指痕重新玷污已清理过的表面。最好的方法是:零件一经清洗之后立即进行钎焊。如果做不到这一点,就应把清洗过的零件装入密封的塑料袋中,一直封存到钎焊前为止。

不锈钢可以用多种钎焊方法进行钎焊,如常见的烙铁、火焰、感应、炉中等钎焊方法。炉中钎焊用的设备必须具有良好的温度控制(钎焊温度的偏差要求±6 ℃)系统,并能快速冷却。

硬钎焊时,广泛使用保护气体钎焊。用氢气作为保护气体时,对氢气的要求视钎焊温度和母材成分而定:对于 1Cr13 和 Crl7Ni2 等马氏体不锈钢在 1 000 ℃温度下钎焊时要求氢气的露点低于-40 ℃;对于不含稳定剂的 18-8 型铬镍不锈钢,在 1 150 ℃钎焊时,要求氢气的露点低于-25 ℃;但对含钛稳定剂的 1Cr18Ni9Ti,1 150 ℃钎焊时的氢气露点必须低于-40 ℃。钎焊温度越低,要求的氢气露点越低。

国内广泛使用氩气保护钎焊。由于氩气无还原作用,故要求高纯度的氩气。采用氩气保护高频钎焊,可以取得良好的效果。氩气保护钎焊时,为了保证去除不锈钢表面的氧化膜,可以采用气体钎剂,常用的有加 BF_3 气体的氩气保护钎焊。采用含锂或硼等自钎剂钎料时,即使不锈钢表面有轻微的氧化,也能保证钎料铺展,从而提高钎焊质量。

真空钎焊不锈钢时,真空度要视钎焊温度而定。由表 7.15 列出 18-8 型不锈钢在不同温度下的试验结果,可以看出,随着钎焊温度的提高真空度要求可降低。

表 7.15 18-8 型不锈钢真空钎焊结果

加热温度/℃	真空度/Pa	润湿性	外　表	加热温度/℃	真空度/Pa	润湿性	外　表
1 150	$1.33×10^{-2}$	很好	光亮	900	$1.33×10^{-2}$	尚好	光亮
1 150	1.33	好	淡绿	900	$1.33×10^{-1}$	无	—
1 150	133	无	厚氧化膜	850	$1.33×10^{-2}$	差	淡黄

应指出,用镍基钎料钎焊不锈钢时,常出现脆性化合物,使接头性能变坏。因此,要求有较小的装配间隙,一般均在 0.04 mm 以下,有的甚至为零间隙,这就为零件的装配和制造带来困难,不注意这一点就不能保证钎焊接头的质量。若提高钎焊温度或延长钎焊保温时间,则可适当增加装配间隙。

不锈钢钎焊后的主要工序是清理残余钎剂、残余阻流剂和进行热处理。非硬化不锈钢零件在还原性或惰性气氛炉中进行钎焊时,如果没有使用钎剂和没有必要清除阻流剂,则不必清理表面。

根据所采用的钎剂和钎焊方法,残余钎剂的清除可以用水冲洗、机械清理或化学清理。如果采用研磨剂来清洗钎剂或钎焊接头附近加热区域的氧化膜时,应使用砂子或其他非金属细颗粒。不能使用不锈钢以外的其他金属细粒,以免引起锈斑或点状腐蚀。

马氏体不锈钢和沉淀硬化不锈钢制造的零件,钎焊后需要按材料的特殊要求进行热处理。

用镍铬硼和镍铬硅钎料钎焊不锈钢时,钎焊后扩散处理常常是不可缺少的工序。扩散处理不但能增大最大钎缝间隙,而且能改善钎焊接头组织。如用 BNi82CrSiBFe 钎料钎焊不锈钢接头经 1 000 ℃扩散处理后,钎缝虽仍有脆性相存在,但只有硼化铬相,其他脆性相均已消失;而且硼化铬相呈断续状分布,这对改善接头的塑性是有利的。

7.4　钛及钛合金的钎焊

钛在地球中的储量极丰富,仅次于铝、铁、镁。钛及其合金虽然生产历史较短,在第二次世界大战后才开始应用,但其发展极快,这与航空和航天技术的发展以及其本身所特有的优异性能是分不开的。钛及钛合金的强度与优质钢相近,但它的密度为 4.5 g/cm³,介于铝(2.7 g/cm³)和铁(7.8 g/cm³)之间,比强度较任何合金都高,这是飞行器材料所严格要求的一项指标。另外,钛及钛合金的耐热性也远比铝合金和镁合金高,工作温度范围较宽,低温钛合金在−253 ℃仍能保持良好塑性,先进耐热钛合金工作温度则可达550 ~ 600 ℃。钛及钛合金的另一个突出优点是具有与 18-8 不锈钢相媲美的抗蚀性,特别是在海水和含氨介质中的抗蚀性几乎与在空气中相同。因此,钛及钛合金不仅是航空航天中不可缺少的结构材料,目前在航海、化工、冶金、医疗、仪表等方面也得到了广泛应用。

7.4.1 钛及钛合金的钎焊性

钛及钛合金的钎焊特点主要表现在以下几个方面。

(1)表面氧化物稳定

钛对氧的亲和力很大,具有强烈氧化倾向,从而在其表面生成一层坚韧稳定的氧化膜。钎焊前必须经过非常仔细的清理去除,并且直到钎焊完成都要保持这种清洁状态。

(2)具有强烈的吸气倾向

钛和钛合金在加热过程中会吸收氧气、氢气和氮气,吸气的结果使合金的塑性、韧性急剧下降,所以钎焊必须在真空或干燥的惰性气氛保护下进行。

(3)组织和性能的变化

纯钛和α型钛合金不能进行热处理强化,因此钎焊工序对其性能影响较小。但当加热温度接近或超过$\alpha \to \beta$(或$\alpha+\beta \to \beta$)转变温度,β相的晶粒尺寸会急剧长大,组织显著粗化,随后在冷却速度较快的情况下形成针状α'相,使钛的塑性下降。

β型钛合金在退火状态时不受钎焊的影响,但是当在热处理状态或以后要热处理时,钎焊温度可能对其性能产生重大影响。当在固溶处理温度下钎焊时,可获得最佳韧性,随着钎焊温度升高,母材的韧性会降低。

α+β型钛合金的力学性能随热处理与显微组织的变化而变化。锻造的α+β型钛合金一般制成等轴晶的双相组织以获得最高的韧性。为保持这种显微组织,钎焊温度不宜超过β转变温度。钎焊温度越低,对母材性能的影响越小。

(4)形成脆性化合物

钛可同大多数金属形成脆性化合物,用来钎焊其他金属的钎料一般均能同钛形成化合物,使接头变脆,基本上不适用于钎焊钛及钛合金,因此选择钎焊钛合金的钎料存在一定困难。

7.4.2 钎焊材料

钛及其合金很少用软钎料钎焊,硬钎焊所用的钎料有很多种,可分为银基、钯基、铝基、钛基或钛锆基四大类。

银基钎料是最早使用的钎焊钛及钛合金的钎料,主要用于使用温度较低(<540 ℃)的构件。使用纯银钎料的接头强度低,容易产生裂纹,接头的抗腐蚀性及抗氧化性较差。Ag-Cu钎料的钎焊温度比银低,但润湿性随Cu含量的增加而下降。含有少量Li的Ag-Cu钎料,可以改善润湿性和提高钎料与母材的合金化程度。Ag-Li钎料具有熔点低、还原性强等特点,适用于保护气氛中钎焊钛及钛合金,但真空钎焊会因Li的蒸发而对炉子造成污染。Ag- 5A1- (0.5~1.0)Mn钎料是钛合金薄壁构件的优选钎料,钎焊接头的抗氧化和抗腐蚀性能好。采用银基钎料钎焊的钛及钛合金的接头抗剪强度见表7.16。

表 7.16　银基钎料钎焊钛及钛合金的钎焊工艺参数及接头强度

钎料牌号	钎焊工艺参数			抗剪强度/MPa
	钎焊温度/℃	保温时间/min	气　　氛	
B-Ag72Cu	850	10	真空	112.3
B-Ag72CuLi	850	10	氩气	118.3
B-Ag77Cu20Ni	920	10	真空	109.5
B-Ag92.5Cu	920	10	真空	120.3
B-Ag94A15Mn	920	10	真空	139.9

钯基钎料主要是为了获得具有良好高温强度的钛合金接头而开发的,目前主要有 Pd-60Mn-10Co 和 Pd-50Ni-10Co 两种。这两种钎料在钛合金表面上具有极好的润湿性和铺展能力。真空钎焊的 0.1 mm 间隙 TC4 接头组织良好,无裂纹、空洞和夹杂物,使用 Pd-Mn-Co 钎料钎焊(规范 1 165 ℃/5 min)所得的接头在室温和 800 ℃时抗拉强度分别为 682 MPa 和 102 MPa;使用 Pd-Ni-Co 钎料(规范 1 260 ℃/5 min)时,分别为 531 MPa 和 104 MPa。

钛合金用钯基钎料还有 Pd-40Au-30Cu、Pd-60Cu-10Co、Pd-60Cu-10Ni,钎焊温度为 1 100 ℃,钎焊钛合金具有高的高温强度。

铝基钎料的钎焊温度低,不会引起钛合金发生β相转变,降低了对钎焊夹具材料和结构的选择要求。这种钎料与母材的相互作用程度低,溶解和扩散也不明显,但钎料的塑性好,容易将钎料和母材轧制在一起,故非常适宜钎焊钛合金散热器、蜂窝结构和层板结构。

铝基钎料价格便宜,市场来源广,易于加工成箔、粉、丝、膏、包覆板等形式。另外,铝基钎料钎焊钛及钛合金的钎焊接头的耐蚀性优于银基钎料。

采用钛基或钛锆基钎料钎焊钛合金,可以获得较高的接头强度,甚至达到或接近母材强度。但是钛基或钛锆基钎料一般都含有 Cu、Ni 等元素,它们在钎焊温度时能快速扩散到基体中而与钛反应,造成基体的溶蚀和形成脆性层。因此钎焊时应严格控制钎焊温度和保温时间,尽可能不用于薄壁结构的钎焊。B-Ti48Zr48Be 是典型的钛锆钎料,它对钛有良好的润湿性,钎焊时母材无晶粒长大倾向。

真空、氩、氦是钎焊钛及其合金时效果良好的保护气氛。钎焊钛及其合金时要求的真空度需 $10^{-2} \sim 10^{-1}$ Pa 或者更高。当钎焊温度达 760 ~ 927 ℃时,为预防钛表面的变色,保护气氛的露点需达-54 ℃ 或更低。火焰钎焊时必须采用含有金属 Na、K、Li 的氟化物和氯化物的特殊钎剂。

7.4.3　钎焊工艺

钛及钛合金在受热状态下极易与氧气、氢气、氮气以及含有这些气体的物质发生反应,从而在表面生成一层以氧化物为主的表面层,钎焊时会阻碍钎料的流动、润湿,因此钎焊前必须将其去除,主要清理方法如下。

(1)表面除油

表面除油可使用非氯化物的溶剂,如丙酮、丁酮、汽油和酒精进行整体或局部擦洗除油,最好采用超声波清洗;或者在用上述方法除油后,再用氢氧化钠-无水碳酸钠-磷酸三钠-硅酸钠水溶液作进一步的除油。

(2)化学清理

化学清理的目的主要是去除氧化膜。氧化膜较薄时可用硝酸-氢氟酸水溶液进行酸洗;氧化膜很厚时,则应先用氢氧化钠-碳酸氢钠水溶液进行碱洗,然后再在硝酸-盐酸-氢氟酸水溶液或硝酸-盐酸-氟化钠水溶液中酸洗。

(3)机械清理

对于化学清理有困难的钎焊件,可用细砂纸或不锈钢丝刷打磨清理,也可用硬质合金刮刀刮削待焊表面,当刮削深度达 0.025 mm 时,氧化膜层基本被刮除。

焊件清理后应尽快进行钎焊,若不能马上钎焊,要严格保持其清洁,避免污染。

钛及钛合金在钎焊加热时不允许接头表面与空气接触,因此钛及钛合金的钎焊最好在氩气保护或真空中进行,在氩气或真空中钎焊时,可以采用高频加热、炉中加热等方法,加热速度快,保温时间短,界面区的化合物层薄,接头性能好。小型对称零件最好采用感应加热的方法,因为感应加热速度很快,能使钎料与基体金属之间的反应减至最低程度。而对于大型精密复杂组件,则采用炉中钎焊比较有利,因为在整个加热和冷却过程中炉温均匀性容易控制。此外,为保证可靠的生产流程和获得质量一致的钎焊件,对炉中钎焊设备和钎焊夹具的选择还应有以下几点特殊要求:

(1)最好选择加热元件为 Ni-Cr、W、Mo、Ta 的钎焊设备,避免使用以裸露石墨为加热元件的设备,因为石墨加热炉中富碳气氛(CO、CO_2)有可能对钛造成碳污染及使真空气氛中的氧分压增加。

(2)用于钛及钛合金钎焊的设备,最好专用或至少要在一段时间内专用,以避免一些其他无关材料对基体的污染及对钎焊过程产生不利影响。

(3)钎焊夹具材料的选择,既要考虑到其本身在钎焊温度下的强度保持能力以及与钛及其合金热膨胀的匹配性,又要防止其与基体金属发生反应破坏钎焊件,高温钎焊时对此要尤为注意。

7.5 高温合金的钎焊

高温合金是要求能在 600 ℃ 以上具有高温抗氧化性和耐腐蚀性,并能在一定应力作用下长期工作的金属材料。高温合金是航空、航天发动机中的关键材料,它们对发动机的性能和寿命起重要的作用,尤其是有些部件为了满足高温下的使用要求往往设计成复杂气冷结构,如空心气冷涡轮叶片和导向器叶片、蜂窝封严结构,钎焊是这些结构及材料最有效的连接方法。

7.5.1 高温合金的钎焊性能

高温合金可分为镍基、铁基和钴基三类。在钎焊结构中用得最多的是镍基合金。镍基高温合金是通过添加铬、钴、钨、钼、铝、钛、铌等元素，按照固溶强化、时效沉淀强化和氧化物弥散强化方式而形成的。高温合金含有较多的铬，加热时表面形成稳定的Cr_3O_2，比较难以去除；此外镍基高温合金均含铝和钛，尤其是沉淀强化高温合金和铸造合金的铝和钛含量更高。铝和钛对氧的亲和力比铬大得多，加热时极易氧化。因此，如何防止或减少镍基高温合金加热时的氧化以及去除其氧化膜是镍基高温合金钎焊时的首要任务。镍基高温合金钎焊时不建议用钎剂来去除氧化物，尤其是在高的钎焊温度下，因为钎剂中的硼砂或硼酸在钎焊温度下与母材起反应，降低母材表面的熔化温度，促使钎剂覆盖处的母材产生溶蚀；并且硼砂或硼酸与母材发生反应后析出的硼可能渗入母材，造成晶间渗入，对薄的工件来说是很不利的，所以镍基高温合金一般都在保护气氛，尤其是在真空中钎焊。母材表面氧化物的形成和去除与保护气体的纯度以及真空度密切相关。

另外，为保证高温合金的高温性能，钎焊温度尽量与热处理的加热温度相一致，以保证合金元素的充分溶解，钎焊温度过低不能使合金元素完全溶解；钎焊温度过高将母材的晶粒长大，均不利于母材性能。但是铸造镍基合金的固溶处理温度都较高，并且晶粒不易长大，一般不会发生因钎焊温度过高而影响其性能的问题。

应力开裂也是钎焊高温合金时需要注意的问题，尤其是沉淀强化合金应力开裂的倾向较大，钎焊前必须充分去除加工过程中形成的应力，钎焊时应尽量减小热应力，使应力开裂的可能性降到最低限度。

7.5.2 高温合金用钎料

镍基高温合金可选用银基、纯铜、镍基及活性钎料进行钎焊。

(1)银基钎料

当工件的工作温度不高时，可采用银钎料。用银钎料钎焊固溶强化镍基合金时，钎焊温度对母材性能不起任何影响，可以选用的钎料种类比较多，但从避免应力开裂的角度出发，以采用熔化温度较低的钎料为宜，如 BAg45CuZnCd、BAg56CuZnSn、BAg56CuZnSnNi、BAg40CuZnSnNi 等，以减小钎焊加热时形成的内应力。

用银钎料钎焊沉淀强化镍基合金时，所选用钎料的钎焊温度不应超过母材的时效强化温度，以免母材发生过时效而降低其性能。例如，对 GH4033、GH4037 和 GH4169 合金的钎焊温度分别不应超过 700 ℃、800 ℃和 720 ℃，也就是说，应选用熔化温度较低的钎料。另一方法是先将合金固溶处理，再采用熔化温度稍高的钎料，然后再进行时效处理，钎焊件就不会在时效加热过程中因钎料的熔化而发生错位。

(2)纯铜钎料

用纯铜作钎料时，均在保护气氛和真空下钎焊，钎焊温度为 1 100 ~ 1 150 ℃，在该温度下，零件的内应力已被消除。又因零件系整体加热，热应力小，焊件不会产生应力开裂现象。铜在高温合金上的流动性差,钎料应放在紧靠接头的地方。铜的抗氧化性差,工作温度不能超过 400 ℃。

(3)镍基钎料

镍基钎料具有最好的高温性能,而且钎焊时不会发生应力开裂,是高温合金最常用的钎料,用于高温合金钎焊的镍基钎料列于表 7.17。BNi68CrWB 在镍基钎料中 B 含量较低,W 含量较高。镍基钎料含硼量的降低可减少硼对母材的晶间渗入,即减弱钎料同母材的反应;钎料中的钨可强化钎料,提高钎料的高温强度,因此是钎焊高温工作的部件和涡轮叶片补钎时常用的钎料。但由于硼含量的降低和钨的加入,钎料的熔化温度间隔增大,流动性变差,接头间隙不易控制。

表 7.17 高温合金钎焊用镍基钎料

钎料	化学成分(质量分数)/%								熔化温度 /℃	钎焊温度 /℃
	Ni	Cr	B	Si	Fe	C	W	Co		
BNi74CrSiB	余量	13 ~ 15	2.75 ~ 3.50	4 ~ 5	4 ~ 5	0.6 ~ 0.9	—	—	975 ~ 1 038	1 065 ~ 1 205
BNi75CrSiB	余量	13 ~ 15	2.75 ~ 3.50	4 ~ 5	4 ~ 5	0.06	—	—	975 ~ 1 075	1 075 ~ 1 205
BNi82CrSiB	余量	6 ~ 8	2.75 ~ 3.50	4 ~ 5	2.5 ~ 3.5	0.06	—	—	970 ~ 1 000	1 010 ~ 1 175
BNi92SiB	余量	—	2.75 ~ 3.50	4 ~ 5	0.5	0.06	—	—	980 ~ 1 010	1 010 ~ 1 175
BNi93SiB	余量	—	1.5 ~ 2.2	3 ~ 4	1.5	0.06	—	—	980 ~ 1 135	1 150 ~ 1 203
BNi68CrWB	余量	9.5 ~ 10.5	2.2 ~ 2.8	3 ~ 4	2 ~ 3	0.06	11.5 ~ 12.5	—	970 ~ 1 095	1150 ~ 1200
BNi71CrSi	余量	18.5 ~ 19.5	—	9.75 ~ 10.5	—	0.10	—	—	1 080 ~ 1 135	1 150 ~ 1 205
150	余量	15.0	3.5	—	—	0.10	—	—	1 055 ~ 1 105	1 065 ~ 1 200
160	余量	10.0	2.0	2.5	2.5	0.45	—	—	970 ~ 1 160	1 150 ~ 1 200
170	余量	11.5	2.5	3.25	3.75	0.55	16	—	970 ~ 1 160	1 150 ~ 1 200
180	余量	5.0	1.0	3.00	3.50	0.25	—	—	970 ~ 1 180	1 175 ~ 1 230
200	余量	7.0	3.2	3.50	3.00	0.10	6	—	975 ~ 1 040	1 065 ~ 1 175
BCo-1[①]	16 ~ 18	18 ~ 20	0.7 ~ 0.9	7.5 ~ 8.5	1.0	0.35 ~ 0.45	3.5 ~ 4.5	余量	1 121 ~ 1 149	1 149 ~ 1 232
BCo47CrWNi	11	25	3.0	2.75	2.0	—	10	余量	1 040 ~ 1 120	1 175 ~ 1 230

注:①BCo-1 是钴钎料。

（4）钴基钎料

钴基钎料具有特别好的高温性能，适用于要求高温持久性能较高的接头的钎焊，可钎焊工作温度高达 1 040 ℃，甚至 1 150 ℃的部件。目前国内尚无标准的钴基钎料，国外有 B-Col(210)和 300 两种。北京航空材料研究院在 300 钴基钎料的基础上研制了一系列钴基钎料(300B~300E)，用于铸造高温合金的高性能钎焊。

（5）活性扩散钎焊钎料

活性扩散钎焊钎料是国外开发的一些不含硅的镍基钎料，其成分和熔化温度列于表 7.18。钎料中各元素的作用如下：硼起降低钎料熔化温度的作用；铬可提高钎料的抗氧化性和强化镍固溶体；钴可提高钎料的高温强度；钽和铝是强化固溶体和析出 γ' 强化相；Y、La 是稀土金属，起细化晶粒作用。因此活性扩散钎焊钎料具有极好的抗氧化性和抗硫化性。钎焊温度可在 1 150~1 218 ℃根据钎料种类进行选择，钎焊后经 1 066 ℃扩散处理，可获得与母材性能一致的钎焊接头。

表 7.18 镍基活性扩散钎焊钎料

牌 号	成分(质量分数/%)	熔化温度/℃		钎焊温度/℃
		$T_固$	$T_液$	
AMDRY DF3	Ni-20Cr-20Co-3Ta-3B-0.05La	1 050	1 122	1 191~1 218
AMDRY DF4B	Ni-14Cr-10Co-2.5Ta-3.5Al-2.7B-0.02Y	1 064	1 122	1 149~1 190
AMDRY DF5	Ni-13Cr-3Ta-4Al-2.7B-0.02Y	1 080	1 157	1 177~1 218
AMDRY DF6	Ni-20Cr-3Ta-2.8B-0.04Y	1 050	1 157	1 170~1 218
AMDRY DF915B2	Ni-13Cr-3.5Fe-2B	1 030	1 066	1 149~1 205

7.5.3 钎焊工艺

（1）钎焊前的清理

镍基高温合金钎焊前的清理是保证钎焊质量和接头在高温使用的重要环节。清理的目的在于清除表面的氧化物、油脂、污物或其他外来杂质，消除焊件在高温时受低熔点元素，尤其是铅和硫的影响。镍基高温合金表面的油污用温热的肥皂水可清除，矿物油和润滑脂可用三氯乙烯或其他有机溶液去除。高温合金表面的氧化膜是比较坚韧的，可打磨或喷砂（单晶合金不推荐打磨和喷砂，因为打磨和喷砂后表面存在应力，在钎焊加热过程中可能发生再结晶），也可采用化学清洗的方法去除表面的氧化膜，如图7.6 所示。

（2）钎焊技术

镍基高温合金绝大部分是在真空或保护气氛炉中钎焊的。使用保护气氛炉中钎焊时对气体纯度要求很高，使用氩气或氢气作为保护气体时，要求其露点低于-54 ℃。对于铝、钛含量小于 0.5%的高温合金，这样高的气体纯度已经足够了。对于钎焊铝、钛较高的高温合金，合金表面在加热时仍发生氧化，此时可用添加少量钎剂、零件表面镀

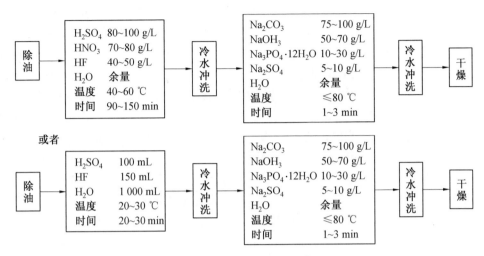

图 7.6 高温合金的表面化学清理

镍、将钎料预先喷涂在待钎焊材料表面、或用 Ar+BF₃ 的混合气体作为保护气体等方法进行钎焊。

真空钎焊应用的比较广,因为真空钎焊能获得更好的保护效果和钎焊质量。对于 Al、Ti 含量小于 4% 的高温合金,比较容易保证钎料对母材的润湿,而当合金的 Al、Ti 含量超过 4% 时,需要较高的真空度才能实现良好钎焊。除选用真空度高的钎焊设备外,也可以采取一些特殊工艺措施,如采用保护盒提高局部空间的真空度,即将零件放在盒内真空钎焊,盒中再放入吸气剂,利用吸气剂在高温下的吸气作用,促使在盒内形成局部高真空,防止高温合金表面氧化。

高温合金钎焊接头组织和强度随钎焊间隙而变化,图 7.7 是 B-Ni75CrSiB 钎料钎焊 GH4037 高温合金的接头组织。当接头间隙为 0.1 mm 时,钎缝中除了有白色 γ 固溶体外,还有大量的 CrB(含 W、Mo)、Ni₃Si 化合物相。同时钎料中的 B 元素向母材近缝区扩散,在近缝区形成黑色条带;当接头间隙减小到 0.05 mm 时,化合物数量减少,但相的种类是相同的;当接头间隙进一步减小到 0.02 mm 时,大部分化合物相消失,只是在钎缝中央出现断续的 CrB 相,接头间隙更小,化合物相全部消失。

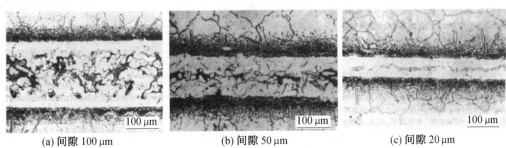

(a) 间隙 100 μm　　(b) 间隙 50 μm　　(c) 间隙 20 μm

图 7.7 B-Ni75CrSiB 钎料钎焊 GH4037 高温合金的接头组织(1 120 ℃,10 min)

钎焊后扩散处理将进一步增大接头间隙的最大允许值。以 Inconel 合金为例,采用

B-Ni82CrSiB 钎焊的 lnconel 接头,经 1 000 ℃扩散处理 1 h 后最大间隙值可达 90 μm;而采用 B-Ni71CrSiB 钎焊的接头,经 1 000 ℃扩散处理 1 h 后最大间隙值为 50 μm 左右。这说明采用镍基钎料钎焊高温合金,接头经扩散处理可有效地改善接头的组织。

高温合金钎焊接头的高温力学性能有时不能满足要求,这就需要采用瞬态液相连接。瞬态液相连接是将熔点低于母材的中间层合金(厚度为 2.5 ~ 100 μm)作为钎料,在较小的压力(0 ~ 0.007 MPa)和合适的温度(1 100 ~ 1 250 ℃)下,中间层材料首先熔化并润湿母材,由于元素的迅速扩散,接头部位发生等温凝固而形成接头。该方法大大降低了对母材表面的配合要求和减小了焊接压力。瞬态液相连接的主要参数有压力、温度、保温时间和中间层成分。加较小的压力是为了保持焊件配合面的良好接触。加热温度和时间对接头性能有很大影响,如果要求接头与母材等强度,并且不影响母材的性能,则应采用高温(≥1 150 ℃)和长时间(8 ~ 24 h)的连接工艺参数;如果对接头的连接质量有所降低或母材不能经受太高的温度,则应采用较低的温度(1 100 ~ 1 150 ℃)和较短的时间(1 ~ 8 h)。中间层应以被连接的母材成分为基本成分,加入不同的降低熔化温度的元素,如 B、Si、Mn、Nb 等。例如 Udimet 合金的成分为 Ni-15Cr-18.5Co-4.3Al-3.3Ti- 5Mo,作为瞬态液相连接用中间层的成分为 B-Ni62.5Cr15Co15Mo5B2.5。这些添加元素都能使 Ni-Cr 或 Ni-Cr-Co 合金的熔化温度降到最低,但 B 的降熔作用最明显。此外,B 的扩散速度高,可使中间层合金和母材迅速达到均质化。

(3)钎焊后处理

在真空气氛及适宜的气体保护气氛中钎焊的高温合金件,通常不必进行钎焊后处理。但如果发生了氧化,要对组件进行酸洗处理。对于在高温或腐蚀介质中的焊件,如果在钎焊时用了钎剂,则要清除钎剂的残渣。钎焊时效硬化的镍基合金,可于钎焊后进行时效处理,这种合金所需的钎料的熔化温度一定要高于基体金属时效处理的温度。

7.6 异种金属的钎焊

近年来,随着科学技术的迅速发展以及国民生产要求的不断提高,新材料与结构不断得到应用。异种金属连接结构是由两种不同的金属材料通过一定工艺条件连接到一起形成一个完整的具有一定使用性能的结构,它具有两种金属材料综合的优良性能的优势,因而在航空航天、空间技术、核工业、微电子、汽车、石油化工等领域得到了广泛应用。

异种金属在物理、化学及力学性能方面都存在巨大的差异,对连接方法要求比较苛刻。异种金属连接时容易出现如下问题:①冶金不相容性,在界面形成脆性化合物相;②热物理性能不匹配,产生残余应力;③力学性能差异巨大导致连接界面力学失配,产生严重的应力奇异行为。上述问题的存在,造成了异种金属连接困难,而且还影响到接头组织、性能和力学行为,对接头的断裂性能和可靠性造成不良影响,甚至严重影响整个结构的完整性。钎焊是最适于异种金属连接的方法,由于母材在钎焊过程中并不发生熔化,因此大大降低了异种金属之间形成金属间化合物的可能性,有效提高了异种金属连接接头的综合性能。

近年来,应用较广泛的异种金属组合包括:铝及铝合金与铜、铝及铝合金与钢或不锈钢、铝及铝合金与钛合金、铜与不锈钢等组合。下面介绍上述几种组合的钎焊问题。

7.6.1　铜和铝的钎焊

铝和铜是除了钢铁之外国民生产中最常用的两种材料,并且铝和铜的连接结构在国防、电子以及其他国民生产生活中的应用也非常广泛。图 7.8 给出了两种在电子行业和机电行业中大量需要的铝铜散热器。

图 7.8　两种不同形状的铝铜散热器

铝和铜的组织成分、物理化学性能方面存在明显的差异,在两者钎焊的过程中存在着两个主要的问题:

一是脆性化合物问题,由铝和铜的二元合金相图可以看出,固态下铝与铜主要以化合物形式存在,铝与铜能形成多种金属间化合物,主要有 Cu_2Al、Cu_3Al_2、$CuAl$、$CuAl_2$。Cu_2Al 相是一种极脆的金属间化合物,在钎焊界面上一旦形成,将严重弱化铜铝钎焊接头的性能。

脆性金属间化合物的形成与钎焊材料、钎焊工艺以及母材的表面状态有关。如采用铝基钎料钎焊铝与铜,钎焊温度一般在 600 ℃左右,熔化的铝基钎料与铜就发生化学反应,此时容易产生脆性的铝铜金属间化合物;而采用锡基钎料钎焊,则避免了脆性铝铜金属间化合物的产生。

钎焊工艺对脆性金属间化合物的影响主要包括钎焊温度和钎焊时间,钎焊温度降低,钎焊时间缩短,金属间化合物形成的可能性就大大降低;如采用高频感应钎焊工艺,钎焊时间大大缩短,就不容易产生脆性的金属间化合物。

另一个大问题就是残余应力的问题。从表 7.19 可以看出铝和铜在物理性能方面差异巨大,如熔点相差 424 ℃,线胀系数相差 40% 以上,而电导率相差 70% 以上,弹性模量也相差 40% 以上。钎焊过程是一个快速加热快速冷却的过程,由于线胀系数差异巨大,导致在升温过程中铝和铜的热变形不同,铝的变形要远远大于铜的变形。钎焊完成后在降温过程中,铝的收缩变形明显大于铜,在钎焊接头界面区域产生了非常严重的热致残余应力,残余应力的产生将威胁到钎焊接头的质量和性能。

表 7.19　铜和铝在物理性能上的差异

材料	熔点/℃	密度/(g·cm⁻³)	热导率/(W·m⁻¹·K⁻¹)	线胀系数/(10⁻⁶·K⁻¹)	弹性模量/GPa
Al	660	2.7	206.9	24	61.74
L1	660	2.7	217.7	23.8	61.70
L2	658	2.7	146.6	24	61.68
纯铜	1 083	8.92	359.2	16.6	107.78
T1	1 083	8.92	359.2	16.6	108.30
T2	1 083	8.9	385.2	16.4	108.50

　　影响残余应力的内因是铝和铜的热物理性能和力学性能的差异,而外因则主要是钎焊温度和被钎焊工件的结构设计。钎焊温度越高,残余应力则越大;钎焊温度越低,残余应力则越小。因此在能够获得良好钎焊接头性能的前提下,降低钎焊温度是减小残余应力的有效措施。但是一般来讲,相同钎料情况下,钎焊温度降低则必然影响钎料的润湿性,使得铝和铜不能良好地连接,因此需要通过优化被钎焊工件的结构设计来降低铝铜由于性能差异而产生的残余应力和奇异应力。如对于铝管和铜管插接结构的钎焊,接头设计一定要将铜管插入到铝管中,可以有效地消除由于铝铜性能差异而产生的残余应力和奇异应力。

　　铜和铝的钎焊根据结构性能的使用要求,可以选择软钎料和硬钎料两大类。其中软钎料主要是以锡、锌为主的合金;硬钎料主要是铝基钎料,表 7.20 给出了部分适用于铝与铜钎焊的钎料的化学成分。

表 7.20　铜和铝钎焊用的部分钎料成分

钎料类别	化学成分(质量分数/%)							熔化温度/℃
	Zn	Cd	Sn	Cu	Si	Al	Mg	
Zn-Sn 钎料	20	—	80					270~290
	10	—	90	—	—	—	—	270~290
	50	21	29	—	—	—	—	335
	58	—	40	2	—	—	—	200~350
Zn-Al 钎料	95	—	—			5		382
	94	1	—	—	—	5	—	325
	92	—	—	3.2	—	4.8	—	380
Al-Si 钎料	—	—	—		12	88		577
	—	—	—	—	11.5	88	0.5	—

由于铝和铜母材表面存在明显的氧化膜,钎焊时必须采用去除氧化膜的措施,如采用钎剂,或者在真空或氩气保护状态下钎焊,应根据钎料及钎焊件的要求适当选择。

钎焊铝与铜时,多采用感应钎焊和火焰钎焊,焊后外观质量、钎料的填缝能力均很好。火焰钎焊一般使用在小的部件、小批量生产和铝组件的钎焊,通过涂刷、浸渍或喷涂的方式在工件和钎料上加钎剂。感应钎焊时,要根据铝和铜的热膨胀系数和电特性的差异,在钎料放置方式、装配间隙以及加热方式等几个方面注意钎焊工艺的设计。

7.6.2　铝和钛的钎焊

钛及钛合金具有重量轻、强度高、耐热性好和耐腐蚀性能等优点,在各个工业部门的应用很多,尤其是在航空航天、核工业等领域,在这些领域中钛构件的应用经常出现与铝合金的连接。常用于铝和钛连接的铝合金包括纯铝、防锈铝等;所有的钛及钛合金都可以用于铝和钛的连接,常用的钛合金包括 TA2、TA7、TC4 等。

铝和钛都属于化学活性非常强的金属,并且在物理、化学和力学性能上差异巨大,表 7.21 给出了铝和钛物理性能的差异。因此在钎焊的过程中会存在氧化问题、脆性化合物问题和残余应力问题,尤其是钛合金高温活性极强,对氧的亲和力很大,具有强烈氧化的倾向,钎焊时必须防止钛的氧化;此外还具有强烈的吸气倾向,在加热过程中会吸收氢和氮,温度越高,吸气越猛烈,造成塑性、韧性急剧下降。铝和钛的氧化性严重影响它们之间的钎焊连接,因此钎焊时必须采用真空保护或氩气保护。

表 7.21　铝和钛在物理性能上的差异

材料	熔点/℃	密度/$(g \cdot cm^{-3})$	热导率/$(W \cdot M^{-1} \cdot K^{-1})$	线胀系数/$(10^{-6} \cdot K^{-1})$
Al	660	2.7	206.9	24
1070A	660	2.7	217.7	23.8
Ti	1 677	4.5	13.8	8.2
TA2	1 677	4.5	13.8	8.2
TC4	1 677	4.5	13.8	8.2

由于铝和钛的熔点差异悬殊,钎焊钛与铝时,一般采用铝基钎料,如 Al-12Si 钎料、Al-11.5Si-0.5Mg 钎料,在真空或氩气保护状态下钎焊。钛合金表面未做任何处理与铝合金直接钎焊,钎料与钛合金连接界面容易形成 Al-Ti 金属间化合物,影响连接效果。在真空状态下钎焊铝和钛,一般要在钛合金表面进行镀镍处理,镀镍后的钛合金不但能够杜绝铝钛金属间化合物的产生,提高接头性能,而且还可以大大提高钎料在钛合金上的润湿性。也可以采用氩气保护状态下使用 Al-12Si 钎料配合氟铝酸钾等铝钎剂直接钎焊铝和钛。

钎焊工艺一般采用真空炉中钎焊、高频感应钎焊工艺。比较而言,采用高频感应钎焊能够大大提高接头的质量和性能。图 7.9 给出了 3A21 铝合金与 TA2 钛合金采用 Al-12Si 钎料真空高频感应钎焊接头的照片和接头区域的微观组织,从图中可以看出,钎料与钛合金连接界面上没有任何化合物的形成,说明采用高频感应钎焊工艺,由于加热时间非常短,金属间化合物还来不及产生,因而获得了力学性能和密封性能都非常好的接头。

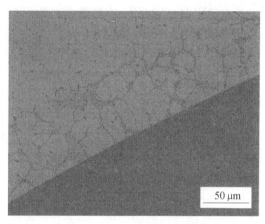

50 μm

图 7.9 铝合金与钛合金高频感应钎焊接头照片及微观组织

7.6.3 铝和不锈钢的钎焊

铝合金与不锈钢的连接结构因具有铝合金的比重小、导电性能好和耐蚀性强以及不锈钢的高强度等两种材料的综合优点而广泛应用于航空航天、汽车、造船、石油化工和原子能等领域。

铝与不锈钢之间的钎焊连接难点在于:二者熔点相差大;铝表面的氧化膜及不锈钢表面的氧化铬层阻碍铝与不锈钢的连接;铝与不锈钢之间在钎焊时会形成 Fe-Al 脆性化合物相。两种材料线胀系数的差异,导致钎焊冷却后接头形成较大的残留应力,在矫形时常常会导致不锈钢和铝之间开裂。

铝合金与不锈钢的硬钎焊最常用钎料是铝基钎料,如 Al-Si、Al-Si-Mg 以及在 Al-Si 基础上添加的其他降熔元素(如 Cu、Zn 等)的钎料;还可以采用 Zn-Al 系钎料,如 Zn-2Al、Zn-4Al、Zn-15Al 等。铝合金与不锈钢的软钎焊一般采用锡基钎料和低熔点的锌基钎料。配合上述钎料使用的钎剂有 $KAlF_4 - K_3AlF_6$ 系列钎剂、$ZnCl_2-NH_4Cl$ 系反应钎剂等。

铝合金与不锈钢钎焊可以采用火焰钎焊、炉中钎焊、真空钎焊及高频感应钎焊等方法。铝合金与不锈钢使用铝基钎料进行硬钎焊时,要注意防止不锈钢在加热过程中的表面氧化,因为铝钎剂不能保护不锈钢。为此可采用保护气体钎焊,利用保护气体来保护不锈钢,同时使用铝钎剂去除氧化膜。

实际生产中通常采用两种方法进行铝与不锈钢的钎焊,一种方法是使用 Al-Si 共晶钎料施加 Nocolok 钎剂,通过高频感应快速加热及钎焊过程中加压的方法实现铝与不锈钢的钎焊连接。这种方法工艺简单,生产率高,而且采用高频感应加热,加热时间非常短,金属间化合物来不及产生,因而能够获得力学性能和密封性能都非常好的接头。

钎焊铝与不锈钢的另一种方法是利用接触反应的原理,实现不锈钢与铝的无钎料钎焊。也就是利用 Al 与 Si 能形成共晶反应的原理,在不锈钢和铝复合板之间不添加 Al-Si 钎料,而是放置由硅粉、钎剂和黏结剂配好的钎料膏,在高频感应压力钎焊机上加热,钎料膏中的 Si 与母材中的 Al 发生共晶反应产生共晶液相,冷却凝固后形成钎缝。这种方法可以获得性能优良的钎焊接头,尤其适用于铝及铝合金与不锈钢的大面积钎焊连接。

7.6.4 钛和不锈钢的钎焊

钛合金与不锈钢因其优良的性能在航空航天、核工业、船舶、电子石油化工等领域有着广泛的应用,在许多场合下,需要将钛合金和不锈钢连接到一起,作为一个整体来应用,如航天推进系统中的钛合金与不锈钢导管结构、核能管道中的钛合金与不锈钢管路结构等。钛合金与不锈钢连接结构具有两种材料综合性能优势,因而具有广阔的应用前景。

钛合金和不锈钢的组织成分、物化性能方面存在明显的差异,因此,它们的钎焊存在如下问题:

(1)氧化问题

钛合金高温活性极强,对氧的亲和力很大,具有强烈氧化的倾向,钎焊时必须防止钛的氧化,此外还具有强烈的吸气倾向,在加热过程中会吸收氢和氮,温度越高,吸气越猛烈,造成塑性、韧性急剧下降。因此在钎焊钛合金和不锈钢时需要保护,如采用真空、还原性气体以及钎剂等,一般常采用真空或氩气保护。

(2)脆性化合物问题

钛合金和不锈钢的物理化学性质差异较大,存在明显的冶金不相容性。从 Fe-Ti 的二元相图可以看出,铁在钛中的溶解度极低,当 $w(\mathrm{Fe})$ 达到 0.1% 时就会形成金属间化合物 TiFe,高温下或含铁量更高时还会形成 $\mathrm{TiFe_2}$,这都会使塑性严重下降,并且钛还和不锈钢中的 Fe、Cr、Ni 形成更加复杂的金属间化合物,将严重弱化钛合金与不锈钢钎焊接头的性能。

(3)残余应力问题

钛合金和不锈钢的熔点、热导率、线胀系数以及弹性模量都存在明显的差异,在钎焊接头界面区域将产生非常严重的热致残余应力,并且在钎焊界面端部还将产生奇异应力。这些情况的产生都将威胁到钎焊接头的质量和性能要求。

降低残余应力和奇异应力的措施是合理的钎焊结构设计,如对于钛合金管和不锈钢导管插接结构的钎焊,接头设计一定要将钛合金管插入到不锈钢导管中,可以有效地降低残余应力的影响。

根据钛合金与不锈钢材料性能的特点以及其钎焊特性,钛合金与不锈钢的钎焊一般要采用真空保护或惰性气体保护,其中以真空保护的效果最佳。真空炉中钎焊时间长,钎料和钛合金或不锈钢之间可能形成金属间化合物;而真空高频感应钎焊则由于加热时间短,能够消除产生金属间合物的可能性,从而提高接头的性能。

　　常用于钛合金与不锈钢真空钎焊的钎料主要有：金基钎料、银基钎料、钛基钎料、铜基钎料、镍基钎料和铝基钎料等。金基钎料价格比较昂贵，使用范围受到一定的限制；铝基钎料可能造成因钎焊界面出现金属间化合物而接头脆化现象、耐腐蚀性差等问题；银基、钛基和铜基等三类钎料应用较多。无论应用何种钎料必须注意：在钎焊 TC4 钛合金与不锈钢时，钎焊温度不能超过 TC4 的相变点温度；另外钎料必须同时良好地润湿钛合金和不锈钢。

复习思考题

　　1. 阐述铝及铝合金的钎焊工艺特点。

　　2. 铝及铝合金钎焊用钎料、钎剂有哪些？

　　3. 试述铝合金软钎焊接头的电化学腐蚀及其解决措施。

　　4. 阐述各类铝合金的硬钎焊性。

　　5. 铝合金浸沾钎焊时钎剂（熔盐）中为什么不使用氯化锌？

　　6. 铝及铝合金常用钎焊方法有哪些？

　　7. 铝合金钎焊时，去除表面氧化膜可采取哪些措施？

　　8. 铝合金钎焊时为什么采用比较大的间隙？

　　9. 真空钎焊铝及铝合金时，镁元素在铝硅钎料中的作用是什么？

　　10. 常用的铜合金有哪些类型？其钎焊特点如何？

　　11. 铜及铜合金常用钎焊方法有哪些？其工艺要点是什么？

　　12. 阐述低合金钢的钎焊工艺特点。

　　13. 低合金钢用钎料、钎剂有哪些？

　　14. 针对不同类型不锈钢，试述其钎焊的特点。

　　15. 不锈钢用钎料、钎剂有哪些？

　　16. 不锈钢用 Ni-B 钎料钎焊时为什么采用非常小的间隙？

　　17. 阐述 Ni 基钎料钎焊不锈钢时间隙对钎焊接头力学性能的影响。BNi2 与 Bni5 形成组织有何不同及其原因。

　　18. 常用的不锈钢钎焊方法有哪些？

　　19. 试述钛及钛合金的钎焊特点？

　　20. 高温合金的类型有哪些？各有何主要特点？

　　21. 钎焊高温合金时，如何保证接头的高温性能？

　　22. 高温合金用钎料有哪些类型？

　　23. 真空钎焊高温合金的工艺要点是什么？

第8章 硬质合金的钎焊

8.1 概 述

硬质合金是以高硬度的难熔金属化合物(如 WC、TiC、TaC、NbC 和 VC 等)为基体加入黏结金属(Co、Ni、Mo、Fe 等),通过粉末冶金方法制成的合金材料。

8.1.1 硬质合金的分类

硬质合金的品种繁多,根据组成成分可以将硬质合金分为以下几大类:

(1)钨钴类

这类硬质合金以 WC 为主,有时添加微量的 TaC(NbC),用钴作黏结金属,标准代号为 YG。WC-Co 类硬质合金是产量最大、用途最广的一类合金,主要用于矿山工具、耐磨零件、铸铁及有色金属的加工。

(2)钨钛钴类

这类硬质合金中除 WC 外,还同时添加一定比例的 TiC 作为硬质相,用钴作黏结金属,标准代号为 YT。典型产品有 YT5、YTl4、YTl5 等。WC-TiC-Co 合金作为切削工具时具有较高的抗月牙磨损能力,适宜用作切削具有连续切屑材料的刃具,其产量仅次于 WC-Co 合金。

(3)钨钛钽(铌)钴类

合金中除 WC、TiC,还同时添加一定比例的 TaC(NbC),标准代号为 YW。典型产品有 YW1、YW2、YW3、YW4 等。YW 类合金与 YT 合金的基本性能相近,但 YW 合金具有更高的抗弯强度和高温强度。YW 类刃具尤其适宜用作加工高合金钢、不锈钢、耐热钢和合金铸铁等难加工材料。

(4)碳化钛基硬质合金

这类硬质合金是以碳化钛作为主要硬质相,添加少量的 WC、NbC,改用 Ni、Mo 作黏结金属,这类合金的原代号为 YN。典型产品有 YNl0、YN05、TH7 等。YN 类合金的主要特点是密度小、抗弯强度低,但是它的耐热性能显著,主要应用于高速连续切削刃具,由于切削工艺性好,尤其适宜于不锈钢、淬硬钢的半精加工和精加工。

(5)钢结硬质合金

这类硬质合金也是以 WC 或 TiC 作为硬质相,但是其黏结金属则为高速钢、不锈钢或高锰钢。这类合金的代号为 YE。钢结硬质合金的硬度比前三类硬质合金低,但比高速钢的硬度高,又具有很高的耐磨性。由于钢结硬质合金工具不仅可以车、铣、刨、钻、磨,还可以锻造、焊接和热处理,利用这些独特的加工性,钢结硬质合金可以制造大型复杂模具及耐磨损机械零件。

8.1.2 硬质合金的性能

硬质合金是一种粉末冶金材料,其物理、化学、力学性能与其他金属材料有较大的差别。硬质合金和常用金属材料的物理、力学性能比较见表 8.1。硬质合金的物理力学性能主要取决于其成分及晶粒度。例如,在钨钴类合金中,WC 含量越高,其硬度也越高,但是其抗弯强度和冲击韧性则降低。在相同的 WC-Co 比例时,WC 晶粒越细,其硬度和耐磨损性能也越高,但是其抗弯强度和冲击韧性则较差。部分硬质合金牌号及性能见表 8.2。

表 8.1 硬质合金和部分金属材料的物理力学性能比较

金属材料	传热系数 $/[W \cdot (m^2 \cdot K)^{-1}]$	线胀系数	电阻率 $/(\Omega \cdot mm^2 \cdot m^{-1})$	比热容 $/[J \cdot (kg \cdot K)^{-1}]$	密度 ρ $/(g \cdot cm^{-3})$	抗弯强度 /MPa	硬度 HRA
硬质合金	20.9 ~ 75.4	4.5 ~ 7	0.2 ~ 0.7	0.17 ~ 0.23	6.0 ~ 16.0	900/300	86/94
45	54.42	11.65	0.15	0.46	—	—	28/35
40Cr	46.05	13.4	0.15	—	—	—	28/35
1Cr18Ni9Ti	16	4.4 ~ 13	0.698	0.502	7.92	—	—
1Cr13	25	2.8 ~ 12.5	0.565	0.461	7.75	—	—
W18Cr4V	26	10.4 ~ 10.8	0.77	0.75	8.7	4 000	83/85
W6Mo5Cr4V2	27	9.4 ~ 12.1	0.73	—	8.16	4 500	83/85
3Cr2W8V	24	9.8 ~ 13.7	0.8	0.54	8.35	—	75/77
4Cr5MoV1Si	28	9.1 ~ 13.5	—	0.46	7.76	—	83/85
Cr12MoV	42	12 ~ 12.9	0.31	—	7.7	2 700	82/84
可伐合金	19	1.3 ~ 6	0.489	0.67	8.3	—	—
黄铜	123	6.4 ~ 17	0.061	0.377	8.39	—	—
锻铝合金	170	7.3 ~ 22	0.04	0.921	2.68	—	—

表 8.2 部分硬质合金牌号及性能

合金牌号	化学成分/%				力学性能	
	TiC	WC	Co	TaC	硬度 HRA	抗弯强度/MPa
YG3		97	3		>91.0	>1 026.9
YG3X		97	3		>93.0	>880.2
YG6		94	6		>89.5	>1 369.2
YG6C		94	6		>88.5	>1 467.0
YG6X		94	6		>91.0	>1 320.3
YG15		85	15		>87.0	>1 358.2
YG30		70	30		—	—
YT5	6	85	9		>89.5	>1 271.4
YT14	14	73	8		>90.5	>1 173.6
YT15	15	79	6		>91.0	>1 124.7
YT30	30	66	4		>92.8	>880.2
YT60	60	34	6		>91.5	>733.5
YW1	6	84	6	4	>92.0	>1 320.3
YW2	6	82	8	4	>91.0	>1 564.8

比较硬质合金和常用的金属材料物理力学可知,硬质合金在性能上的主要特点有:

(1)具有很高的硬度和耐磨性,尤其是红硬性极佳:600 ℃ (873K)时,硬度高于高速钢的常温硬度;1 000 ℃ (1273K)时,硬度高于碳钢的常温硬度。

(2)具有较高的弹性模量,一般为$(4 \sim 7) \times 10^4 \, \text{MPa}$。

(3)具有高的抗压强度,可达 600 MPa。

(4)具有较低的冲击韧度和塑性。

(5)具有较低的热膨胀系数,为$(4.2 \sim 7.0) \times 10^{-6} / \text{K}$。

(6)导热性与导电性接近于铸铁。

(7)具有较稳定的化学性,某些牌号的硬质合金有耐酸、耐碱、耐高温氧化性。

8.1.3 硬质合金的应用

硬质合金具有极高的硬度、耐磨损和热硬性,是现代工业中十分重要的耐磨材料。随着现代制造业的迅猛发展,硬质合金在各行各业得到了广泛应用。

硬质合金主要应用于金属切削工具,矿山采掘、采煤截齿、矿山凿岩、石油钻井、地质勘探工具、拉深、挤压、冲压模具、建工钻具、木工工具、环保工具、轧辊、辊环、量具,各种耐磨损机械零件的摩擦面的喷涂、钎涂和喷焊。硬质合金除了作为工具材料、耐磨材料以外,在耐高温、耐腐蚀方面也有重要应用。

由于硬质合金价格相对昂贵,它的塑性和冲击韧性较差,因此大部分硬质合金的应用形式是采用小块硬质合金与结构钢、工具钢等高强钢制造的零件相连,硬质合金作为切削等工作部件;而由高强钢来承受冲击载荷,并节省价格高的硬质合金,降低制造成本。常用的将硬质合金与钢连接成一体的方法有:钎焊法、机械夹固法、应力镶套法和黏结法。钎焊则是将硬质合金牢固连接到钢基体金属上的应用最广泛,也是最成功的方法之一。

8.1.4 硬质合金的钎焊性

硬质合金的钎焊性较差,这里的钎焊性主要指钎料对硬质合金的润湿性、铺展性、填缝性及硬质合金的抗裂性。

由于硬质合金的含碳量高,烧结后未经清理的表面层往往含有较多游离状态碳,妨碍钎料的润湿。碳化钨基硬质合金在 400 ℃ 以上温度时,表面极易氧化。含有 TiC(N) 或 TaC 基硬质合金的表面,则往往存在坚固、稳定的 TiO_2 氧化膜,它们的钎焊性比钨基硬质合金更差。

硬质合金的填缝性差,是由于硬质合金和基体金属与液态钎料的界面张力差异较大。在钎焊过程中,钎料往往沿基体流铺,难于填充较宽的钎缝。

改善硬质合金的钎焊润湿性、流铺性的主要措施有:①针对性地选择硬质合金专用钎料;②对钎焊表面仔细清理、喷砂、磨削和研磨抛光,去除表面残碳和氧化性物质;③选择高活性钎剂;④表面镀镍或铜;⑤采用化学处理进行表面改性。

硬质合金钎焊时易产生裂纹,这是由于硬质合金的线膨胀系数很低,一般仅为碳钢、合金工具钢等的 1/3 ~ 1/2。在硬质合金与这类钢基体钎焊过程中,会在接头中产生很大热应力,若超过硬质合金的抗拉强度,便会导致硬质合金开裂。

8.2 钎料与钎剂

硬质合金的润湿性和流铺性除了受硬质合金的组成成分影响外,还会受到钎料和钎剂性能影响。

8.2.1 硬质合金钎焊常用钎料

硬质合金工具钎焊所用的钎料品种繁多,常见钎料几乎都能见到。用量最大的是铜基钎料和纯铜钎料,银基钎料用量近几年开始迅速增加。

纯铜和铜基钎料是钎焊硬质合金时最常用的钎料。适用于钎焊硬质合金工具的铜基钎料列于表8.3。

表8.3　适合钎焊硬质合金工具的铜基钎料

牌号	成分(质量分数)/%					熔化温度/℃		钎焊温度/℃ T_B	特点及应用范围
	Cu	Zn	Ni	Mn	Co	T_S	T_L		
BCu	99.9	—	—	—	—	—	1 083	1 100~1 150	冲击韧度高、强度较低
BCuNiMn	86	—	2	12	—	970	990	1 000~1 050	塑性好、耐高温
BCuCoMn	87	—	—	10	3	980	1 030	1 050~1 100	塑性好、抗裂性好
Cu92FeMn	余量	Fe2	1~4	6	1~5	950	1 020	1 050~1 100	塑性好,适宜于炉焊
Cu85Mn	85	—	—	15	—	920	960	980~1 030	冲击韧度高、强度较高
QZ-3	余量	Sn5	9~20	8	1~5	1 000	1 120	1 130~1 180	适宜浸渍钎焊、烧结
H62	62	38	—	—	—	900	905	910~950	钎焊温度、强度中等
BCu54ZnMn	54	20	Si0.3	25	Sn0.7	830	860	900~930	钎焊温度较低、强度低
BCu58ZnMn	58	38	—	4	—	880	909	940~960	通用性强、综合性能好
BCu58ZnMnCo	58	38	—	2	2	890	925	940~960	接头强度高(L801)
BCu48ZnNi	48	Re	10	—	—	921	935	938~982	接头强度高、耐高温
CT852	56	38	0.6	4	Ag1	865	895	900~930	流铺性好、润湿性好
L841/L842	51	42	1	4	Sn1	865	880	880~900	钎焊温度低
HL-Cu17	55	35	4	5	Sn1	870	900	900~930	适宜浸渍钎焊、烧结
HL-Cu19	58	37	1	3	Si/Sn	900	920	920~950	适宜浸渍钎焊、烧结
Cu64MnNi	64	—	6	30	—	860	1 050	1 050~1 100	流动性好、耐高温疲劳
LMn3M	64	30	2.5	3.2	Si0.3	910	935	950~980	适合高温下工作
Cu85Mn	85	—	—	15	—	920	960	960~1 100	适宜工作温度更高

　　纯铜对于各种硬质合金均有良好的润湿性,但需在氢还原气氛中或者在真空条件下钎焊,方可得到最佳效果。纯铜的熔点为 1 083 ℃,钎焊温度一般为 1 093 ~ 1 149 ℃。纯铜钎料钎焊的接头抗剪强度约为 150 MPa,接头塑性较高,但在温度高于 320 ℃ 时,接头强度迅速降低,故不适于在高温下工作。由于纯铜钎焊温度高,接头中的热应力较大,裂纹倾向增加。

　　铜基钎料的熔化温度低于纯铜。常用于钎焊硬质合金的铜基钎料,大多是以铜锌合金为基,加入锰、镍等元素以提高其钎缝强度。例如 BCu58ZnMn 中加有 4% 的 Mn,在钎焊 YG8、YT5、YT15 等硬质合金时,接头抗剪强度室温下可达 300 ~ 320 MPa;在 320 ℃ 时,也仍有 220 ~ 240 MPa,该钎料是一种钎焊硬质合金性能较好的钎料。

　　银基钎料的综合性能优于铜基钎料。银基钎料大都可以用于钎焊硬质合金,但是最适合于钎焊硬质合金的银基钎料是银铜合金。银铜钎料的熔点较低,钎焊接头产生的热应力较小,有利于降低硬质合金钎焊时的开裂倾向。为改善钎料的润湿性并提高钎缝强度和接头工作温度,钎料中还常添加 Zn、Mn、Ni 等元素的。例如,B - Ag50CuZnCdNi 钎料对硬质合金的润湿性极好,钎焊接头具有良好的综合性能。适合钎焊硬质合金工具的银基钎料列于表 8.4。

表 8.4 　适合钎焊硬质合金工具的银基钎料

| 牌号 | 成分(质量分数)/% | | | | | | | 熔化温度/℃ | | 钎焊温度 T_B/℃ | 主要特点 |
	Ag	Cu	Zn	Cd	Sn	Ni	Mn	T_S	T_L		
BAg85Mn	85	—	—	—	—	—	15	962	980	980 ~ 1 000	用于高温工作条件
BAg80Mn	80	—	—	—	—	—	20	980	1 010	1 010 ~ 1 030	用于高温工作条件
BAg50CuZnCdNi	50	15.5	16	15.5	—	3	—	632	688	688 ~ 816	综合性好
BAg50CuZnNi	50	20	28	—	—	2	—	660	750	760 ~ 800	抗疲劳能力强
BAg49CuZnMnNi	49	16	23	—	—	4.5	7.5	625	705	705 ~ 750	润湿性好、强度高
Degussa49/Cu	49	27.5	20.5	—	—	0.5	2.5	670	690	690 ~ 725	抗裂纹能力强
Ag45CuZnSn	45	30	24.7	—	3	—	—	677	743	743 ~ 843	综合性好
CT643	43	27	28	—	Re	2	—	670	780	780 ~ 830	填缝性好、抗疲劳能力强
CT743	43	15	17	24	Re	0.3	0.8	610	630	630 ~ 680	润湿好、强度高
BAg40CuZnCdNi	40	16	17.3	26.4	—	0.3	—	595	605	605 ~ 680	润湿、流铺性好
CT640	40	28	28	—	Re	1	3	660	760	760 ~ 800	润湿性好、填缝能力强、强度高
BAg40CuZnNi	40	30	28	—	—	2	—	671	779	779 ~ 899	润湿性好
CT737	37	20	21	21	Re	1	—	610	690	690 ~ 740	润湿性好
CT633	33	30	33	Re	1	1	2	660	760	760 ~ 800	技术经济性好

续表8.4

牌号	成分(质量分数)/%							熔化温度/℃		钎焊温度 T_B/℃	主要特点
	Ag	Cu	Zn	Cd	Sn	Ni	Mn	T_S	T_L		
CT628	28	35	32.5	—	Re	2	2.5	710	800	800~850	润湿性好、填缝能力强、强度高
Degussa2700	27	38	20			5.5	9.5	680	840	840~870	润湿性好、强度高
CT719	19	40	26	15	Re	—	—	620	770	770~810	润湿性好
CT616	16	42	30	12	Re			630	790	790~830	润湿性好
CT611	11	48	33	8	Re			630	810	810~850	润湿性好

对于工作温度在 500 ℃以上,接头强度要求较高的硬质合金钎焊,可以选用锰基和镍基钎料,例如:BMn50NiCuCrCo、BMn65NiCoFeB、BNi75CrSiB、BNi82CrSiB 等,此外,贵金属钎料如金基,钯基钎料也用于硬质合金的钎焊,但它们价格昂贵,除特殊情况外,一般不采用。

复合钎料在生产应用中常常被称为三文治钎料,是近期兴起的针对硬质合金大面积钎焊的新型钎料。这种钎料的芯部由铜锰合金或铜锌合金组成,外部包覆银基钎料。钎焊过程中,芯部材料不熔化,只是外部的银基钎料熔化;不熔化的高塑性铜合金增加了钎缝厚度。由于钎缝金属吸收了部分热应力,从而使得硬质合金的裂纹倾向大大降低。

市场上能见到的钎料几何形态主要有:直条状、丝状、圆(扁)线状、带状、片状、箔状、圆环状、扁环状、柱状、粒状、粉状、膏状、粘带、层状(三文治)等。

8.2.2 钎料的选择方法

在硬质合金的钎焊中,选用钎料是一个复杂的过程,表8.5列出了常规的钎料选用原则,在每类依据中又分出了主要原则、次要原则和相关因素。

表8.5 钎焊硬质合金的钎料选用原则

钎料选用依据	主要原则	次要原则	相关因素
硬质合金及基体成分、组织	硬质合金种类	线胀系数	基体成分及热处理状态
结构形式	钎焊面面积	硬质合金的几何形态	工件形态对变形的影响
使用要求	机械性能及理化要求	寿命和意外	安全系数
工作环境	温度、负荷性质	腐蚀	辐射
环保要求	社会的法律法规	企业制度	个性要求
钎焊工艺	具体工艺的特殊要求	钎料形状	钎剂
经济性	价格	差异成本	可靠性
相似性	比照	类推	改用环保钎料
设计要求	遵照设计要求	改用性能相近钎料	改用更经济钎料

钎焊难润湿的硬质合金,主要考虑选用润湿性强(含镍、锰、钴)的钎料;易产生裂纹的硬质合金,选用带补偿片的塑性好的钎料;钎焊后直接淬火的,选钎焊温度高的钎料;钎焊前已经调质的,选钎焊温度低的钎料。

钎焊面积大和形状复杂的零件要选带补偿片的塑性好的钎料,容易变形的选用钎焊温度低的钎料。

力学性能是指钎缝所要承受的抗拉强度、抗剪强度、冲击韧度、高温强度、(低温)塑性、疲劳强度、硬度等;物理化学指标主要有使用温度、导电性、线胀系数、受热软化、气密性、核辐射、磁场及矫顽磁力、腐蚀性、熔蚀、晶粒大小、晶间腐蚀等。

工作环境指的是零件服役场所的环境指标,比如使用温度、大气介质、是否受振动、是否受辐射、是否真空等。

环保要求和经济性是要给予足够重视的选料原则,可以说前者是零件的生命,后者是零件的生存力。在经济性方面,并非价格低的钎料最经济,要综合考虑工程成本。高质量、高效率钎焊将带来其他相关成本的降低。

由于特定钎焊工艺的要求,钎料选用要能满足钎焊工艺需要,比如:真空钎焊要求钎料具有低的蒸气压;炉焊要求钎料有小的结晶间隔;电阻焊要求钎料的电导率小;感应钎焊要求工件具有铁磁性;浸渍钎焊要求钎料和盐液不互溶;扩散焊要求钎料有合理的结晶间隔或具有强的互溶扩散性;火焰钎焊要求加料方便;自动钎焊要求钎料既连续又有稳定的棱翘度等。

8.2.3 硬质合金钎焊用钎剂

钎剂的选择应与所焊材料和所用钎料相配合,其熔化温度及活性温度应低于钎料熔点,钎剂应具有良好的流动性和去除硬质合金及工具基体表面氧化物的能力。硬质合金钎焊时所用的钎剂主要是以硼砂、硼酸为主,并加入一些氟化物(KF、NaF、CaF_2)。铜基钎料用钎剂为FB301、FB302、FB105;银基钎料用钎剂为FB101、FB102、FB103、FB104。

钎剂主要有粉状和糊(膏)状两种形式。两种形式各有利弊,需要根据具体工况条件选用。粉状钎剂长期存放时容易结块,如果以粉状形式使用,需要烘干;如果以糊(膏)状形式使用,需要煎煮或搅拌。不吸潮类钎剂在调糊时会产生发热结块现象,这时减慢加水速度可易避免或减轻结块现象。

在硬质合金的自动火焰或自动感应钎焊中,需要使用膏状钎剂。其基本构成与粉状钎剂相似,需要注意的是部分膏状钎剂在存放过程中容易分层,这时需要重新搅拌均匀再使用。在膏状钎剂中有一类添加单质硼微粉的高活性钎剂,这类钎剂已经成功应用于基体材料为不锈钢或高温合金、硬质合金中碳化钛或氮化物含量高的工具的钎焊。

近期,硼酸三甲脂类的气态钎剂也开始用于硬质合金工具钎焊的辅助保护。应用气体钎剂可以减轻后续处理工作量,但是气体钎剂对周边环境的化学污染和光污染需要防护。

8.3 硬质合金钎焊工艺

8.3.1 钎焊预处理

硬质合金的钎焊与其他材料的钎焊一样,需要进行焊前预处理。焊前预处理的目的是为施焊创造有利条件,以获得优质钎缝。

一般情况下,硬质合金表面残存着烧结产生的氧化物,基体表面在钎焊前的加工和存放过程中,不可避免地覆盖着油脂和灰尘等。由于这些表面覆盖物会妨碍液态钎料在母材上的流铺和填缝,因而在钎焊前必须将它们彻底清除。

去除表面油污的主要方法为物理清洗。物理清洗是用汽油、酒精、丙酮、三氯乙烯等有机溶剂溶解清除基体表面油脂。

去除氧化膜是硬质合金焊前预处理的主要内容。去除表面氧化膜的方法主要包括机械去膜、化学去膜、超声波去膜及电化学去膜等。各种方法都有自身的特点,选择时应综合考虑。

机械去膜是去除表面氧化物简单、可行的方法,大批量生产时用喷砂或喷丸去膜,生产效率高;单件生产时用锉刀、刮刀、金属丝轮或砂布打磨去膜。

化学去膜是利用酸或碱能够溶解某些氧化物的原理,生产中常用的有硫酸、盐酸、硝酸、氢氟酸以及它们的混合物水溶液和氢氧化钠水溶液等。化学去膜是批量生产中主要采用的方法,不但生产效率高,去除效果好,而且质量易于控制;但其工艺过程较复杂,去膜及清洗时间较长,操作不当可能造成过侵蚀。

超声波去膜是利用超声波在液体介质中传播时产生的空化作用来实现的,特别适宜去除较隐蔽的内表面油污。所采用的液体介质可以是水、有机溶剂,也可以是化学去膜液。综合采用化学去膜液的超声波去膜,更为迅速而有效。

电化学去膜实际是电净处理,零件在电解槽中接阴极或阳极,去膜的速度由电流密度和去膜时间控制。与单纯的化学去膜相比,电化学去膜具有去膜效果好和所需时间短的特点,适合于批量生产。

经过化学去膜、超声波去膜及电化学去膜零件,在去膜后还必须对零件表面上的去膜液进行中和处理或对零件表面进行光泽处理,随后在热水中冲洗并加以干燥。经过预处理的零件在运送、装配和定位等过程中,必须谨慎操作,并尽量缩短存放时间,从速完成钎焊,防止二次污染。

钎焊前对零件表面镀覆金属是一项特殊的预处理工艺,一般是为了达到简化钎焊工艺或改善钎焊质量的目的。对于难钎焊的硬质合金而言,它却是实现钎焊连接的根本途径。

零件表面镀覆金属可用电镀、化学镀、蒸发镀、热浸渍及压敷等工艺方法。从镀覆金属层的目的出发,镀覆层可分为工艺镀层、防护镀层和钎料镀层三类。

工艺镀层主要用以改善或简化钎焊工艺条件,主要用于较难被钎料润湿的硬质合金,通过镀层改善钎料对它们的润湿,保证钎焊过程的顺利进行。零件上的工艺镀层在钎焊过程中应能全部为钎料溶解,以获得良好的接头强度。

防护镀层的作用在于抑制钎焊过程中可能发生的某些有害反应,例如在钎料作用下基体的自裂、钎料与基体反应生成脆性相等。

钎料镀层的直接用途是作钎料,在难于添加钎料的工具结构中有所应用。

在零件的非钎焊表面上涂覆阻流剂的目的是限制液态钎料的无序流动,防止钎料的流失或形成无益的连接。涂覆阻流剂是控制钎料流动区域的直接而有效的方法,广泛应用在真空或气体保护炉钎焊中。

阻流剂的基本成分可以是常温稳定的氧化物,诸如氧化钛、氧化铝、氧化镁及某些稀土金属的氧化物等;也可以是不被钎料所润湿的非金属物质,如石墨和白土等。一般通过溶剂和黏结剂调成糊状,在钎焊前预先涂在零件待焊表面附近的非钎焊表面上,依靠不被钎料润湿来阻止钎料的流动。值得注意的是,取得良好的阻流效果并不需要使用大量的阻流剂,少量使用还能减轻焊后清洗的工作量。

8.3.2　钎焊工艺要点

工具钢及硬质合金常用火焰、感应、炉中(大气或保护气氛)、电阻、浸渍等方法钎焊。火焰钎焊设备简单,适用于小批量生产。感应钎焊、炉中钎焊及电阻钎焊生产率高,质量稳定。采用保护气氛炉中钎焊,还可以避免钎焊时发生氧化。浸渍钎焊用于硬质合金钻探工具的生产,也是一种效率高、易于掌握的方法。

钎焊高速钢刀具时用焦炭炉比较合适。当钎料熔化后,取出刀具,立即加压,以挤出多余钎料,再进行油淬,然后在 550~570 ℃回火。

硬质合金的热膨胀系数只有与它相钎焊的钢或其他基体金属的 1/3 或 1/2 左右,由于二者的热膨胀系数相差太大,可能造成硬质合金钎焊后的开裂。因此,这个因素在硬质合金钎焊中必须加以考虑。

小块的硬质合金通常是直接钎焊到零件的外表面上或它的机械加工的凹槽内,这就可能有几个面受到钎焊。当硬质合金的长度超过 12.7 mm 时,可使用复合垫片来吸收收缩应力。如用银基钎料钎焊时可采取铜或镍作为垫片,两侧分别夹有银钎料片(见图 8.1)。

对于确定合适的垫片的厚度无硬性规定,通常由经验取两片钎料的总厚度为原则,一般在 0.25~0.64 mm 范围内选择,垫片的厚度应随着接头面积的增大而增加。在采用铜基钎料钎焊时则可用镍铁合金(其膨胀系数介于钢和硬质合金之间)作为补偿垫片。

当硬质合金块的长度超过 76 mm 时,有必要把硬质合金切成几段来钎焊,防止硬质合金的应力开裂(见图 8.2)。

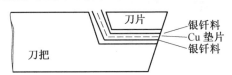

图 8.1　采用补偿垫片的切削工具钎焊结构　　　图 8.2　硬质合金较长时,采用分段结构

在尺寸比例不协调的装配件(见图8.3和图8.4)中,只钎焊一面往往可以消除或减少它的应变。使用阻焊剂涂层或加大一面的间隙都可以防止钎料流到不需钎焊的地方。钎焊较长的硬质合金片的另一种可取方法是:在支座的另一侧同时钎焊一块对称的硬质合金片,使应力平衡。这种克服工件弯曲的方法,不仅提供了抗应变的钎焊组件,而且使它具有两个耐磨面,使该组件的使用寿命增长一倍。

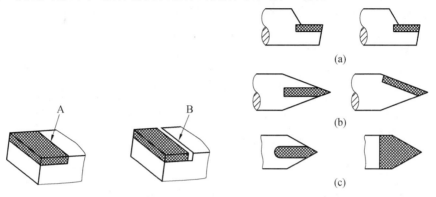

图8.3　A面涂白垩粉阻止钎料润湿　　图8.4　采用单一的钎焊面(右
　　　　 B留有间隙槽　　　　　　　　　　　边)替代槽内钎焊

为了减少硬质合金刀片的应力和防止产生裂纹,还可以采取下列工艺措施:加大钎缝间隙;用30CrMnSiA钢作刀体,因奥氏体变为马氏体时体积膨胀,可抵消部分收缩应力。

8.3.3　焊后处理

钎焊后通常必须去除所有的钎焊残渣,特别是使用腐蚀性钎剂时更应这样。在使用阻流剂时,如有必要,也应清除。在某些情况下,为了外观漂亮或精加工,钎焊后也进行必要的清理。

组件上的钎剂残渣可用热水冲洗,或用一般清除残渣的混合液清洗,随后用合适的酸洗液酸洗,清除基体金属刀杆上的氧化膜。注意不要使用硝酸溶液,因为硝酸溶液容易腐蚀钎料金属。

必须在钎焊后进行热处理的工具钢构件,则应严格按该类钢的热处理规范进行处理。硬质合金钎焊后必须使焊件在空气中缓慢冷却,如将焊件焊后立即放到200 ℃左右的炉中,或插入如草木灰等保温介质中,让其缓慢冷却至接近室温后取出。这样可消除接头中的应力,减少硬质合金或接头开裂的危险。此外,也可以锤击钎焊接头的反面,使应力得到一定程度的释放。

复习思考题

1. 阐述硬质合金与钢的钎焊工艺特点。
2. 硬质合金与钢钎焊用钎料、钎剂有哪些?
3. 硬质合金与钢常用钎焊方法有哪些? 各有何特点?
4. 阐述硬质合金与钢常见钎焊缺陷及其防止措施。

第9章 金属与非金属的钎焊

第二次世界大战以后,由于航空航天、电子、核能以及家电、汽车工业等的迅速发展,大量的非金属材料(如金刚石、石墨、陶瓷等)投入使用,这就涉及金属与非金属连接的问题,钎焊这一古老的金属连接技术因为其母材不熔化的特点,在金属与非金属连接的领域得到了广泛应用。

9.1 金刚石工具的钎焊

进入21世纪以来,制造业的产品更新速度大大加快。在各个领域,各种新型材料不断地涌现和发展,钛合金、镍基高温合金等耐高温、耐磨损、高强韧性的难加工材料在工业中应用的比例逐步增大,材料的加工难度也进一步提高;另外,工程陶瓷、玻璃、石材等高硬脆性难加工材料的使用范围也越来越广泛,因此对加工工具也提出了一系列的要求。金刚石是目前世界上发现并在工业上能够大量使用的最硬的材料,具有优异的物理机械性能、优良的切削性能和良好的耐磨性。金刚石工具是以金刚石为切磨材料,借助于结合剂或其他辅助材料制成的具有一定形状、性能和用途的工作用具。金刚石具有的坚硬性使得制成的工具特别适合加工硬脆材料尤其非金属材料,如石材、墙地砖、玻璃、陶瓷、混凝土、耐火材料、磁性材料、半导体、宝石等;也可以用于加工有色金属、合金、木材,如铜、铝、硬质合金、淬火钢、铸铁、复合耐磨木板等。目前金刚石工具已广泛应用在建筑、建材、石油、地质、冶金、机械、电子、陶瓷、木材、汽车等工业。

9.1.1 金刚石及金刚石工具的钎焊性

在金刚石工具的工业生产中,常采用多层烧结或单层电镀工艺将金刚石与金属基体连接在一起,结合剂材料亦即烧结胎体或镀层材料在工具中起到固结金刚石的作用,即结合剂通过对金刚石的包镶和摩擦对金刚石起支持作用,金刚石与基体间结合力弱,往往造成金刚石来不及充分发挥作用而过早脱落,造成了金刚石工具的过早失效。钎焊可实现金刚石与基体的冶金结合,连接强度较高。然而,金刚石的钎焊性极差,用普通的钎焊工艺难以实现金刚石与其他材料的连接,从而大大影响了金刚石工具的使用性能和寿命。主要原因如下:

(1)金刚石和一般金属及其合金之间具有很高的界面能,以致大多数常用钎料对金刚石难于润湿或不润湿;

(2)金刚石的线胀系数低于大多数金属材料,容易在钎焊热应力和周围介质作用下产生裂纹或发生断裂;

(3)在高温下,金刚石很容易被石墨化和氧化,钎焊温度受金刚石石墨化转变温度的限制,也就限制了钎料的选择范围,难以得到高强度接头。

润湿性是钎焊研究的最基础问题,关于金刚石的润湿性问题可总结为如下几点:

(1)非过渡族金属元素中只有 Al 能对金刚石润湿,由于 Al 在 1 000 ℃ 以上时的润湿角 $\theta=75$ ℃,因此 Al 只在 1 000 ℃ 以上才能对金刚石有一定的润湿性,而在此温度下,Al 对金刚石有明显的浸蚀作用;1 000 ℃ 以下时,润湿角 $\theta>90°$,对金刚石不能润湿。

(2)过渡族金属(Cr、Zr、Ti 等),可与金刚石中的碳形成碳化物,因此容易对金刚石润湿,但它们的熔点都高于 1 600 ℃,此温度容易使金刚石石墨化和氧化。

(3)在含有对金刚石呈惰性的低熔点金属(Cu、Ag、Sn、Pb 等)的钎料中加入少量的活性元素(Ti、Cr、V 等过渡族强碳化物形成元素),在钎焊时可改变金刚石表面的润湿性。

9.1.2　金刚石工具的钎焊方法

根据金刚石的钎焊性特点,金刚石工具的钎焊方法分为两大类:一类是金刚石表面处理后钎焊,金刚石的表面处理后,在其表面沉积一层牢固的金属膜,即表面金属化,或生成一层碳化物薄层,从而可以用常用的钎料和方法进行钎焊。但是一般的金刚石表面金属化的温度较低,在金属膜与金刚石界面上不产生碳化物反应,因此,金属膜与金刚石基体间属机械连接,连接强度较低。所以得到的钎焊接头的强度难以保证,而且金刚石经表面处理后再钎焊的方法由于增加了一道工序,因而应用不广,但在一些特殊的场合有其不可替代作用。另一类方法是直接钎焊法,特别是活性钎料法是目前应用最多的方法。直接钎焊法就是利用钎料中含有的过渡族金属与金刚石反应,在界面处生成碳化物而改善润湿性,从而形成较好的接头。但是,活性钎料的熔点较高,金刚石在高温下极易氧化,而且有很大的石墨化倾向,因此金刚石工具的直接钎焊要在惰性气体保护或真空中进行。

9.1.3　金刚石工具钎焊用钎料

金刚石表面金属化处理后与基体进行钎焊可以采用通常的铜基、银基和锡基钎料在空气中进行钎焊。而金刚石工具的直接钎焊通常采用 Ni-Cr、Ni-Ti 钎料、Ag-Cu-Cr 合金钎料及 Ag-Cu-Ti 合金钎料等。

1. Ni 基合金钎料

Ni 基钎料可用于钎焊高温下工作的零件,因此,可利用 Ni 中加入 Cr 制成合金钎料来进行对金刚石砂轮(即颗粒状金刚石)的钎焊。Ni 具有优良的耐腐蚀性和耐氧化性,加入 Cr 可使 Ni 固溶强化。

此种钎料的优点是 Ni-Cr 本身的结合强度高,这主要是因为 Cr 与金刚石中的 C 反应生成 Cr_7C_3,并且 Ni-Cr 合金在结合处与基体由于扩散形成冶金结合,从而钎焊后可以获得很好的接头强度。然而金刚石的热稳定性较差,在 800 ℃ 时容易发生石墨化转变,当钎焊温度达到 1 080 ℃ 时,容易造成金刚石的热损伤而使结合强度降低。

为了降低钎焊温度,可用 Ti 替代 Cr,制成 Ni-Ti 合金,钎焊温度可控制在 680 ~

900 ℃,从而可减小金刚石发生石墨化的倾向。

2. Ag-Cu-Cr 合金钎料

目前,用添加 Cr 的 Ag-Cu 合金作钎料用于金刚石砂轮的钎焊取得了一定的进展。对钎焊后的结合处进行能谱分析和电镜扫描,发现合金钎料中的 Cr 与金刚石中的 C 生成 CrC,与基体界面结合处形成($Fe_x Cr_y$)C,从而使钎焊后的砂轮有很好的结合强度。这种钎料的缺点是钎焊温度只能控制在 800 ℃以下,如果高于此温度,会使金刚石石墨化和氧化;温度过低会使钎焊时间很长,造成能源浪费。

3. Ag-Cu-Ti 合金钎料

Ag-Cu-Ti 合金钎料是以 Ag-Cu 共晶为主,并加入活性元素 Ti 所构成,其熔化温度低,目前多用于 CVD 金刚石膜工具的制造。金刚石与基体的钎焊接头中,活性元素 Ti 原子与金刚石表面的碳原子在一定的温度、压力以及保温时间下反应生成了连续的 TiC 膜,从而实现了金刚石与基体的连接。Ag-Cu-Ti 合金钎料的抗剪强度可达到 138 MPa,并且 Ag-Cu 是高塑性材料,可以使应力得到释放,提高接头强度,因此该钎料发展很快。

9.2 石墨与金属的钎焊

石墨是碳的六方结晶形态,作为低原子量材料,密度较低,具有极高的熔点(升华温度)和耐热冲击性能。在常压下它的挥发升华温度为 3 970~4 070 K,是极好的耐高温材料。其热导率介于铝与钢之间,线膨胀系数则远比一般金属材料为低。石墨还有良好的导电性能和优良的抗腐蚀性能。尤其是 1 773 K 以上高温时,石墨的强度较室温时不但不会降低,反而有所升高,直到 2 673 K 以上时才有所降低。在这温度范围内,石墨是比强度最高的耐高温材料。但是石墨本身低的机械强度限制了它的应用,国内外的研究者通过制备石墨和金属基体组成的复合材料来克服机械强度较低的缺点,在宇航领域、原子能及电气等行业中获得广泛应用,在这些应用中,钎焊起到十分重要的作用。

9.2.1 石墨的钎焊性

石墨与金刚石都是碳的同素异形体,钎焊性相似,由于结构原因甚至比金刚石的钎焊性更差,其钎焊的难点主要在于:

(1)石墨对大多数钎料的润湿性很差,或者根本就不润湿。石墨主要含有共价键,表现出非常稳定的电子配位,很难被金属键的金属钎料润湿。

(2)石墨的线胀系数低于大多数金属材料,尤其是石墨的抗拉强度也很低,使它极易在钎焊热应力作用下产生裂纹或断裂。

(3)石墨本身存在一定数量的空隙,容易吸取熔化的中间层使钎料难以铺展,从而弱化和降低接头性能。

(4)在空气中 400 ℃左右氧化,连接时须在真空或惰性气体保护下进行。

9.2.2 石墨与金属钎焊方法及常用钎料

石墨与金属钎焊的方法可分为两大类,一类是表面金属化后进行钎焊,另一类是表面不处理直接进行钎焊。不论哪种方法,焊件装配前,应先对焊件进行预处理,用酒精或丙酮将石墨和金属材料表面污染物擦拭干净,表面金属化钎焊时,应先在石墨表面电镀一层 Ni、Cu 或用等离子喷镀一层 Ti、Zr 等,然后采用铜基钎料或银基钎料进行钎焊。采用活性钎料直接钎焊是目前应用最多的方法,可根据表 9.1 选择钎料和钎焊温度,可将钎料夹置在钎焊接头中间或靠近一头。当与热膨胀系数大的金属钎焊时,可利用一定厚度的 Mo 或 Ti 做中间缓冲层,该过渡层在钎焊加热时可发生塑性变形,吸收热应力,避免石墨开裂。

表 9.1 中所列的钎料大多是钛基二元合金。纯钛虽然也可以用于钎焊石墨,但由于它与石墨反应强烈,在接头中生成很厚的碳化物,而且它的线膨胀系数较高,易在石墨中引起裂纹,因而很少采用。钛中加入少量 Cr、Ni 可以降低熔点。钛基三元合金则以 Ti、Zr 为主,加入 Ta、Nb、Ge、Be 等元素构成。Ti-Zr 合金具有较低的线胀系数,可以降低钎焊应力,并提高接头耐热冲击能力。

表 9.1 石墨直接钎焊用钎料

钎　　料	钎焊温度/℃	接头材料及应用领域
B-Ti50Ni50	960 ~ 1 010	石墨-石墨、石墨-钛,电解槽接线端子
B-Ti72Ni28	1 000 ~ 1 030	
B-Ti93Ni7	1 560	石墨-石墨、石墨-BeO,宇航部门
B-Ti52Cr48	1 420	石墨-石墨、石墨-钛
B-Ag72Cu28Ti	950	石墨-石墨,核反应堆
B-Cu80Ti10Sn10	1 150	石墨-钢
B-Ti55Cu40Si5	950 ~ 1 020	石墨-石墨、石墨-钛,耐腐蚀构件
B-Ti45.5-Cu48.5-Al6	960 ~ 1 040	石墨-石墨、石墨-钛,耐腐蚀构件
B-Ti54Cr25V21	1 550 ~ 1 650	石墨-难熔金属
B-Ti47.5Zr47.5Ta5	1 600 ~ 2 100	石墨-石墨
B-Ti47.5Zr47.5Nb5	1 600 ~ 1 700	石墨-石墨、石墨-钼
B-Ti43Zr42Ge15	1 300 ~ 1 600	石墨-石墨
B-Ni(36 ~ 40)Ti(5 ~ 10)Fe(50 ~ 59)	1 300 ~ 1 400	石墨-钼、石墨-碳化硅,发热体

Ag-Cu-Ti 系三元合金是以 Ag-Cu 共晶为主,并加入活性元素 Ti 所构成。其熔化温度较低,适合于在中、低温下工作。

以 Ti-Cu 为主的三元合金,如 Cu80Ti10Sn10、Ti55Cu40Si5、Ti45.5Cu48.5Al6 等适合于石墨与钢的钎焊,这类钎料有较高抗腐蚀性能,适用于电解槽电极等的钎焊。

石墨直接钎焊用的钎料的钎焊温度较高,在高温下,石墨极易氧化,因此,石墨的直接钎焊均需在真空或保护气氛中进行。

9.2.3 石墨与钼及其合金的钎焊

石墨与钼及其合金的连接件是用于核聚变反应堆接收聚变反应中等离子体放热并将这种热量传给高压水蒸气回路中的传热部件,也可用于民用工业如医疗诊断设备中的电真空器件、测试仪器中的受热原件等。石墨与钼及其合金的钎焊结构大都在高温下工作。钼在高温下易产生再结晶,降低其塑性和强度,其钎焊温度应尽可能低于其再结晶温度。纯钼的再结晶温度为 1 177 ℃,在高于再结晶温度钎焊时,应尽可能缩短保温时间。

钼及其合金多用于石墨的钎焊结构,主要是因为钼及其合金的线胀系数与石墨相近,因而也常用做石墨与高膨胀合金接头中的过渡材料。图 9.1 就是利用钼作为中间过渡件钎焊石墨与高膨胀系数金属的接头形式。

石墨与钼钎焊的一个实例是一种在放射性铯蒸气中使用的钼与石墨管的组合件。其结构是将石墨管钎焊在头部和尾部均为钼的主体结构上,要求在 1 000 ℃ 放射性铯蒸气中使用,不发生泄漏。钎焊工艺采用 47.5Ti–47.5Cr–5Nb 钎料,钎焊温度为 1 600 ~ 1 700 ℃ 。

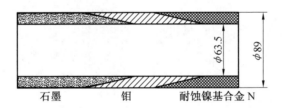

石墨   钼   耐蚀镍基合金 N

图 9.1 利用 Mo 为过渡件的石墨与耐蚀镍合金钎焊接头

石墨与钼的钎焊除了选择表 9.1 中合适的钎料外,还可以使用35Ni–60Pb–5Cr 钎料。这种钎料有良好的抗熔盐腐蚀性能和抗辐射稳定性,但是它流动性差,因此钎焊时,将它以箔片形式预置于接头间隙中。钎焊在真空中进行,钎焊温度为 1 260 ℃ ,保温 10 min。

9.2.4 石墨与铜及其合金的钎焊

在原子能、电气等行业中,因为铜及其合金良好的导热性及导电性,往往将石墨与铜(或铜合金)连接起来使用,如图 9.2 所示的是汽车油泵电机中应用的新型耐磨换向器,这种换向器上部为高强石墨,下部为紫铜冲压而成。

根据石墨的钎焊性特点,石墨与铜的钎焊也通常采用两种方法:一步法和二步法。一步法即石墨与铜的真空钎焊,二步法即石墨经过金属化处理后与铜进行钎焊。

石墨与铜的二步钎焊法即石墨经过表面金属化处理后与铜进行焊接的方法,经过表面金属化处理后的石墨与铜进行钎焊可以采用通常的铜基、银基和锡基钎料在空气

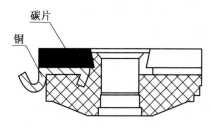

图 9.2　新型耐磨换向器

中进行钎焊。铜基和银基钎料通常用于工件的高温性能要求较高的情况,而锡基钎料一般用于工件的使用温度较低的条件下。由于铜基和银基钎料的熔点较高,铜的硬度降低显著,所以在对铜的性能有严格要求且使用温度较低的场合一般使用锡基钎料。

　　石墨与铜的一步法钎焊最常用的是活性钎料法。Ag-Cu-Ti 活性钎料是活性金属法中最重要的钎料。朱艳等人做了 Ag-Cu-Ti 活性钎料真空钎焊石墨和铜的研究,分析接头的显微组织(见图 9.3)和接头强度。高强度结合界面组织结构是由活性元素 Ti 向石墨扩散并与之反应而形成的 TiC(见图 9.3 中的 1 区)/Ag-Cu 共晶组织(2 区)+Cu 基固溶体(3 区)/Cu 基固溶体/ Cu。钎焊石墨与铜时接头最大强度为 17 MPa,剪切断裂主要发生在近石墨与钎缝金属界面的石墨中。

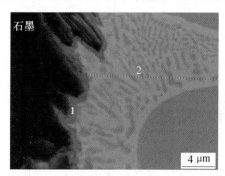

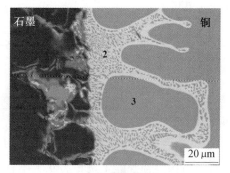

(a) 石墨侧界面　　　　　　　　　　(b) 整体接头

图 9.3　石墨/Ag-Cu-Ti/Cu 接头组织(925 ℃/10 min)

9.3　陶瓷与金属的钎焊

　　现代陶瓷材料因具有高强度、高硬度、耐腐蚀、耐高温和绝缘性好等特征,已成为现代能源、冶金、宇航和机械工业部门发展新技术的关键材料之一。但是,陶瓷材料塑韧性差,难以制作大而复杂的结构,而且冷加工困难,导致其实际应用受到了很大限制。陶瓷材料只有与金属材料的强韧性结合起来,才能满足现代工程的需要。另外,在电真空器件中,陶瓷作为绝缘件通常需要与金属进行密封连接。因此,陶瓷与金属的连接技术一直是工程陶瓷研究的重要方面,也是生产和制造陶瓷产品的关键技术之一,日益受到重视。

9.3.1 现代陶瓷分类

现代陶瓷材料通常是指利用先进的制粉与烧结技术将各种金属或类金属与氧、氮、碳等人工合成的无机化合物材料。陶瓷晶体是以离子键和共价键为主要结合键,一般是两种键的混合形式。由于离子键和共价键是强键,因而陶瓷具有高熔点、高硬度、耐腐蚀和无塑性等特点。

现代陶瓷按照组成可分为氧化物陶瓷和非氧化物陶瓷。在集成电路基板和封装等电子领域应用的是氧化铝陶瓷,其次是氧化锆、氧化镁、氧化铍陶瓷等。非氧化物陶瓷主要有碳化物、氮化物陶瓷。

按照材料的功能划分,现代陶瓷又可分为结构陶瓷和功能陶瓷。功能陶瓷是指以电、磁、光、声、热、力、化学及生物等信息的检测、转换、耦合、传输及存储等功能为主要特征的介质材料,主要包括铁电、压电、介电、热释电及磁性等功能各异的新型陶瓷材料。功能陶瓷是电子信息、集成电路、计算机、通信广播、自动控制、航空航天、海洋探测、激光技术、精密仪器、汽车、能源、核技术及生物医学等近代高技术领域的关键材料。结构陶瓷是以强度、刚度、韧性、耐磨性、硬度、疲劳强度等力学性能为特征的材料。目前最常用的结构陶瓷主要有氧化铝、氮化硅、碳化硅以及部分稳定氧化锆陶瓷,这类陶瓷具有耐高温、耐磨损、耐腐蚀、耐冲刷、抗氧化、耐烧蚀、高温下蠕变小等优异性能,可以承受金属材料和高分子材料难以胜任的严酷工作环境,广泛用于能源、航空航天、机械、冶金、汽车、化工、电子等领域。

9.3.2 陶瓷与金属的钎焊特点

陶瓷与金属的连接是20世纪30年代发展起来的技术,最早用于制造真空电子器件,后来逐步扩展应用到半导体、集成电路、电光源、高能物理、宇航、化工、冶金、仪器与机械制造等工业领域。目前,陶瓷连接方法主要有机械连接、固态扩散连接和钎焊连接等。由于钎焊连接以技术工艺简单,连接强度高,接头尺寸及形状的适应性好,相对成本低等优点成为陶瓷和金属连接的首选技术之一。

陶瓷与金属钎焊的难点之一在于陶瓷和金属的冶金不相容。冶金不相容是由于陶瓷材料主要含有离子键或共价键,表现出非常稳定的电子配位,因而较难被熔化的金属钎料润湿,难以在钎焊区和金属实现原子间的冶金结合。因此在钎焊时,需要对陶瓷表面进行预金属化而使陶瓷表面的性质发生改变,或者在普通钎料中加入活性元素,使钎料能够与陶瓷之间发生化学反应,通过反应使陶瓷表面产生可以被熔化金属润湿的产物。

陶瓷与金属钎焊的另一个问题是二者的物性不匹配。物性不匹配是指金属与陶瓷的热膨胀系数差异太大,在钎焊结合区存在很大的应力梯度,钎焊产生的热应力使连接强度降低、质量难以满足需要。为了减小由于材料线胀系数差异所引起的残余应力,通常可以采用以下几种方法:

(1)采用软钎料。软钎料由于其强度较低,可较好地缓解陶瓷和金属由于线胀系数差异造成的应力。

（2）采用软性中间层。借助于中间层的弹塑性变形来减小应力，如采用 Al、Cu 等作中间层时，残余应力有明显减小。

（3）采用与陶瓷线胀系数相近的硬金属作中间层。采用与陶瓷线胀系数相近的硬金属（如 W、Mo）、因瓦合金（Invar）等作中间层时，能在一定程度上减小残余应力，但由于这些硬质金属本身的屈服强度高，缓和残余应力的效果并不明显。

（4）采用复合中间层。采用软金属加硬金属的复合中间层如 Cu/Mo、Cu/Nb 等时，能结合两种金属的优点，起到较好的缓和接头应力的效果。

（5）低温连接。在较低温度条件下连接，陶瓷和金属的变形差异将会得到有效缩小，从而可以有效控制残余变形和应力。

（6）接头几何形状的优化设计。较为合理的结构设计可以减缓应力集中，并可在一定程度上减小接头应力。

9.3.3 常用的陶瓷与金属钎焊方法

根据陶瓷与金属的钎焊特点，常用的钎焊方法有陶瓷表面金属化法和活性金属法。

1. 陶瓷表面金属化法

陶瓷表面金属化法，也称为两步法，是先对陶瓷表面进行金属化处理，采用烧结或其他方法在陶瓷表面涂镀一层金属作为中间层，而后再用一般钎料把金属镀层和金属钎焊在一起。陶瓷表面金属化的方法有很多，如 Mo-Mn 法、气相沉积、化学镀和离子注入等，常用的是 Mo-Mn 法，一般工艺过程为：将 Mo-Mn 粉制成膏剂涂在陶瓷表面，在 $1\ 000 \sim 1\ 800\ ℃$ 的 N_2 或 H_2 气氛中烧结后，表面形成玻璃相，同时部分金属氧化物被还原，产生金属表面层，最后在表面镀上一层金属（常用镍）。Mo-Mn 法在工业上已得到广泛应用，但这种传统的连接方法工艺复杂，费时耗资。

气相沉积法包括物理气相沉积（PVD）、化学气相沉积（CVD）和等离子反应法。对于 AlN、SiC 等非氧化物陶瓷与金属的连接，大多采用 PVD 法。例如应用脉冲等离子束和 PVD 法对 Al_2O_3 陶瓷预金属化表面改性的方法，5 次脉冲后陶瓷表面形成纳米尺度厚度的 TiO_x 膜，再用 PVD 法沉积约 $2\ \mu m$ 厚的 Ti_2O 或金属 Ti；改性后的 Al_2O_3 陶瓷在初始压力为 10 Pa 的真空炉中采用 AgCu28 合金钎料与可伐合金钎焊连接，接头抗拉强度达 90 MPa。

陶瓷表面的预金属化，不仅可以用于改善非活性钎料对陶瓷的润湿性，而且还可以用于高温钎焊时保护陶瓷不发生分解产生孔洞。以性能较好的 Si_3N_4 陶瓷为例，真空中（10^{-3} Pa）$1\ 100\ ℃$ 以上，Si_3N_4 陶瓷就要发生分解，产生孔洞。用耐热钎料进行钎焊时，钎焊温度都较高，Si_3N_4 很容易分解。解决陶瓷高温下容易分解的问题，可以通过将 Si_3N_4 陶瓷表面进行预涂层或改变钎焊气氛来实现。

2. 活性金属法

活性金属法，也称为一步法，是采用活性钎料直接对金属与陶瓷进行钎焊，它利用金属与陶瓷之间的钎料在高温下熔化，其中的活性组元与陶瓷发生化学反应，形成稳定的反应层,将两层不同材料结合在一起的方法。在钎料中添加表面活性元素可使陶瓷表面润湿性得到明显改善,Ti、Zr、Hf、Pd、V、Nb 等过渡族或稀有金属元素具有很强的化学活性,加至钎料中在高温下对氧化物、硅酸盐等物质具有较大的亲和力,可和 Cu、Ni、Ag、Au 等一起制成金属陶瓷钎焊的活性钎料。活性钎料在两界面处可以产生机械或化学结合,机械结合是指钎料颗粒嵌入或渗入陶瓷表层微孔区,而化学结合是钎料和基体间的物质转移和反应,它们会大大促进润湿性。活性钎料中,常以 Ti 作为活性元素,形成钎焊接头的机理是:钛与钎料金属接触,在温度高于钎料金属的熔点时,便形成了含钛的液相合金,在更高的温度下,其中部分液相活性金属钛被陶瓷表面选择性吸附而降低了固液比界面能,从而使钎料合金更好地润湿陶瓷;同时有部分钛与陶瓷表面的成分发生化学反应,并还原其中的金属离子,形成钛的低价氧化物,如 TiO、Ti_2O_3。与 Mo-Mn 法相比,活性金属法有适用范围广、工序少、周期短、温度低等优点,但是仍存在内应力大、连接强度低、生产率不高等缺点。

用活性钎料钎焊时,活性元素的保护是非常重要的一个方面。这些元素极易被氧化,被氧化后就不能再与陶瓷发生反应,因此用活性钎料钎焊一般都在真空或纯度很高的保护气氛中进行。钎焊温度下真空度一般应保证高于 10^{-2} Pa。

9.3.4 常用的陶瓷与金属钎焊用钎料

采用陶瓷表面金属化法钎焊陶瓷与金属使用常规钎料即可,而采用活性金属法钎焊陶瓷和金属所使用的活性钎料根据不同的熔化温度可分为低温、中温、高温活性钎料。

(1)低温活性钎料

可直接连接玻璃或陶瓷。此类钎料主要成分为 Pb、Sn,另添加少量 Zn、Sb 及微量元素 Al 、Si 、Ti 、Cu 等,此种钎料系列的熔化温度可在 170～300 ℃内加以调整,钎焊时不需要对陶瓷或金属表面作特殊处理,也不需要钎剂或保护气体。

(2)中温活性钎料

主要为含 Ag 的活性钎料,如 Ag-Cu-Ti 系、Ag-Ti 系等。表 9.2 列出了含 Ti 的 Ag 基中温活性钎料。Ag-Cu-Ti 系活性钎料在 850～1 000 ℃钎焊时对陶瓷表面的润湿性较好,但在高于 1 000 ℃钎焊则对陶瓷的润湿性作用明显减弱。而在 Ag-Cu 共晶基础上添加(2%～5%)Hf ,在 1 000 ℃以上时对 SiC 和 Si_3N_4 陶瓷有更好的润湿性,并且 $AgCuHf_4$ 钎料钎焊的接头弯曲强度比用 $AgCuTi_2$ 的高。Ag-Cu-Hf 活性钎料很可能是 Ag-Cu-Ti 钎料的替代品。

(3)高温活性钎料

非氧化物陶瓷如氮化硅(Si3N4)、碳化硅(SiC)等结构陶瓷,由于它们在高温下具有很高的强度、硬度、抗磨损、耐腐蚀等特性,同时又具有抗热震、耐高温蠕变、自润滑等特点,近年来已成为许多高科技领域中应用的关键材料,主要用于陶瓷发动机、磁流体发电机和核反应装置等能源领域。它们在应用中有一个共同特点即需耐温 1 000 ℃以上,而一般 Ag 基中温活性钎料钎焊的陶瓷/金属接头工作温度不超过

400 ℃，为提高该接头的工作温度必须研究出一系列高温活性钎料。德国和美国学者于 20 世纪 90 年代开展了陶瓷/金属钎焊用高温活性钎料的研究工作，并取得一定进展，研制的钎料可胜任 800 ℃左右的工作温度，该系列高温活性钎料见表 9.3。

表 9.2　银基中温活性钎料

钎料	钎料成分(质量分数)/%	固相线温度/℃	液相线温度/℃
Ag – Cu – Ti	70.5–26.5–3	780	805
Ag – Cu – Ti	72 – 26 – 2	780	800
Ag – Cu – Ti	64 – 34.5 – 1.5	770	810
Ag – Cu – In – Ti	72.5 – 19.5 – 5–3	730	760
Ag – In – Ti	98 – 1 – 1	950	960
Ag – Ti	96 – 4	970	970
Ag – Cu – Ti – Li	60 –28 – 2 – 10	640	720
Ag – Cu – In – Ti	60 – 23.7 – 15 – 1.3		
Ag – Cu – Sn – Ti	60 – 28 – 10 – 2	620	750

表 9.3　高温活性钎料

钎料	钎料成分(质量分数)/%	固相线温度/℃	液相线温度/℃
Pd – Ni – Ti	58.2 – 38.8 – 3	1 204	1 239
Pd – Cu – Pt – Ti	51 –43 – 2 – 4	1 099	1 170
Ag – Pd – Ti	56 – 42 – 2		
Ag – Pd – Pt – Ti	53 –39 – 5 – 3	1 195	1 250
Pt – Cu – Ti 5	55 – 43 – 2	1 208	1 235
Zr – Cr – Cu	73 – 12 – 15		
Ni – Hf	70 – 30	1 200	1 225
Co – Ti	90 – 10	1 215	1 320
Au – Pd – Ti	90 – 8 – 2	1 148	1 205

复习思考题

1. 金刚石的类型有哪些？阐述其钎焊工艺特点。
2. 金刚石常用的钎焊方法有哪些？阐述工艺参数对接头性能的影响。
3. 试述石墨的钎焊特点，并举例说明。
4. 陶瓷与金属钎焊时，容易产生什么问题？
5. 陶瓷与金属用活性钎料有哪些？钎焊过程中活性元素有什么作用？
6. 陶瓷与金属常用钎焊方法有哪些？为减小应力集中，应如何设计合理的接头？
7. 陶瓷表面金属化法常采用哪些工艺？
8. 阐述活性金属化法钎焊陶瓷与金属的步骤。

第10章 复合材料的钎焊

复合材料是由两种或两种以上的物理和化学性质不同的物质,按一定方式、比例及分布方式组合而成的一种多相固体材料。它主要包括基体相和增强相两种相。一般来说,基体相起黏结和传递应力的作用,而增强相起承受应力的作用。通过良好的增强相/基体组配以及适当的制造工艺,可以充分发挥各组分的长处,得到的复合材料具有单一材料无法达到的优异综合性能。

10.1 复合材料的分类、特点及应用

由于复合材料基体相有多种(如树脂、金属和陶瓷),而增强相的种类又很多(如碳、硼、氧化铝、碳化硅等),其形态可以是颗粒、纤维、晶须等,由此组合形成的复合材料是多种多样的。按复合材料基体相类型可分为:树脂基或高聚物基、金属基和陶瓷基复合材料;按复合材料增强相形态可分为粒子或晶须增强、纤维增强以及层板增强复合材料;按复合材料性能及用途,又可分为结构和功能复合材料两大类。前者主要利用它的力学性能,作为结构使用;后者主要利用它的声、光、电、热等功能效应,目前这类材料尚处于探索阶段。由于树脂基复合材料无法采用钎焊方法进行连接,因此本章所涉及的复合材料主要限于结构用金属基复合材料、陶瓷基复合材料和碳/碳复合材料。

表10.1为复合材料与金属材料的性能比较,总结一下复合材料主要具有以下特点:

(1)比强度和比模量高,均高于金属,用其作结构件时重量轻,因此对于航空航天及运输工具是很重要。

(2)线胀系数小、尺寸稳定性好。

(3)抗疲劳和减振性能良好。

(4)具有良好的耐热性能和高温力学性能。比如铝合金在 300 ℃ 时,其强度就下降到 100 MPa;而石墨纤维增强铝基复合材料在 500 ℃,其强度仍可达到 600 MPa。

(5)破损安全性好。这类材料的构件一旦超载并发生少量纤维断裂对,载荷会重新迅速分配在未断裂的纤维上,从而使这类结构件不至于在极短时间内有整体发生破坏的危险。

(6)耐磨性好。比如碳化硅颗粒增强铝基复合材料的耐磨性比基体铝高出数倍,甚至比铸铁好好。

(7)制造工艺简单灵活以及材料结构的可设计性。

表 10.1　复合材料与金属性能的比较

材　料	密度 /(g·cm⁻³)	弹性模量 /GPa	强度 /MPa	比模量 /(GPa·g⁻¹·cm⁻³)	比强度 /(MPa·g⁻¹·cm⁻³)
复合材料 40% CF/尼龙 66	1.34	22	246	16	184
连续 S–玻璃纤维/环氧树脂	1.99	60	1 750	30.2	879
25% SiC$_w$/氧化铝陶瓷	3.7	390	900 抗弯强度	105	—
50% Al$_2$O$_{3f}$/Al 合金	2.9	130	900 抗弯强度	49	310
20% SiC$_w$/6061Al	2.8	121	586	43	209
20% Al$_2$O$_{3p}$/6061Al	2.9	97	372	33	128
35% SiC$_f$/TC4 钛合金	4.1	213	1 724	52	420
金属 Q235	7.86	210	460	27	59
30CrMnSi 调质	7.75	196	1 100	25	142
1050、1060、1070 铝合金	2.7	69	100	26	37
6061 铝合金	2.71	69	310	25	114
α 钛合金	4.42	123	850	28	195
1Cr18Ni9Ti	7.75	184	539	23	68
TC4(Ti–6Al–4V)	4.43	114	1 172	26	265

　　复合材料综合性能优异,应用非常广泛,涉及航空航天、车辆、机械、化工、船舶制造等各个领域。表 10.2 给出了复合材料应用的示例。

表 10.2　复合材料的用途

用　途		性能要求	复合材料类型
宇航设备	宇航设备结构、天线、卫星等航天飞机机身桁架支柱	比强度、比刚性;尺寸稳定性	B/Al、B/Ag、C/Mg、SiC/Al、SiC/Ti
	宇航飞行器壳体、鼻锥、火箭喷管	比强度、比刚性、耐磨性	C/C、Gr(石墨)/C、Cr/Gr
飞机	铁塔	比强度、比刚性	B/Al
	支柱、翼箱、人孔盖		SiC/Al
	流线型外壳 机架、加强杆、横架		C/Al
	风扇、压气机叶片	比强度、比刚性、耐热耐蚀性	B/Al、SiC/Al、SiC/Ti
	高压涡轮导向叶片、喷嘴	比强度、比刚性、耐热耐蚀性	金属纤维或氧化物颗粒增强高温合金
	刹车片	比强度、耐烧蚀和耐磨性	C/C
直升机	变速箱	比强度、比刚性	Al$_2$O$_3$/Mg、C/Al、C/Mg
	构架		B/Al、SiC/Al、Al$_2$O$_3$/Al

续表 10.2

用　途	性能要求	复合材料类型
火箭导弹	鼻锥、叶片、发动机喷管喉衬	比强度、比刚性、耐热性、耐烧蚀性	C/C
汽车	发动机结构	比强度、比刚性、耐热性	SiC/Al、Al_2O_3/Al
	发动机径向密封片	比强度、比刚性	C/Al
	连杆	比强度、比刚性	SiC/Al
	汽缸体	比强度、比刚性	(Al_2O_3+C)/铸铝
	活塞杆、顶销	比强度、比刚性、耐磨性	SiC/Al、Al_2O_3/Al、(Al_2O_3+SiO_2)/Al
	制动摩擦材料	比强度、耐热性、耐烧蚀性	C/C
电器产品	电动机、电刷	导电性、耐磨性、强度	C/Cu
	电缆、触点		
运动用品	高尔夫球杆 雪橇 自行车框架	比强度	B/Al、C/Al、SiC/Al、Al_2O_3/Al
	轴承、传动件	耐磨性	C/Cu、SiC/Al

　　当然,任何一种材料如果只能以整体结构使用,即使其性能很好,应用范围也是有限的,必须解决其自身以及与其他材料之间的连接问题。为此国内外对复合材料连接问题投入大量的人力、物力和财力进行了研究,方法主要有钎焊、扩散焊、熔焊、电阻焊、机械连接、胶接等,其中钎焊是最为简单和成功的方法,现已在航空航天、导弹结构等制造方面获得了较多应用。

10.2　金属基复合材料的钎焊

　　金属基复合材料是以金属或合金为基体,并以纤维、晶须、颗粒等为增强体的复合材料。金属基复合材料的分类有多种方法。根据增强相形态,可分为连续纤维增强、非连续纤维增强和层板金属基复合材料;根据基体材料,可分为铝基、钛基、镁基、铜基、镍基、不锈钢和金属间化合物基等复合材料。常用的金属基复合材料的基体主要是铝、镁、钛等轻质合金。因为镁合金的力学性能及耐腐蚀性不如铝,钛虽然具有较高的比强度和比刚度,但价格较高,所以应用最多的还是铝基复合材料。

10.2.1　铝基复合材料的钎焊特点

　　铝基复合材料以工业上常用的工业纯铝、锻铝、超硬铝和铸铝为基体;主要以 SiC、Al_2O_3、B、C 等为增强相。钎焊一般采用搭接接头,对于连续纤维增强铝基复合材料来讲,实际上是把复合材料的钎焊问题转化为容易解决基体材料的钎焊问题;而对于非连续增强铝基复合材料就比较复杂,由于增强相的存在,严重阻碍了钎料在母材上的润湿与铺展,同时给钎焊过程中温度控制带来困难。铝基复合材料钎焊的主要问题如下:

(1)铝易与增强体发生反应,在界面生成过厚脆性化合物,大大降低接头强度。Al是很活泼的金属,在钎焊温度经一定钎焊时间即与增强体发生反应,在增强体与基体之间产生一层硬而脆的化合物(如 $SiC_{(P)}/LD_2$ 复合材料在 500 ℃以上即迅速发生反应 $4Al+3SiC=Al_4C_3+3Si$,脆性相 Al_4C_3 分布于 SiC 界面),大大降低接头强度。随温度升高,时间延长,脆性化合物增厚,复合材料强度损失非常严重。

(2)由于铝基复合材料熔点较低,其固相线温度往往接近甚至低于钎料液相线温度,因此要求钎焊过程温度控制相当准确,一般±5 ℃。低于最佳温度值,接头抗剪强度低,而且温度过低也不利于钎料的流动铺展;高于最佳温度值,则发生界面反应,损伤基体的性能,而且温度过高又易引起母材的过烧溶蚀,给钎焊过程带来很大困难。

(3)铝基复合材料基体与增强体的导热系数、热膨胀系数等物理性能相差悬殊,经钎焊热循环后在基体与增强体界面上产生大量微区残余应力,从而恶化接头性能。

(4)Al_2O_3 氧化膜严重影响钎焊质量。Al 具有很强的氧化性,在空气中很容易与氧发生反应生成致密、稳定的 Al_2O_3 表面氧化膜,随着温度升高氧化加剧,氧化膜迅速增厚(室温下膜厚一般在 5 nm 左右,而在 600 ℃温度下膜厚剧增到 100~200 nm)。而且 Al_2O_3 熔点很高,约 2 050 ℃,又具有很高的化学稳定性,一般在钎焊过程中不发生熔化也不易被化学腐蚀剂腐蚀而去除,严重影响钎料在母材表面的润湿与铺展,成为铝基复合材料钎焊的一大难点。

10.2.2 颗粒或短纤维增强复合材料钎焊

铝基合金中加入石墨、SiC、Al_2O_3 颗粒或短纤维,可以使其弹性模量、高低温强度、疲劳性能、耐磨性能大幅度提高,具有广泛的应用前景。这类材料的钎焊同铝钎焊类似,钎焊前必须预先去除其表面的氧化膜,并保证在整个加热过程中不被重新氧化。但是并不是所有能钎焊 Al 合金的钎料均可用来钎焊 Al 基复合材料,这是因为钎焊复合材料时不但要求对基体金属有良好的润湿性,还要能够润湿增强相颗粒或晶须。而且,要求钎焊温度尽量低,避免热循环对增强颗粒或晶须的不利影响。Al-Si、Al-Ge 和Zn-Al这几种铝合金用钎料对 $SiC_w/6061Al$、SiC_P/LD_2 等有较好的润湿性,可钎焊铝基复合材料。钎焊中的主要问题是熔化的 Al-Si、Al-Ge 钎料中的 Si 或 Ge 易向复合材料基体中扩散,从而破坏基体原有的组织结构。

在钎焊的保温过程中,Si 或 Ge 向复合材料的基体中扩散,随着基体金属扩散区内含 Si 或 Ge 量的提高,液相线温度相应降低。当液相线温度降低至钎焊温度时,母材中的扩散区发生局部熔化,在随后的冷却凝固过程中 SiC 颗粒或晶须被推向尚未凝固的焊缝两侧,在此处形成富 SiC 层,使复合材料的组织遭到破坏。原来均匀分布的组织分离为由富 SiC_w 区和贫 SiC_w 区所构成的层状组织,而且在贫 SiC 区内含有来自共晶合金的高浓度的 Si 和 Ge,使接头性能降低。相比较而言,Zn-Al 共晶与复合材料之间的相互作用较小,Zn 向基体金属中的扩散程度较低。

钎料与复合材料之间的相互作用与复合材料的加工状态有关,经挤压和交叉轧制的 SiC_w/6061Al 复合材料中,Si 和 Ge 的扩散程度较大,但在未经过二次加工的同一种复合材料的热压坯料中,Si 和 Ge 的扩散程度很小,不会引起复合材料组织的变化。这可能是因为复合材料经过挤压和交叉轧制加工后,基体中的位错密度增大,这些位错与层错及晶界一起为 Si 及 Ge 原子的扩散提供了快速扩散的通道。

钎焊这类复合材料时必须对钎焊参数进行优化,正确匹配钎焊温度及保温时间,常用的钎焊方法有保护气氛炉中钎焊、真空钎焊和火焰钎焊等。

保护气氛炉中钎焊是目前石墨颗粒增强铝基复合材料钎焊连接的最为成功的方法之一。采用 Al-Si-Mg 钎料在氩气保护气氛中,较低的钎焊温度(590 ℃)和相对比较短的时间(5~10 min)可以获得石墨颗粒增强铝基复合材料的良好的接头。

保护气氛炉中钎焊也可用于陶瓷颗粒增强铝基复合材料的连接。例如,碳化硅颗粒增强铝基复合材料 SiC_p/3003Al 的氩气保护炉中钎焊的工艺如下:采用 HL402(BAl86SiCu)+0.4% Mg+0.1% Bi 钎料,FB201(50KCl-32LiCl-10NaF-8ZnCl_2)钎剂,在 615 ℃/6 min/3 kPa 的规范下进行钎焊,得到的 SiC_p/3003Al 复合材料的抗剪强度为 35 MPa。

陶瓷颗粒增强铝基复合材料的连接还可以采用真空感应钎焊,特别是对于铝基体熔点低的复合材料,采用真空感应加热,可实现钎焊过程的快速加热和冷却,防止母材过烧。SiC_p(2024Al)复合材料,2024Al 铝合金基体的初熔温度约为 505 ℃,采用真空感应加热方法在高于其初熔点的温度下,可实现 SiC_p/2024Al 复合材料的钎焊,且复合材料母材未出现明显的过烧现象。采用的钎料为 Al-28Cu-5Si-2Mg,其熔化温度为 525~535 ℃,在 550 ℃、3~4 min 规范下钎焊接头的抗剪强度为 32~33 MPa。

图 10.1 为 SiC_w/6061 Al 铝基复合材料的火焰钎焊原理图。其工艺流程和焊接条件为:采用氧丙烷火焰枪加热被焊试件至 400~450 ℃,以使 89.3Zn-4.2Al-3.22Cu-Mg-Si 熔化并铺展于试样钎焊面,机械刮擦液态 Zn-Al 钎料/母材界面,然后冷却;再用火焰枪加热试样被焊表面直至钎料熔化,随即加 30 MPa 压力,冷却后形成钎焊接头。钎焊接头抗拉强度为母材抗拉强度的 85%~90%,最高可达 272 MPa。

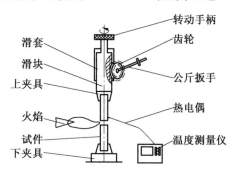

图 10.1　铝基复合材料火焰钎焊原理图

10.2.3 纤维增强铝基复合材料钎焊

纤维增强铝基复合材料钎焊,若采用对接接头,由于纤维不连续,只能用于低应力场合,因此极少采用,通常采用搭接接头形式。这时钎焊只涉及基体连接,而大多数复合材料基体都是可钎焊的,钎焊方法既可用软钎焊,也可以采用硬钎焊。

1. 软钎焊

对 B/Al、Borsic/Al、SiC/Al 纤维增强铝基复合材料以及与铝合金、钛合金之间进行软钎焊时,由于钎焊温度不超过 450 ℃,从而避免了高温加热对复合材料性能的影响。

连续纤维增强铝基复合材料的软钎焊时,工件的表面处理对接头强度的影响很大。焊前表面处理可以采用砂纸打磨、吹砂、钢丝刷清理、碱洗或镀镍,其中镀镍效果最好,镀镍的方法有两种:化学镀和电镀。化学镀优于电镀,可使接头强度相应提高 10% ~ 30%,这是因为复合材料表面的纤维一般不导电,电镀不能完全地将镍镀到纤维上,钎料对纤维的润湿性不好。

连续纤维增强铝基复合材料的软钎焊用钎料主要有 Cd95Ag、Zn95Al、Cd83Zn 三种,其铺展温度分别为 399 ℃、383 ℃、265 ℃。采用上述三种钎料和与之相配套的钎剂,利用柔和且轻微碳化的氧乙炔火焰加热钎焊的 B/Al-6061Al 接头性能试验结果见表 10.3。由表可见,Cd95Ag、Zn95Al 两种钎料钎焊接头强度在 93 ℃以下基本相当,而316 ℃时两者强度差别却很大,Zn95Al 钎焊接头强度可达 30 MPa,Cd95Ag 钎焊接头强度只有 5.6 MPa。因此高温应用场合应优先选用 Zn95Al 钎料。当然由于 Cd95Ag 钎料流动性、接头成形性和操作方便程度均优于 Zn95Al 钎料,因此在接头强度满足设计要求的前提下也可以选用。Cd83Zn 钎料钎焊的接头虽然也具有较高的抗剪强度,但却相当脆,往往在焊后冷却过程中接头就会开裂,不像 Cd95Ag、Zn95Al 钎料钎焊接头具有一定塑性。

表 10.3 B/Al 软钎焊的抗剪强度

钎料成分	抗剪强度/MPa	试验温度/K	失效方式	钎料成分	抗剪强度/MPa	试验温度/K	失效方式
95% Cd-5% Ag	81	294	1	95% Zn-5% Al	80	294	1
	89	366	1		94	366	1
	69	422	1		30	588	3
	47	478	3	82.5% Cd-17.5% Zn	74	294	1
	29	533	2		90	366	1
	5.6	588	2		59	422	3

注:失效方式 1—复合材料层间剪切;失效方式 2—从钎缝处断裂;失效方式 3—1 与 2 种两种方式均可能会发生。

2. 硬钎焊

纤维增强铝基复合材料的硬钎焊主要有浸沾钎焊、真空钎焊等,其中浸渍钎焊的接头强度较高(T 形接头断裂强度可达 310 ~ 450 MPa),但耐蚀性较差;真空钎焊的接头强度较低(T 形接头断裂强度可达 235~280 MPa),耐蚀性较好。

连续纤维增强铝基复合材料的硬钎焊用钎料主要是 Al-Si 及 Al-Si-Mg,,一般来说,用 Al-Si 钎料的接头强度比用 Al-Si-Mg 钎料的接头强度低。如在相同的钎焊条件下(钎焊温度 588 ℃,压力 0.11 MPa,时间为 30 min),采用 0.08~0.15 mm 厚的 Al-Si 来钎焊 B_f/6106Al 复合材料的接头强度为 40 MPa,而用 Al-Si-Mg 来钎焊 B_f/6106Al 复合材料的接头强度为 100 MPa,其原因主要是 Mg 可促进氧化膜的清除。对于碳纤维增强铝基复合材料的硬钎焊,Mg 元素可起到更大的作用,Al-Si 无法润湿碳纤维增强铝基复合材料,而 Al-Si-Mg 可以润湿碳纤维增强铝基复合材料。

对于 B(Borsic)/Al-B(Borsic)/Al、B(Borsic)/A1-Ti 的接头组合,由于它们彼此线胀系数相同或相近,因此采用 A1-Si 系钎料,利用常规的铝浸沾钎焊工艺技术即可实现连接,目前这项技术已被用来制造复合材料 T 形结构型材,其典型的钎焊热循环为:538 ℃,4 min 预热+593 ℃,45 s 浸沾钎焊。

真空钎焊由于不用钎剂,避免了软钎焊、浸沾钎焊时残余钎剂对钎焊接头造成的腐蚀,省去了焊后处理工序,可获得高质量的接头。但是真空钎焊和保护气氛炉中钎焊对试件表面要求较高,因此焊前需进行表面处理。焊前表面准备分机械和化学清理两大类,化学清理的质量和均匀性优于机械清理,推荐的两种化学清理规范见表 10.4。

表 10.4 铝基复合材料焊前的表面处理

材料	40% SiC_f/Al	Ti-6Al-4V 钛合金
表面处理	10% NaOH 水溶液,60 ℃,60 s; 再 30% HNO_3,室温,10 s	30% HNO_3,3% HF 水溶液, 室温,10~30 s

纤维增强铝基复合材料的钎焊以及与铝合金、钛合金搭接钎焊时,实际上主要是 Al-Al、Al-Ti 之间的钎焊,因此从原理上讲,所有用于 Al-Al、Al-Ti 真空钎焊的钎料均可采用,一般来说,对基体相初熔温度比较高的 Borsic(或 SiC)/纯铝(或 3003Al)复合材料,可采用 Al-Si 及 Al-Si-Mg 钎料直接进行钎焊;而复合材料基体相初熔温度比较低时(如 Borsic/6061Al),采用上述钎料钎焊时,铝基体(6061Al)会在 582~593 ℃的温度范围内发生局部熔化,再加上硅扩散进入基体所产生的脆化作用,使得复合材料性能降低。为了避免这种现象发生,可以采用三种方法:一种是在复合材料板钎焊面上包覆一层纯铝箔或纯钛箔作为钎料与复合材料之间的反应扩散屏障;二是采用复合钎料箔片(718L+3003+718L),这时虽然复合钎料中的 718L 钎料与 6061Al 基体也发生了扩散,但与采用单 Al-Si 钎料相比,钎料中的硅向基体扩散减少了 4 倍;三是选择具有更低钎焊温度的钎料,如 Al-Si-Mg-Bi 钎料,Mg、Bi 元素的加入不仅降低了钎料熔点,提高了钎料对 B/Al 和 Ti 的润湿性,而且降低钎焊真空度要求约 0.5~1 个数量级,接头性能也比 Al-Si 系钎料高。

复合材料的真空钎焊应用广泛,其中典型的应用就是采用真空钎焊方法可将单层 Borsic/Al 复合材料带制造成多层的平板或各种截面的型材。例如,将单层的 Borsic/Al 复合材料带之间夹上 Al-Si 钎料箔,密封在真空炉中加热到 577~616 ℃,并施加

1 030 ~ 1 380 Pa 的压力,保温一定时间后就可得到平板。利用这种方法制造的 Borsic-45%(纤维体积分数为 45%)/Al 平板复合材料的抗拉强度为 978 ~ 1 290 MPa。

3. 纤维增强铝基复合材料的共晶钎焊

共晶钎焊连接,也称之为共晶扩散钎焊或接触反应钎焊,其原理是使用一种能够与基体金属发生合金化,形成一种或几种共晶成分的材料为钎料,在钎焊温度稍高于共晶温度时,钎料与基体金属发生合金化形成共晶成分,钎焊料本身虽不熔化,但在原位置形成的低熔共晶合金可以润湿母材从而实现连接。

连续纤维增强铝基复合材料的共晶扩散钎焊需要采用中间层,钎料中间层材料与母材在钎焊温度下发生共晶反应而形成低熔共晶层,经过凝固及扩散过程形成一个牢固的接头。

适用于连续纤维增强铝基复合材料的共晶扩散钎焊的中间层材料有 Ag、Cu、Mg、Ge 及 Zn,它们与 Al 的共晶温度分别为 566 ℃、541 ℃、438 ℃、424 ℃和 382 ℃。其中使用最多的是铜,这是因为铜价格低,来源广泛,采用物理气相沉积或电镀方法很容易将其沉积或镀在复合材料表面上。

共晶钎焊连接铝基复合材料接头组织与性能取决于接头凝固过程的冶金反应,不仅与钎焊温度、保温时间有关,而且在很大程度上取决于金属层厚度,因此必须仔细调整这些参数,既要保证有足够共晶液相形成,又要通过铜层的完全扩散产生一个无脆性金属间化合物的高强接头。

由于共晶钎焊避免了复合材料热压扩散连接时大压力的施加和采用 Al-Si 钎料钎焊时的高温所造成的复合材料性能的降低,目前已被广泛用于 B_f/Al 复合材料及其构件的制造中。常用厚度为 0.1 mm 的铜箔中间层来焊接 B_f/1100Al 复合材料的工艺如下:加热温度稍高于 548 ℃(Al-Cu 的共晶温度为 541 ℃);均匀化处理温度 504 ℃ × 2 h。在 548 ℃保温时,Al 和 Cu 相互扩散,而形成共晶液相(Al–33.2% Cu),随着保温时间的延长,Cu 不断向 Al 中扩散,当 Cu 在 Al 中的质量分数降到 5.65% 时,接头就凝固。然后再在 504 ℃下进行 2 h 的均匀化处理(由于增强纤维阻碍了中间层元素向复合材料中铝基的扩散,因此需要较长时间来均匀化)。这样得到的接头的强度可达 1 103 MPa,接头强度系数可达 86%。

10.3 碳/碳复合材料的钎焊

碳/碳复合材料是指用碳纤维或石墨纤维为增强材料,以碳化(或石墨化)的树脂或化学蒸气沉积的碳作为基体材料的复合材料。这种复合材料具有密度小,比强度大,比刚度大,比模数高,高温耐蚀性能好,耐热冲击,热胀系数低,断裂韧度高,低蠕变性能,耐磨性好,化学惰性好,升华温度高及高温下仍保持很高的强度等特点。它是适合用于高温的最佳复合材料,其密度仅为镍基高温合金的 1/4,陶瓷材料的 1/2。这种材料的强度随着温度的升高不会降低,而且比室温还要高,是目前唯一可用于温度达 2 800 ℃的超高温材料。由于碳/碳复合材料具有这些优异的性能,因此被广泛用于航空航天、航海、核能、医疗、军工等领域。

10.3.1 碳/碳复合材料的钎焊性

碳/碳复合材料类似于石墨,因此它的连接问题也类似于石墨。但 C/C 复合材料又不同于石墨,它不同于均质材料,因此尽管人们已对石墨连接进行了大量研究,但 C/C 复合材料本身的结构特点和性能上的特殊性决定了对其进行连接时还会遇到许多问题,主要有以下几点:

(1)热膨胀系数低于大多数金属材料,从高温到低温冷却过程中接头易产生较大的残余应力,使其极易在热应力的作用下产生裂纹甚至断裂;

(2)润湿性不好,钎焊时大多数常用钎料难于润湿或不能润湿 C/C 复合材料;

(3)加热过程会放出大量的气体,严重影响连接工艺过程和接头质量,导致接头中产生大量气孔,因此钎焊前必须预先在真空或氩气中,高于钎焊温度 100~150 ℃ 条件下对其进行除气处理;

(4)材料本身存在一定数量的孔隙,钎焊时会吸取熔化的中间层使中间层难以保持在接头中,从而弱化和降低了接头性能;

(5)C/C 复合材料机械加工表面上残留的纤维和基体相碎屑,即使量很少也会使钎焊接头弱化;

(6)C/C 复合材料在空气中 673 K 左右开始氧化,因此连接时必须在真空或惰性气体保护下连接。

10.3.2 碳/碳复合材料之间的钎焊

碳/碳复合材料的钎焊连接主要涉及复合材料自身的钎焊连接及其与金属之间的钎焊连接,与一般意义上的钎焊不同,碳/碳复合材料的钎焊不是依靠钎料对工件的润湿作用,而主要是依靠钎料与碳/碳复合材料的化学反应产生冶金结合。

1. 用 Si 作钎料

一般是利用 200~750 μm 厚的 Si 箔作钎料,钎焊温度 1 400 ℃,钎焊时间 90 min,用氩作保护气体,钎焊质量良好,只在钎缝处发现垂直于界面的裂纹,这种裂纹对接头的抗剪强度影响不大。利用 Si 作钎料焊接的三维碳/碳复合材料的界面形成了 SiC,使整个接头形成了 C/SiC/Si/SiC/C 的四个界面的结构,钎焊接头的抗剪强度(22 MPa)与碳/碳复合材料母材的抗剪强度(20~25 MPa)相当。

2. 用 Al 作钎料

一般是利用 100~250 μm 厚的 Al 箔作钎料,钎焊温度 1 000 ℃,钎焊时间 45 min,用氩作保护气体。获得接头界面结构为两层 C/Al_4C_3 和两层 Al_4C_3/Al,接头抗剪强度约为 10 MPa,由于 Al 箔很难完全反应掉,因此,接头无法在高温环境下进行使用。

3. 用 Mg_2Si 和 $TiSi_2$ 作钎料

一般利用粒度 75 μm 的 Mg_2Si 粉作钎料,钎焊温度 1 200~1 400 ℃(Mg_2Si 的熔点为 1 185 ℃),钎焊时间 45~120 min,用氩作保护气体。与前两种钎料不同的是,用

Mg$_2$Si作钎料钎焊碳/碳复合材料时,焊缝中一般不存在填充材料 Mg$_2$Si。这是因为 Mg$_2$Si在1 200 ℃以上会分解为 Si 和 Mg,通过 Si 与 C 反应生成的 SiC 实现连接。而 Mg 的蒸气压较高,易于蒸发,蒸发的 Mg 又被 Ar 气带走,这进一步促使 Mg$_2$Si 的分解和反应,最后形成的连接层主要由 Si 和 SiC 组成。钎焊过程中,Mg 的蒸发易在焊缝中留下孔洞,而孔洞破坏了钎缝的连续性,限制了接头强度,因此用这种方法获得的钎焊接头的剪切强度只有 5 MPa。焊接温度和时间均影响焊缝中的孔洞数量及尺寸。

用 TiSi$_2$ 作钎料将碳/碳复合材料在 TiSi$_2$ 熔点附近保温 2 min 进行钎焊,可以得到强度很高的接头,在界面形成的反应物为 SiC、TiC 等,接头的抗剪强度在1 164 ℃时最高,达到了 34.4 MPa。

4. 用活性钎料

在铝、铜或银或其合金中加入活性元素(主要是 Ti),钎焊时钎料中的活性元素 Ti 向接触面扩散,发生反应,生成 TiC,降低了液态金属与碳/碳复合材料的界面能,促进润湿。当钎料中 Ti 含量太少时,Ti 与 C 在界面上形成的 TiC 太少且不均匀,使得钎料在碳/碳复合材料上的润湿性较差;当钎料中的 Ti 含量太多时,导致钎料的熔化温度升高,它不利于钎料在碳/碳复合材料的润湿。

试验表明:使用 Al-15%Ti 粉末钎料,在钎焊温度为 1 100 ℃,保温时间为 10 min 时,得到接头最高抗剪强度为 16 MPa;而使用 Cu-15%Ti 的合金为钎料,在钎焊温度为 1 050 ℃,保温时间为 30 min 的条件下钎焊碳/碳复合材料时,得到的接头抗剪强度是 21 MPa,几乎与碳/碳复合材料等强度(22 MPa)。

活性 Ag-Cu-Ti 钎料也可用于 C/C 复合材料的钎焊,采用熔化温度为 830~850 ℃ 的 Ag-26.4Cu-4.6Ti(质量分数)钎料,在 900 ℃、10 min 规范下钎焊 C/C 复合材料,接头具有良好的抗剪性能,试样均断于靠近钎缝的 C/C 复合材料基体上,平均抗剪强度为 22 MPa,数据与 C/C 复合材料基体抗剪强度相当,但接头的三点弯曲强度较低,约 38 MPa。

在钎料合金中加入 Cr、V 两种元素也能与 C 形成碳化物,从而润湿碳/碳复合材料,实现碳/碳复合材料的连接。采用以 Ni-Pd(为无限固溶体,其最低熔点为 1 220 ℃ 以上)为基的钎料,在其中加入 Cr、V,在 1 250 ℃保温 30 min,可在碳/碳复合材料表面良好润湿,形成良好的接头。采用这种钎料形成的钎焊接头的使用温度高于铝基、铜基或银基活性钎料形成的碳/碳复合材料的接头,而低于用 Si、Mg$_2$Si 和 TiSi$_2$ 作钎料形成的接头。

10.3.3　碳/碳复合材料与金属的钎焊

在外太空探测器和热核反应堆中,碳/碳复合材料因强度高、质量轻、导热性能出众而在热控制系统中得以应用,这使它与其他金属的连接结构成为人们的必然考虑,而钎焊是碳/碳复合材料与金属连接常用的方法。

碳/碳复合材料与金属的钎焊一般是预先在碳/碳复合材料上采用镀敷、烧结、沉积等方法在表面上处理一层金属粉末,然后再用常用的钎料进行钎焊。用于碳材料表面金属化处理的金属有 Mo、W、Ni、Cu 等,大多数是采用 CVD 法将金属化元素沉积在碳材料表面,金属与碳基体是靠机械连接,结合力较弱;对于生成碳化物的表面处理时,由于这些碳化物与碳材料界面处晶间错配度较小,结合比较牢固,适合生成碳化物表面层的元素有 Cr、Ti、Mo、Ta 等。间接钎焊由于增加了一道工序,因而应用不太广泛。

碳/碳复合材料与金属的钎焊的另一种方法是根据 Ti、Zr 等金属具有较大的活性,能够与非金属在高温条件下发生反应,来实施的钎焊方法,称为活性金属方法。活性金属法钎焊有三种方式:①将钛或锆以垫片方式直接放在碳/碳复合材料与金属之间进行钎焊;②将钛或锆的细粉或钛或锆的氢化物,预先涂在待连接面上,再放上钎料进行钎焊;③用含钛或锆的活性钎料直接进行钎焊。含钛的钎料都比较脆,难以加工成形,常常做成双层或多层钎料。如 Cu-Ti 钎料制成双金属片,银铜钛钎料制成以钛为芯,外包银铜合金的丝状或箔片等,含钛的钎料还常常制成粉末状使用。活性金属法的缺点是,钎焊时对真空度和保护气氛的纯度要求很高,钎焊真空度应不低于 10^{-3} Pa。

在碳/碳复合材料与金属的连接结构中,以碳/碳复合材料与铜及钛的连接最为常见,下面分别讨论碳/碳复合材料与铜及钛的钎焊。

1. 碳/碳复合材料与铜的钎焊

热控制系统在航天领域和核工业工程中有重要的应用,它的设计和制造经常要用到碳或碳/碳复合材料与铜之间的连接。这是因为,碳/碳复合材料与铜的连接结构不但具备良好的导热性能,而且,相对于单纯的铜结构来说,大大降低了结构重量;此外,由于两种材料导热系数相近,在钎焊和使用过程中,不会导致较大热应力的产生。

碳/碳复合材料与铜最早采用 50Cu-50Pb 钎料,在 710 ℃进行钎焊,能够得到致密的钎焊接头,但接头强度不高。近年来,银基、铜基活性钎料已经开始商业生产,并应用在碳/碳复合材料与铜的连接上,见表 10.5。

表 10.5 活性钎料的成分和部分性能参数

钎料	质量分数/%	T_L/℃	E/GPa	Y.S/MPa	CTE/$\times10^{-6}$K^{-1}	延伸率/%
Cu-ABA	92.8Cu-3Si-2Al-2.25Ti	1 024	96	279	19.5	42
Ticuni	15Cu-15Ni-70Ti	960	144	—	20.3	—
Ticuni	68.8Ag-26.7Cu-4.5Ti	900	85	292	18.5	28
Cu-1ABA	63Ag-34.3Cu-1Sn-1.75Ti	806	83	260	18.7	22

用 Cu-ABA(92.8Cu-3Si-2Al-2.25Ti)钎料在真空炉中钎焊碳/碳复合材料与无氧铜,钎焊前用超声波清洗材料约 10 min,将 0.1 mm 或 0.2 mm 厚的钎料箔放入试样中间,先以 450 ℃/h 的速度加热到 970~980 ℃保温 0.1 h 后,在 1 030 ℃和真空度不低于 2×10^{-3} Pa 下进行钎焊。快速冷却到 900 ℃,其后冷却速度降为 180 ℃/h。在整个加热和冷却期间加以 6 kPa 的恒定压力,在这种工艺下,碳/碳复合材料与铜形成了很好的冶金结合,没有裂纹和气孔,在界面上形成了一层 TiC,它对钎料与碳/碳复合材料之间形成冶金结合起到关键作用。

Ag-Cu-Ti 钎料对碳/碳复合材料与铜都有良好的润湿性,且制作简单,较为常用。通常采用 100 μm 厚的 Ag-Cu-Ti 箔片作为钎料在真空中进行钎焊,钎焊温度选在 820 ℃ 左右。虽然用 Ag-Cu-Ti 作为钎料来进行碳/碳复合材料与铜的钎焊可得到良好的焊接接头,但由于在核辐射条件下 Ag 会变成 Cd,使接头强度下降,因此含 Ag 的这种接头不能用在核聚变装置中。用 Ti 作为钎料或 Ti 基钎料可解决此问题。

用 0.01 mm 的 Ti 箔作为钎料来进行碳/碳复合材料与铜的钎焊时,可采用真空条件下共晶扩散钎焊工艺。焊接参数为:焊接温度一般为 1 000 ℃,保温时间 5 min,最好加一定的压力(可压一重物)。碳/碳复合材料的表面状态对接头强度有重要影响,因此要对碳/碳复合材料的表面进行处理:一种是利用离子镀在碳/碳复合材料的表面镀上几层 Ti 和 Cu;另一种是在碳/碳复合材料的表面涂上用有机黏结剂调制成糊状的 Ti 粉和 Cu 粉的混合物。这两种方法所得到的镀层和涂层都必须在真空下进行重熔(温度为 1 100 ℃,保温时间 5 min)。试验表明,用 Ti 箔作为钎料来进行碳/碳复合材料与铜的钎焊时,其接头强度较低,约为 50 MPa;而对碳/碳复合材料的表面进行预镀处理后,得到的接头强度较高,约为 62 ~ 63 MPa;对碳/碳复合材料的表面进行预涂处理的接头强度最高,约为 72 MP。

Ti70Cu15Ni15 和 Ti49Cu49Be 这两种钛基钎料用于碳/碳复合材料和铜的钎焊均可获得良好的接头。采用 Ti70Cu15Ni15 为钎料来钎焊碳/碳复合材料和铜,钎料熔化温度是 910 ~ 960 ℃,在氩气保护下,钎焊温度为 1 000 ℃,保温时间 10 min,并且加压 1 kPa,加热速度 30 ℃/min,得到的接头平均抗剪强度为 24 MPa。使用 Ti49Cu49Be 钎料来钎焊低密度碳/碳复合材料与铜时,首先需要在碳/碳复合材料表面涂上一层有机材料(如树脂等)在 1 600 ℃ 高温真空中或氩气保护环境中使有机材料发生碳化,以提高表面碳层的致密度,来防止钎料熔化后渗入;然后将钎料以膏状涂抹在碳/碳复合材料表面,在真空条件下加热至 980 ℃,保温 5 min,得到的接头强度远远高于母材的接头强度。

在碳/碳复合材料表面涂覆一层活性材料,然后将铜合金(Cu-Zr-Cr)浇铸在其表面以实现碳/碳复合材料和铜合金的连接,具体工艺过程如下:将 Cr 和 Mo 以粉末形式混合后,涂覆在碳/碳复合材料表面,在真空或氩气保护下,1 300 ℃ 时,保温 60 min,然后将液态 Cu 浇铸在上面。也可以将 Cr 和 Mo 改性的碳/碳复合材料与 Cu 一起放入石墨容器中,在 1 100 ℃,保温 20 min 的条件下进行焊接,得到的接头抗剪强度可以达到 33 MPa。

2. 碳/碳复合材料与钛合金的钎焊

由于碳/碳复合材料耐高温、密度低,成为火箭、卫星等航天工具燃烧室材料的首选;而钛及钛合金作为高强度、低密度的材料,在航天工业中已经有广泛的应用,因此,为了满足实际工程上的需要,将这两种材料连接在一起也就成了必然。

常用的钛基钎料均可用于钎焊碳/碳复合材料与钛合金,但是这些钎料的钎焊温度一般在 1 000 ℃ 以上,超过了钛合金的相变温度(900 ~ 1 038 ℃),导致钛合金性能下降,因此碳/碳复合材料与钛合金的钎焊温度不宜过高。

碳/碳复合材料与钛合金的间接钎焊工艺如下:通过在焊前对碳/碳复合材料进行表面改性,即在碳/碳复合材料表面扩散、渗入、沉积一层厚度约 3 μm 的金属镍层,再在上面沉积一层 2 μm 的 TC4 钛合金层。在 2×10^{-3} Pa 的真空下,用银基或镍基钎料充填钎缝,在 800 ~ 850 ℃保温 15 min 的条件下进行钎焊,就可以得到抗剪强度为 48 MPa 的钎焊接头。

相对于镍基和钛基钎料来说,银基钎料具有更低的钎焊温度,因此碳/碳复合材料与钛合金的直接钎焊多采用银基钎料。采用 Ag-26.7Cu-4.6Ti 的 0.05 mm 的箔片作为钎料,将 Ag-26.7Cu-4.6Ti 箔片夹在碳/碳复合材料与 TC4 之间,各种材料在焊前均经过砂纸的打磨和超声波清洗,在钎焊温度 910 ℃,保温时间 10 min(加热速度 30 ℃/min),真空度低于 10^{-4} Pa 的钎焊条件下能够得到抗剪强度为 25 MPa 的钎焊接头。

在 Ag-Cu-Ti 钎料中添加一定量的短碳纤维,可以有效地提高钎焊接头的抗剪强度。例如,当钎料中加入体积分数为 12% 短碳纤维时,900 ℃保温 30 min 的条件下进行钎焊,得到碳/碳复合材料与钛合金的接头抗剪强度可达 84 MPa。由于短碳纤维的线胀系数较低,钎料中加入短碳纤维,可以有效地降低钎焊接头的残余应力;但是,当碳纤维的比例过高时,会与钎料中的活性元素 Ti 反应过量,引起钎料在复合材料上润湿性的下降。

采用 Ag-Mn 系钎料来钎焊碳/碳复合材料与钛时,由于 Ag-Mn 系钎料不含强碳化物形成元素,因此为了改善钎料在碳/碳复合材料表面的润湿性,需要焊前在碳/复合材料上涂覆一层钛粉,再将 Ag-Mn 系钎料放置在涂过钛粉的碳/碳复合材料基体上。虽然钎料不能润湿碳/碳复合材料,但是,由于焊前在碳/碳复合材料表面放置了钛粉,当 Ag-Mn 系钎料熔化时,钛粉迅速溶入钎料,并且与碳/碳复合材料中的碳和硅形成 TiC 和 TiSi;而且由于钛粉溶入钎料,在钎料中出现了 Ti_3Mn_4,这样就形成了碳/碳复合材料与钛的牢固连接,也成功地实现了碳/碳复合材料与钛合金 TC4 的良好连接。

同样也采用 Ag-Ti 系、Ti-Zr-Ni 系、Ti-Cu 系等含有活性元素 Ti、Zr 的合金作为钎料来钎焊碳/碳复合材料与钛,均可获得良好的接头。

10.4　陶瓷基复合材料的钎焊

陶瓷基复合材料是指通过在陶瓷基体中引入粒子、晶须或纤维等第二相增强材料,以实现增强、增韧为目的的多相材料,又称为多相复合陶瓷或复相陶瓷。陶瓷基复合材料是目前备受重视的新型结构材料,具有高强度、高耐、抗氧化、耐腐蚀等优良性能,在航空航天、机械、汽车、冶金、化工、电子等方面具有广阔的应用前景。但陶瓷材料固有的硬度和脆性使其难以加工、难以制成大型或形状复杂的构件,因而在工程应用上受到了很大限制。解决其实用化的最好方法之一是将其与塑性及韧性高且抗温度冲击能力强的金属材料连接起来制成复合构件使用,充分发挥两种材料的性能优势,弥补各自的不足。

钎焊是连接陶瓷基复合材料连接常用的方法,一般来说,用于连接单相陶瓷的钎焊工艺同样也可用于连接陶瓷基复合材料,其原因有两个:一是许多陶瓷本身就是复合材料;二是多数情况下,复合材料表面特性主要取决于陶瓷基体相。钎焊方法主要有金属钎料钎焊、硅酸盐钎料钎焊两种。

10.4.1　金属钎料钎焊

金属钎料钎焊是利用金属钎料来连接陶瓷与金属、单相陶瓷、陶瓷基复合材料的最常用方法。但由于大多数金属不润湿陶瓷,因此钎焊前必须对钎焊表面做一些处理。一种方法是使陶瓷表面金属化,即在陶瓷表面上沉积一薄层金属,最常用的工艺有Mo-Mn工艺、活性底层工艺和物理气相沉积工艺。由于熔化的金属钎料并不与陶瓷基体接触,因此利用普通的金属钎料就可实现陶瓷基复合材料钎焊。

活性钎料工艺是目前工业上连接陶瓷以及陶瓷和金属应用最多的金属钎料钎焊工艺。其原理是将活性金属(如Ti、Zr、Hf等)加入钎料中,钎焊时,熔化钎料中的活性金属偏聚于陶瓷与钎缝的界面处并与之反应形成一个可被钎料润湿的表面,从而实现其连接。

陶瓷基复合材料钎焊用活性钎料目前主要有两大类:一类是采用急冷技术制备的CuTi、CuZr、NiTi、CuNiTi(Si,B)非晶态钎料;另一类则是以Ag-Cu共晶为基,加入一定量的钛(1%~6%)。这些钎料已被用于连接氧化物陶瓷、非氧化物陶瓷、陶瓷与金属、石墨与金属等。可以推知,活性钎料工艺用于由氧化物和非氧化物组成的多相陶瓷复合材料的钎焊也是完全适合的。表10.6给出了用于陶瓷基复合材料钎焊的活性钎料,其中二元系钎料以Ti-Cu、Ti-Ni为主,其饱和蒸气压较低,在700 ℃时小于1.33×10^{-3}Pa,可在1 200~1 800 ℃的范围内使用。三元系钎料为Ti-Cu-Be、Ti-V-Cr,其中49%Ti-49%Cu-2%Be的耐腐蚀性与不锈钢相近,饱和蒸气压较低,能在真空密封接头中使用。不含Cr的Ti-Zr-Ta系钎料,也可以成功地直接钎焊MgO和Al_2O_3陶瓷基复合材料,其接头可以在高于1 000 ℃的条件下工作。Ag-Cu-Ti系钎料,能够直接钎焊陶瓷基复合材料及无氧铜,接头抗剪强度达70 MPa。

活性钎料法钎焊陶瓷基复合材料需在真空下或在高纯度氩气气氛下进行。以Ag-Cu-Ti钎料钎焊陶瓷基复合材料为例,活性钎料法的钎焊工艺如下:

(1)清洗

陶瓷基复合材料工件要在超声波中用清洗液清洗,然后用去离子水清洗并烘干;金属件要用酸洗及碱洗去除表面上的油污及氧化膜等,并用流水清洗、烘干。

(2)制膏(如若使用Ag-Cu-Ti箔片,制膏和涂膏两步可省略)

用纯度达99.7%以上的钛粉(粒度270~360目),用硝化棉溶液及少量草酸二乙酯调成糊状。

(3)涂膏

在已清洗过的陶瓷基复合材料工件待焊表面上刷涂或喷涂上述膏剂,厚度25~40 μm。

表 10.6　陶瓷基复合材料钎焊用活性钎料

钎料	熔化温度/℃	钎焊温度/℃	用　　途
92Ti-8Cu	790	820～900	陶瓷基复合材料-金属
75Ti-25Cu	870	900～950	陶瓷基复合材料-金属
72Ti-28Ni	942	1 140	陶瓷基复合材料-陶瓷基复合材料,陶瓷基复合材料-石墨,陶瓷基复合材料-金属
50Ti-50Cu	960	980～1 050	陶瓷基复合材料-金属的焊接
50Ti-50Cu(原子比)	1 210～1 310	1 300～1 500	陶瓷基复合材料-蓝宝石,陶瓷基复合材料-锂
7Ti-93(BAg72Cu)	779	820～850	陶瓷基复合材料-钛
100Ge	937	1 180	自粘接碳化硅-金属(σ_b=400 MPa)
49Ti-49Cu-2Be	—	980	陶瓷基复合材料-金属
48Ti-48Zr-4Be	—	1 050	陶瓷基复合材料-金属
68Ti-28Ag-4Be	—	1 040	陶瓷基复合材料-金属
85Nb-15Ni	—	1 500～1 675	陶瓷基复合材料-铌(σ_b=145 MPa)
47.5Ti-47.5Zr-5Ta	—	1 650～2 100	陶瓷基复合材料-钽
54Ti-25Cr-21V	—	1 550～1 650	陶瓷基复合材料-陶瓷基复合材料,陶瓷基复合材料-石墨,陶瓷基复合材料-金属
75Zr-19Nb-6Be	—	1 050	陶瓷基复合材料-金属
56Zr-28V-16Ti	—	1 250	陶瓷基复合材料-金属
83Ni-17Fe	—	1 500～1 675	陶瓷基复合材料-钽(σ_b=140 MPa)
69Ag-26Cu-5Ti	—	850～880	高氧化铝、蓝宝石、透明氧化铝、镁橄榄石、微晶玻璃、云母、石墨以及非氧化物陶瓷基复合材料

（4）装配

陶瓷基复合材料工件待焊表面上的膏剂晾干后与金属和 Ag-Cu（如 Ag-28% Cu）钎料装配在一起。

（5）钎焊

在真空（真空度 5×10^{-3} Pa）炉中钎焊,先升温至 779 ℃使钎料熔化,再升温至 820～840 ℃,并保温 3～5 min 进行钎焊。

10.4.2　硅酸盐钎料钎焊

陶瓷基复合材料活性钎料法钎焊虽然也可以得到较高强度的接头,但难以满足抗腐蚀和抗热性的要求,而硅酸盐钎料可以很好地满足这一要求。硅酸盐钎料钎焊又称氧化物共晶钎焊,是以高温下形成的复杂氧化物共晶为钎料,通过这种共晶的熔化直接获得钎焊接头。硅酸盐钎料对陶瓷基复合材料具有很好的润湿性,焊接成本低,工艺简单。常用的氧化物混合物有 $Al_2O_3-MnO-SiO_2$ 系与 $Al_2O_3-CaO-MgO-SiO_2$ 系(见表10.7),它们对氧化物陶瓷、难熔金属(W、Mo)、铁镍合金(Invar、Kovar)均具有极好的润湿性,同时还可调整氧化物混合物的化学成分使其线胀系数与基体金属材料接近。对非氧化物陶瓷 Si_3N_4 的连接,是以成分与烧结氮化硅中颗粒界面处的液相成分相近的氮氧化物玻璃作为钎料。表10.8列出几种典型的氮氧化物钎料成分。在钎焊时,先用异丙醇(Isopropyl alcohol)将氮氧化物混合物调制成膏状浆,Si_3N_4 陶瓷浸入其中,在表面形成一薄膜,在烘箱中烘干,然后在纯氮气中加热至 1 500 ~ 1 550 ℃保温 30 min,就可得到均匀的接头,接头强度可达 450 MPa。

表 10.7　钎焊陶瓷的氧化物混合物成分

熔点/℃	成分(质量分数)/%				
	Al_2O_3	CaO	SiO_2	MnO	MgO
1 150	13	—	50	17	—
1 160	13		35	52	—
1 200	19		29	52	—
1 200	22		35	43	—
1 200	24		35	41	—
1 300	27	—	43	30	—
1 200	18	42	40	—	—
1 200	48	46	—	—	6
1 200	41	54	—	—	5
1 200	35	—	50	—	15
1 200	—	37.5	56	—	6.5

表 10.8　用于 Si_3N_4 钎焊的氮氧化物混合物成分

名称	成分(质量分数/%)			
	SiO_2	MgO	Si_3N_4	Si
AC	57	33	10	—
A	57	33	10	5
Cx	38	22	40	—
C	38	22	40	5

热压烧结的 TiC 颗粒增强 Si_3N_4 陶瓷基复合材料的钎焊还可选择 $40Y_2O_3-20Al_2O_3-40SiO_2$ 混合物作为钎料,用丙酮将混合物调成均匀的料浆,钎焊时在陶瓷基复合材料钎焊面上涂敷 0.5 mm 厚的钎料料浆,然后将两个涂敷有钎料料浆的陶瓷基复合材料试样对接装配,在纯 N_2 气氛保护的石墨炉中进行钎焊,钎焊规范为 1 550 ℃,保温15 min。采用此种钎焊所得的接头弯曲强度可保持到 800 ℃不下降,而当温度高于 800 ℃时,由

于 Y_2O_3-Al_2O_3-SiO_2 玻璃软化,接头强度逐渐下降。

硅酸盐钎料钎焊陶瓷基复合材料需在真空炉或保护气氛中进行,其工艺过程总结如下:

(1)清洗

可用丙酮、三氯乙烯等有机溶剂擦洗陶瓷基复合材料工件,用 NaOH、Na_2CO_3 和稀 HCl 煮沸后清洗并干燥。

(2)制膏

将氧化物和碳酸盐按设计配比,混合后在 1 500 ℃下保温 1.5~2 h,然后焙制,快速冷却,用与金属化法相同的方法制膏。

(3)装配

将陶瓷基复合材料工件待焊表面上的膏剂晾干后与金属和钎料装配在一起。

(4)钎焊

放入真空炉中加热到 800 ℃保温后,快速加热到 1 000 ℃,再缓慢加热到钎焊温度(高于钎料熔化温度 60 ℃左右),并适当地保温。

复习思考题

1. 阐述复合材料的分类、特点及应用。
2. 试述金属基复合材料的钎焊工艺特点。
3. 试述碳/碳复合材料的钎焊工艺特点。
4. 试述陶瓷基复合材料的钎焊工艺特点。

第11章　电子封装技术中的软钎焊

当前,科技、经济、军事的发展无不依赖于信息化进程的发展,随着人类社会信息化步伐的加快,作为信息化物质基础的电子信息技术产业获得了前所未有的迅猛发展,在国民经济中发挥着越来越重要的作用。电子封装技术是决定电子信息产品最终质量的关键技术,特别是随着电子产品向便携化、微型化、智能化和多功能化方向发展,微电子组装密度不断提高,封装尺寸不断减小,电子封装技术作为电子技术产业的重要组成部分已成为当代科学技术研究的前沿领域之一。

11.1　电子封装与软钎焊

电子制造是电子产品或系统从硅片等原料开始到产品系统的物理实现过程,可分为半导体制造与电子封装两大部分。电子产品的制造过程如图 11.1 所示。图中晶片的制造称为半导体制造,而被椭圆框包含的部分称为电子封装。电子封装是根据电路图,将裸芯片、陶瓷、金属、有机物等物质制造成芯片、元件、板卡、电路板,最终组装成电子产品的整个过程。电子封装可分为晶片级封装(零级封装)、器件封装(一级封装)、板卡封装(二级封装)和整机组装(三级封装),如图 11.2 所示。

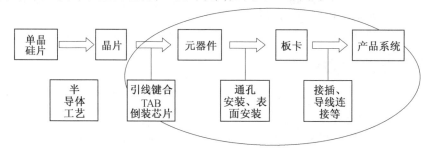

图 11.1　电子产品的制造过程

通常零级封装的连接方法有引线键合(Wire bonding)、载带自动键合(Tape automated bonding)和凸点植入。这三种技术中以倒装芯片的凸点互连提供的封装密度最高,其中以软钎焊的倒装芯片封装技术应用最为广泛。

元器件的一级封装种类繁多,结构多样,包括最早出现的以玻璃封装外壳为主的(Transistor outline package,TO)型封装、双列直插封装(double inline package,DIP)、针栅阵列封装(pin grid array,PGA)、塑料四边引线扁平封装(plastic quad flat package,PQFP)、球栅阵列封装(ball grid array,BGA)、芯片尺寸封装(chip scale package,CSP)以及倒装芯片技术(flip chip)。一级封装是电子封装中最活跃、变化最快的领域,无论何种封装结构,均要适应各种软钎焊组装工艺,如 TO 型封装依靠手工进行软钎焊焊接,

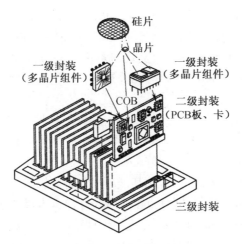

图 11.2　电子封装分级

DIP 型封装通过波峰焊实现连接,BGA 型封装则需依靠再流焊实现贴片。

二级封装和三级封装就是将 IC、阻容元件、接插件以及其他的元器件安装在印制电路板上总成为整机的技术。二级封装主要实现板卡的制造,而三级封装主要完成多个板卡总成为整机。通常将二级封装和三级封装称为电子组装技术。电子组装主要有两大技术:通孔组装技术(through hole technology,THT)和表面组装技术(surface mounting technology,SMT)。THT 组装的特点是穿孔插入印制电路板(PCB)组装,采用的是传统的波峰焊技术;SMT 组装的特点是印制电路板上无需通孔,是直接将表面贴装元器件贴(焊)到印制电路板表面规定位置上的电路装连技术,再流焊是 SMT 组装的关键技术。

由上可知,软钎焊工艺全面应用于从晶片到电子产品的各级封装与互连中。软钎焊技术在电子封装中始终并将继续居于主导地位的原因如下:

(1)软钎焊具有应力匹配能力

电子工业中的软钎料在室温下通常是塑性优良的自退火合金,能吸收应力,没有加工硬化等问题。这种独特的性能是这种工艺能将不同膨胀系数、不同刚度水平和不同强度等级的材料连接到一起。

(2)软钎焊具有显著的经济性、高效性和可靠性

由于连接是在相对较低的温度下进行的,使得许多常规有机高分子材料和电子元件因受热而改变性能和破坏等问题得以有效避免;相对低成本的材料、简单的工具和可控的工艺,使得软钎焊具有特别明显的经济性和高效性。对一般民用产品,在自动化软钎焊操作中,已达到接头返修率低于百万分之一的水平;而在北美航空部门,已有每小时钎焊 150 亿个焊点而无失败的报道。这些都充分说明了软钎焊方法的经济、高效和可靠的特点。

(3)软钎焊具有制造和返修的方便性

与其他冶金连接方法相比,软钎焊对操作工具要求相对简单和易于操作的工艺,并

且由于软钎焊接头是可以"拆卸"的接头,或者说软钎焊过程是可逆的,因而使得软钎焊连接的返修十分简单方便,并且返修过的接头可以像原始接头一样可靠。

电子封装中的软钎焊过程是一个复杂的系统工程,其原理涉及物理、化学、金属工艺学、冶金学、材料学以及电子、机械等相关知识。与传统焊接方法相比,电子封装中的软钎焊技术具有如下特点:

①电子封装中的被连接材料主要是有色金属,并且种类繁多,经常涉及贵金属、稀有金属,如 Sn、Pb、Sb、Cu、Ag、Au、Al、Bi、In 等金属和合金。此外,还常常涉及非金属的连接问题

②随着微电子技术的迅猛发展,尤其是芯片和超大规模集成电路的突破,使连接对象由微细特征向显微特征转化,即焊点由毫米尺寸向微米尺寸转化。例如,焊球节距为 500 μm、互连高度为 200 μm 的 BGA 互连到焊球节距为 60 μm、互连高度为 30 μm 的高密度倒装芯片互连,甚至发展到焊点节距为 15 μm、互连高度约为 7 μm 的全金属间化合物互连。

③由于电子封装中的焊点尺寸极其微小,在传统焊接中被忽略或不起作用的因素却成为决定连接质量和可焊性的关键因素。例如在结构件钎焊中,母材适量溶解(微米级)对钎焊过程有利,但是在倒装芯片连接或者薄膜集成电路引线连接时,导体膜厚度在微米数量级,微米数量级的溶解量可能使焊盘发生溶蚀从基板上脱落而时效。

11.2 电子封装中的钎焊材料

钎料和钎剂是电子封装中的主要钎焊材料。由于电子产品中的印制电路板(PCB)的耐热水平有限,用于贴装元器件和集成电路封装的软钎料要求使用熔点低于 230 ℃的共晶或近共晶的合金,而钎剂的熔点也要与相应的钎料熔点相配合。

11.2.1 软钎料合金

软钎料一般定义为液相线温度低于 450 ℃的可熔融合金。电子封装中常用的软钎料合金为添加 Pb、Ag、Bi、In、Sb、Cd 等合金元素的二元或三元锡基合金。随着无铅钎料的不断发展,新的三元、四元和多元系软钎料合金也在不断的研发。软钎料可以以不同的物理形式提供,包括棒、丝、粉末、成形片、焊球和焊柱等。

锡铅共晶(63Sn-37Pb)和近共晶钎料成本低廉,具有适宜的熔化温度、优良的钎焊工艺性能、较高的强韧性及热疲劳抗力,且导电导热性能也能满足要求,非常适合电子行业大范围应用,因此该钎料在电子封装中一直处于优势地位。但是铅污染环境、危害人体健康,采用无铅合金替换含铅合金,实现电子组装无铅化已成为世界范围内电子产品发展的必然趋势。

国内外已有的研究成果表明,最有可能替代 Sn-Pb 合金的钎料是以 Sn 为主,添加能产生低温共晶的 Cu、Ag、Zn、Sb、In 等金属元素,通过钎料合金化来改善合金性能,提高焊接性。通过这些研究,最终得到的无铅钎料成分集中在 Sn-Cu、Sn-Ag、Sn-Zn、Sn-

Bi 等合金系。

（1）Sn-Cu 系

Sn-0.7Cu 合金的共晶温度为 227 ℃，高出 Sn-Pb 共晶 44 ℃，需要在更高的温度下进行钎焊，且润湿性较差，特别是润湿速度远远低于 Sn-Pb 共晶合金。另外，焊点易发生桥连，在高温下易溶解母材中的铜，使钎料的成分和熔点改变。但 Sn-0.7Cu 合金价格便宜，从应用成本来说具有较强的优越性，一般在单面印制电路板的波峰焊中应用得较多。

（2）Sn-Ag 系

Sn-Ag 系钎料在蠕变特性、强度、耐热疲劳等力学性能和抗氧化性能方面要优于传统的 Sn-Pb 共晶钎料。以抗拉强度为例，前者可达后者的 1.5 ~ 2 倍。但就润湿性而论，Sn-Ag 系钎料则比 Sn-Pb 共晶钎料稍差。Sn-3.5Ag 钎料是目前市场上主流的无铅钎料之一，很早就开始在许多产品中使用。与 Sn-Pb 共晶钎料熔点 183 ℃相比，Sn-3.5Ag 钎料的熔点要高出 35 ~ 40 ℃，这对某些电子器件和印制电路板来说，由于耐热性较差而不能承受。

（3）Sn-Ag-Cu 系

Sn-Ag-Cu 系合金是在 Sn-Ag 系和 Sn-Cu 系合金的基础上发展起来的，与 Sn-Ag、Sn-Cu 共晶钎料相比，Sn-Ag-Cu 三元系钎料的优点是共晶温度（216 ℃）更低，润湿性、流动性和抗热疲劳性能更好，化学成分的变化对熔化温度的影响不太敏感，性能相对稳定，同时能减缓对基板 Cu 的溶蚀，而且 Sn、Ag、Cu 都是电子组装使用最为普通的元素，兼容性好。因此，认为 Sn-Ag-Cu 合金最有可能成为无铅钎料的主流。但是，Sn-Ag-Cu 钎料含有贵金属 Ag，价格高，资源保证度差，而且熔点偏高，焊接性不及 Sn-Pb 钎料。

（4）Sn-Zn 系

Sn-9Zn 共晶合金的熔点为 199 ℃，仅比 Sn-Pb 共晶钎料的熔点高 16 ℃，与 Sn-Ag、Sn-Cu、Sn-Ag-Cu 钎料相比，Sn-9Zn 共晶合金的熔点更接近 Sn-Pb 钎料的熔点。这意味着如用 Sn-9Zn 做无铅钎料，其钎焊工艺条件更接近于 Sn-Pb 钎料。此外，Zn 资源丰富，不属于稀贵金属，价格低。因此，国内外都在积极进行 Sn-Zn 合金的研究。但是，Sn-9Zn 无铅钎料在高温下极易氧化，表面易形成坚韧的氧化膜而难以被钎剂还原，故钎料对母材的润湿性很差。另外，Sn-9Zn 焊点界面极易形成微电池而产生腐蚀，基于同样原因，Sn-Zn 合金配制的钎料膏的保存期很短。

（5）Sn-Bi 系

Sn-Bi 系无铅钎料的最大特征是共晶温度低，只有 139 ℃，适合于大多数耐热性差的片式元件的组装，而采用这种钎料则可以降低对电子器件及印制板耐热性的过高要求。Sn-Bi 系钎料膏不存在经时间变化和润湿性变差等问题，钎料本身的抗拉强度和抗疲劳性能也较高。但 Sn-Bi 系钎料延伸率低，可加工性差，Sn-Bi 合金凝固时易出现 Bi 的偏析而引起熔融现象，会产生耐热性变差的时效问题。从资源来看，Bi 属稀有金属且是从铅的副产品中提取的，若限制铅的生成则 Bi 的来源将进一步减少，故 Sn-Bi

合金以及把 Bi 作为合金成分的无铅钎料不为业内看好。

11.2.2 软钎剂

软钎剂是电子封装中最重要的辅助材料之一。随着电子工业的蓬勃发展,软钎剂的种类、数量、品质都有了飞跃的发展,它不仅要满足电子产品的质量与可靠性要求,还要满足环保和绿色制造的要求。

1. 松香基软钎剂

松香是从松树的根或树皮中提取的天然产品,其主要成分是占 70% ~ 80% 的松香酸。松香的软化点为 172 ~ 175 ℃,略低于 Sn-Pb 共晶钎料的熔点。在室温下,固态松香无活性,因而也不具有腐蚀性,电绝缘性能良好。加热时,熔化的松香酸可以与铜、锡等金属表面的氧化物发生反应,从而去除氧化膜。

松香基软钎剂按照钎剂具有的活性来划分,可以分为 R 型、RMA 型、RA 型和 SRA 型。低活性松香钎剂(R 型)由纯松香加溶剂制成未经活化的液体钎剂。这类钎剂多用于自动钎焊中既要求无腐蚀性残渣,又规定要使用松香的印制电路板,焊后可免清洗。

中度活性松香钎剂(RMA 型)是目前品种最多的一类软钎剂,由于使用了有机酸、胺和氨化合物、胺的卤化物等物质作为活化剂,使钎剂的活性增强,钎焊质量提高。这类软钎剂由于可选用的活化剂种类繁多,因而钎剂的品种也非常多,现已广泛应用于计算机、无线电通信、航空电通信、航空航天和军事产品上。多数情况下焊后不需清洗,仅对可靠性要求很高的电子产品焊后才需要清洗。

全活性松香钎剂(RA 型)具有更强的活性,因而具有流动性好、铺展速度快的特点。使用这类钎剂可以在黄铜和镍等难以软钎焊的金属上获得一般松香型钎剂所不能达到的效果。这类软钎剂已广泛用于电线、电缆和电视机等产品,但对于要求高可靠和长寿命的产品,则仍被认为是危险的,因而常常要求钎后清洗。清洗后,常常采用非极性溶剂去除松香,然后用极性溶剂(如水)去除活化剂残渣和其他离子化合物。

超活性松香软钎剂(SRA 型)是具有很强活性和中等腐蚀性的一类软钎剂。这类钎剂可以钎焊可伐合金、镍和不锈钢等。由于钎剂残渣非常活泼,因而钎后要进行充分的清洗。并且,除非可以保证将钎剂残渣彻底清洗干净,否则不推荐使用这类钎剂。

2. 非松香基软钎剂

非松香基软钎剂主要包括有机酸、有机卤化物、胺和氨类化合物等。

有机酸一般具有中等去除氧化膜的能力,并且作用比较缓慢。由于是有机化合物,因而对温度敏感。有机酸钎焊后仍然是具有腐蚀性的,有机酸一般易于清洗。常用的有机酸有乳酸、油酸、硬脂酸、苯二酸、柠檬酸等。

有机卤化物或有机胺的卤氢酸盐的活性很强,类似于无机酸类。它所含的有机官能团决定了它们对温度敏感。相对来说,这类物质比其他有机软钎剂更具有腐蚀性,因而要求进行认真的钎后清洗。在这类物质中常用的有盐酸苯胺、盐酸烃胺、盐酸谷氨酸和脂酸溴化物等。

胺和氨类化合物由于不含卤化物,因而成为许多专利钎剂的添加剂。这类物质具有一定的腐蚀性,并且对温度非常敏感。常用的有乙二胺、二乙胺、单乙醇胺、三乙醇胺等。胺和氨的各种衍生物也被作为钎剂材料,最普通的就是磷酸苯胺。

有机酸软钎剂比松香基软钎剂的活性强,但比无机软钎剂的活性弱。由于它们可溶于水,又称为水溶性钎剂,当其固体物的含量较少时,可以用极性溶剂很方便地将残渣去除,并同样可以保证较高的可靠性。这类钎剂多用于民用产品,但也有成功地用于军事产品的例子,如波音飞机公司就将其用于空中发射巡航导弹和飞机早期预警系统的电子部位的钎焊。

3. 免清洗钎剂

非活化松香钎剂可以不必钎后清洗,但其活性较低,钎焊性能较差。用添加活性剂来提高钎剂的活性后,腐蚀这一潜在的危险就越来越强烈,因而大多数活性钎剂都需要钎后清洗。电子工业中用于树脂类软钎剂清洗的最常用的清洗剂是 CFC113(三氟三氯乙烷),但由于这类物质对大气臭氧层有破坏作用,给人类生态环境带来极大危害。为了解决这个问题,最好的办法就是免清洗。

免清洗钎剂是随着电子工业的发展及环境保护的需要而产生的一种新型钎剂。这类钎剂最大特点是省去了清洗工序,因而减少了与清洗工序相关联的设备、材料、能源和废物处理等方面的费用,有利于降低成本,同时避免了对生态环境的破坏。

低固体含量的钎剂是近几年研制开发的新型免清洗钎剂。低固体免清洗钎剂具有固体含量低、离子残渣少、不含卤素、绝缘电阻高、不需要清洗、不影响焊接后 PCB 的外观等优点。低固体含量的钎剂大多以弱有机酸为活性剂。某些有机酸虽然具有良好的助焊性,但腐蚀性较大;有机胺类无腐蚀性,但活性较弱。因而可考虑将两者结合起来使用,例如脂肪酸、芳香酸和氨苯酸等。

目前,低固体含量免清洗钎剂已在国内外得到广泛应用。一般,固体含量低于10%(质量分数)的松香型免清洗钎剂可以用于民用产品;固体含量低于5%的松香型钎剂可以用于清洁度要求较高的电子产品的焊接。

4. 无 VOC 钎剂

松香型低固体含量免清洗钎剂中采用的是有机溶剂,尽管它们不会对大气臭氧层产生破坏作用,但它们散发在低层大气中时,会形成光化学烟雾,对人类健康有危害作用。挥发性有机化合物,简称 VOC(Volatile organic compounds)。松香型低固体含量免清洗钎剂属于 VOC 钎剂。无 VOC 钎剂就是不使用挥发性有机化合物的钎剂,这种钎剂不使用松香而使用少量的有机物,不使用有机溶剂而采用水作溶剂。无 VOC 钎剂的其他成分与松香低固体含量免清洗钎剂大致相同。无 VOC 钎剂是在水溶性钎剂和低残留免清洗钎剂的基础上发展起来的,这种钎剂的优点是无卤素、低残留、免清洗、储存及运输方便,不会影响操作人员的身体健康,对环境没有大的直接危害。

11.2.3 钎料膏

钎料膏是由合金粉、糊状钎剂和一些添加剂混合而成的膏状体,是表面组装技术中重要的工艺材料。钎料膏是一种均匀的、稳定的混合物,有一定黏性和良好的触变特性。在常温下钎料膏可将电子元件初粘在既定位置,再流焊,当钎料膏被加热到一定温度时,随着溶剂和部分添加剂的挥发、合金粉的熔化,被焊元器件与焊盘互连在一起,经冷却形成永久连接的焊点。

合金钎料粉是钎料膏的主要成分,约占钎料膏质量的 85% ~ 90% ,它是形成焊点和实现 PCB 板与元器件互连的重要材料。不同的合金钎料粉成分和配比有不同的熔化温度、特性和用途,而且合金钎料粉的形状、粒度和表面氧化程度对钎料膏的性能影响很大。

在钎料膏中,钎剂可以看成是合金钎料粉的载体。其主要作用是清除被焊件以及合金粉表面的氧化物,使钎料迅速扩散并附着在被焊金属表面。钎料膏中的钎剂一般占整个钎料膏质量的 8% ~ 10% 。钎剂的组成包括活性剂、成膜剂、胶粘剂、润湿剂、触变剂、溶剂及增稠剂等,钎剂的组成对钎料膏的扩展性、润湿性、塌落度、黏度变化、清晰性、焊珠飞溅及储存寿命均有较大影响。

活性剂的主要作用是去除钎料粉和被焊件表面的氧化层,使焊接时表面张力减小,增加元器件引脚和焊盘的润湿性,提高可焊性。对细微间距元器件,因为要采用小颗粒直径的钎料粉,表面积大,要求活性高;而对免清洗钎料膏,为了使腐蚀性试验合格,并具有较高的表面绝缘电阻值,活性又不能太高。常用的活性剂有:

①一元酸:丁酸、辛酸、C17-20 饱和脂肪酸、亚油酸、油酸、对一羟基苯甲酸、对一甲氧基苯甲酸等。

②二元酸:丙二酸、丁二酸、己二酸、癸二酸、苹果酸、柠檬酸等。

③胺:单乙醇胺、二乙醇胺、三乙醇胺、苯并三唑单乙醇胺、环已胺、四乙基氢氧化铵等。

④铵盐:二乙胺·HBr、二乙胺·HCl、环已胺·HBr、环已胺·HCl、二苯胍·HBr、四正丙胺·HBr、二乙醇胺·HBr 等。

成膜剂和胶粘剂的主要作用是防止合金钎料粉进一步氧化,并具有一定的黏接作用,有利于元器件位置的临时固定,以免发生位移。另外,其对钎料膏的黏度和流变性有较大影响。其含量太低会使润湿性变差,扩展率降低,并产生钎料膏塌落等缺陷。但松香或合成树脂含量高又会增加焊后残留物,对免清洗钎料膏不利。常用的成膜剂和胶粘剂有:

①各类松香,如:普通松香、水白松香、聚合松香及改性松香。

②其他聚合物:环氧树脂、聚丙烯酸酯、聚丙烯酸、聚氨酯、聚丁烯、聚乙烯基丙烯酸、多聚甲醛、聚肽亚胺硅氧烷及羟乙基纤维素等。

润湿剂的作用是增加钎料膏和被焊件之间的润湿性,有利于合金钎料粉的扩展,同时对焊后残留物的清洗有利。为增加润湿性,通常加入各类表面活性剂,尤其以非离子型表面活性剂使用较多。

钎料的触变性是指钎料膏的黏度随时间、温度、抗剪强度等因素而发生变化的特性。为改善触变性,需加入触变剂。常用的触变剂有蓖麻油、氢化蓖麻油、蓖麻蜡、脂肪酸酰胺、羟基脂肪酸、硬脂酸盐类等。

溶剂的作用主要是溶解活性剂、成膜剂、胶粘剂、润湿剂、触变剂以及其他添加剂，使钎剂能与合金钎料粉称为均匀的混合物。除加入低沸点的溶剂外，通常还需加入高沸点溶剂，起增稠作用。所用溶剂的沸点由钎料膏所需干燥时间的长短而确定，尤其要注意溶剂本身的吸水性不可太强。低沸点溶剂有利于钎料膏干燥，但钎料膏工作寿命缩短；而高沸点溶剂可相对增加钎料膏工作寿命和印刷性，但要控制好溶剂的挥发温度和时间，以防溶剂挥发不彻底，因飞溅而使元器件移位或产生钎料球。常用的溶剂有：

①一元醇：乙醇、异丙醇、新戊醇、辛醇、苯甲醇、十二醇、松油醇等。

②多元醇及醚：乙二醇、丁二醇、甘油、二丙二醇、山梨糖醇、乙二醇醚、2-丁氧基乙醇、二甘醇二乙醚等。

③脂及其他：邻苯二甲酸二丁酯、亚磷酸二丁酯、磷酸三丁酯、二甲苯、N-甲基吡咯烷酮等。

为改进钎料膏的耐腐蚀性、焊点的光亮度以及阻燃性能等，有时还需在钎剂的配方中加入抗蚀剂、消光剂、光亮剂及阻燃剂等。

11.3 电子封装中的软钎焊工艺

通孔插装技术(THT)和表面贴装技术(SMT)是最基本的电子封装工艺。THT采用通孔组装元件，利用波峰焊，价格低廉，其基本工艺流程为：插装→波峰焊→清洗→检测→返修。SMT采用表面贴装元器件，利用再流焊，特点是简单、快捷，有利于产品体积的减小，其基本工艺流程为：印刷→贴片→再流焊→清洗→检测→返修。随着电子制造业的发展，表面贴装技术已经逐渐取代通孔插装技术。电子组装向表面贴装技术转化促使再流焊工艺技术迅猛发展，得到很快普及，已逐步取代波峰焊成为主流。

11.3.1 再流焊工艺

目前，电子封装中的再流焊以热风对流再流焊使用最为广泛。热风对流再流焊是利用加热器与风扇，强制炉膛内空气对流，将热量传递给带焊接印制板。其主要传热方式是对流，也有部分热辐射和传导。热风对流再流焊炉一般在传送带上下各设置若干个温区，分别进行温度控制，具有加热均匀、温度稳定的优点。其缺点是强风可能将贴装的元器件吹移位，并可能带来氧化。为此可采用氮气保护的方法，防止氧化的同时，也提高了钎焊润湿力和润湿速度。

在对PCB板贴片并检测以后，将PCB送入热风对流再流焊炉进行再流焊，目的是使钎料膏内的钎料合金熔化，与焊盘及元件引脚发生焊接产生冶金结合，形成焊点。在再流焊过程中，必须对各温区的温度及传送带速度进行精确的设置及控制，获得一条优化的再流温度曲线，以保证得到优质的焊点，并尽可能减少缺陷的发生。图11.3所示为一条典型的Sn-Pb钎料膏再流曲线，它分为预热、保温、再流、冷却四个阶段。

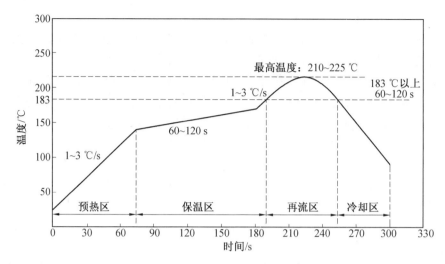

图 11.3 锡铅钎料膏的再流曲线

（1）预热区

预热区是指由室温升至 120 ~ 150 ℃ 的区域,升温速度一般为 1 ~ 3 ℃/s。该段可使 PCB 和元器件预热,同时钎料膏中的溶剂缓慢挥发,以防钎料膏发生塌落和钎料飞溅。升温过快可能造成对元器件的伤害,比如会引起多层陶瓷电容器开裂;同时还可能造成钎料飞溅,形成钎料球以及钎料不足的焊点。

（2）保温区

保温区是指维持在 150 ℃ 全钎料熔点之间的区域,时间通常为 60 ~ 120 s。该段主要是为了保证 PCB 及其组装的元器件在再流焊前温度尽可能达到一致,特别是对 PCB 板较大、元器件品种多的场合,保温时间要取上限;否则容易由于 PCB、元器件温度不均造成冷焊、桥连等缺陷。同时,钎料膏中的活化剂开始作用,清除元器件焊接面或引脚、焊盘、焊粉中的氧化物及污染物,获得"清洁"的表面准备再流熔化。不过,焊盘、钎料膏、元器件焊接面在加热和风吹的条件下更易于氧化。保温时间太长,钎料膏中的活化剂可能消耗完,反而使再流性能变差,特别是在目前越来越多地采用无卤素、免清洗钎料膏的情况下。

（3）再流区

再流区是指温度超过钎料膏中钎料熔点的区域。对锡铅合金钎料,常用的温度为 210 ~ 225 ℃。此时钎料膏中的钎料开始熔化,呈流动状态,对焊盘和元器件焊脚发生润湿,产生冶金结合。润湿作用导致钎料进一步扩展。再流区温度太高,加热时间过长,PCB 板级元器件易造成损坏;反之,再流区温度过低,加热时间过短,钎料熔化不充分,焊接效果不好,会产生虚焊、冷焊等焊接缺陷。再流区的时间通常为 60 ~ 120 s,PCB 板越大、元器件越多,时间越长。确定再留焊时间的原则是必须保证热容量大的元器件发生良好的焊接。

（4）冷却区

冷却区是指降温时温度低于钎料熔点的区域。此时,液态钎料发生凝固,形成光亮的焊点,提供良好的电接触和机械结合。冷却速度太大,可能造成焊点区域热应力较大,引起裂锡、脆化;冷却速度过小,焊点表面可能产生渣剂结晶或被吹皱,表面粗糙,不美观。

11.3.2 波峰焊工艺

通孔插装技术虽然已越来越为表面贴装技术所取代,但通孔插装技术仍有它的市场。通孔插装技术中的核心技术是波峰焊技术。波峰焊是将熔融的液态钎料,借助于泵的作用,在钎料槽液面形成特定形状的钎料箔,在特定的角度和浸入深度下,插装PCB 板底部穿过钎料波峰而形成焊点的过程。波峰焊主要由传送系统、软钎剂涂布区、预热区、锡炉、冷却区及排气系统组成,如图 11.4 所示。

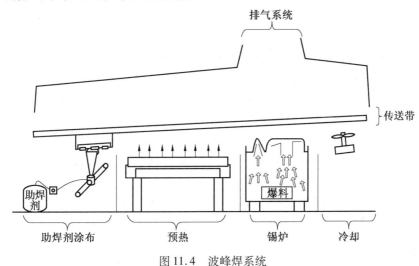

图 11.4　波峰焊系统

（1）软钎剂的涂布

软钎剂的作用是去除焊接面上的氧化层,提供"清洁"的焊接面。通常波峰焊用的软钎剂的密度为 $0.8 \sim 0.85 \ g/cm^3$,固体物质含量为 $1.5\% \sim 10\%$（质量分数）。根据使用的软钎剂类型,焊接需要的固态钎剂量为 $0.5 \sim 3 \ g/cm^2$,相当于湿钎剂层的厚度为 $3 \sim 20 \ \mu m$。PCB 底部焊接面必须均匀涂布一定量的钎剂,才能保证元器件的焊接质量。目前,常见的钎剂涂布方法有发泡法、浸渍法、喷雾法及刷涂法。

发泡法是在液态钎剂槽内埋有一根管状多孔陶瓷,在多孔陶瓷管内接有低压压缩空气,迫使钎剂流出陶瓷管并产生均匀的微小泡沫;当 PCB 焊接面经过喷嘴时它就均匀地附着上钎剂,完成钎剂的涂布。多余钎剂仍沿着喷嘴口流回钎料槽中,余下的气泡则逐步消失（否则会出现外溢现象）。

浸渍法是把 PCB 焊接面浸入到液态钎剂中,但钎剂不能浸到元器件面。钎剂存放在上部开口的容器内,不用时必须加盖,以免钎剂中的溶剂过量挥发。该方法适用于间歇式生产,经常与浸焊工艺相配套,适合小批量生产。特点是简单易行、投入小,但均匀性不够。

喷雾涂布的方法有超声波振荡方式(无压式)、喷嘴喷雾方式(压力式)和有网目的旋转滚筒方式。

①超声波振荡方式是采用超声波发生器产生高频振荡能,并通过换能器转化为机械振荡,强迫钎剂呈雾化状并送至焊接面上,这是目前市场上最先进的涂布方式。

②喷嘴喷雾方式类似喷漆原理,钎剂受到 $0.5 \sim 3 \ kg/cm^2$ 的压力后,通过喷嘴产生雾化,涂布在 PCB 焊接面上。

③有网目的旋转滚筒方式是将不锈钢制成的精细滚筒在钎剂中旋转,在滚筒内加压缩空气可促使钎剂喷出,涂布在 PCB 板焊接面上。

目前波峰焊工艺中,发泡法涂布钎剂较为常用。喷嘴喷雾法及超声波喷雾法是发展方向。

(2)预热

在波峰焊过程中,PCB 涂布钎剂后应立即烘干,又称预热。钎剂的预热可以使钎剂中的大部分溶剂及 PCB 制造过程中夹带的水汽挥发。如果溶剂依靠钎料槽的温度进行挥发,则会因在挥发时吸收热量,造成波峰液面钎料冷却而影响焊接质量,甚至会出现冷焊等缺陷。PCB 预热的另一个优点是降低焊接期间对元器件及 PCB 的热冲击。

片式电容是由多层陶瓷叠加而成的,易受热开裂。因此要特别防止对片式电容器的热冲击,重视 PCB 的预热过程。

通常 PCB 的预热温度控制在 $90 \sim 130 \ ℃$,预热时间为 $1 \sim 3 \ min$。最佳预热温度取决于被焊产品的设计、比热容、钎剂中溶剂的气化温度及蒸发潜热等多种因素。

波峰焊机中常见的预热方法有红外加热和热风对流加热。红外加热的优点是节约能耗、升温速度快。热风对流加热则加热均匀,是最有效的热量传递方式。

(3)波峰焊接

完成波峰焊接的主要部分是锡炉和波峰发生器。其中波峰发生器是波峰焊机的核心。目前双波峰钎焊是电子组装广泛应用的方法。波峰焊时的波峰高度、焊接温度和时间影响焊接质量。

波峰高度是指波峰焊接中的 PCB 板吃锡深度,通常控制在 PCB 板厚的 $1/2 \sim 2/3$。过大会导致熔融钎料留到 PCB 板的表面,出现桥连。此外,PCB 浸入钎料面越深,其挡流作用越明显,再加上元件引脚的作用,就会扰乱钎料的流动速度分布,不能保证 PCB 与钎料流的相对零速运动。

焊接温度是影响焊接质量的一个重要的工艺参数。焊接温度过低时,液体钎料的黏度大,钎料的扩展率、润湿性能变差,使焊盘或元器件焊端不能重复润湿,产生虚焊等缺陷;焊接温度过高时,则加速焊盘、元器件引脚及钎料的氧化而损坏元器件,还会由于钎剂被炭化失去活性、焊点氧化速度过快,产生焊点发乌、焊点不饱满、虚焊等。焊接温度通常控制在 $(250\pm5)℃$。

焊接时,热量是温度和时间的函数,在一定温度下,焊点和元器件受热的热量随时间的增加而增加。波峰焊的焊接时间是通过调整传送带的速度来控制的,传送带的速度是根据不同型号波峰焊接的长度、预热温度、焊接温度统筹考虑进行调整。以每个焊点接触波峰的时间来表示焊接时间，一般焊接时间为 3 ~ 4 s。

复习思考题

1. 与传统的焊接技术相比，电子封装中的软钎焊技术有哪些特点？

2. 电子封装中常用的无铅钎料的合金体系有哪些？各自的优缺点是什么？

3. 钎料膏由什么组成？各组分的作用是什么？

4. 电子封装中的再流焊工艺曲线包括几个阶段？各阶段的作用是什么？

5. 波峰焊工艺过程中，钎剂的涂布方式有几种？

参考文献

[1] 邹僖. 钎焊[M]. 北京:机械工业出版社,1989.

[2] 方洪渊. 简明钎焊工手册[M]. 北京:机械工业出版社,1999.

[3] 张启运,庄鸿寿. 钎焊手册[M]. 北京:机械工业出版社,1999.

[4] 阎承沛. 真空热处理工艺与设备设计[M]. 北京:机械工业出版社,1988.

[5] 庄鸿寿,E 罗阁夏特. 高温钎焊[M]. 北京:国防工业出版社,1989.

[6] 中国机械工程学会焊接学会. 焊接手册:第 1 卷 焊接方法及设备 [M]. 北京:机械工业出版社,2002.

[7] 赵越,张永约,吕瑛波. 钎焊技术及应用[M]. 北京:化学工业出版社,2004.

[8] 张学军. 航空钎焊技术[M]. 北京:航空工业出版社,2008.

[9] 周德俭,吴兆华. 表面组装工艺技术[M]. 北京:国防工业出版社,2006.

[10] 胡少荃. 实用焊工手册[M]. 北京:航空工业出版社,1998.

[11] 闫相和,张善保,姜常莹,等. 多工位转盘式自动火焰钎焊机的研制[J]. 焊接,1998,27(5):10-13.

[12] 薛萍. T6-1×1 转盘式自动火焰钎焊专机的研制[J]. 焊接技术,2004,33(4):55-56.

[13] 张洪涛,柳英利,蒋磊英,等. QH-A 自动火焰钎焊专机的研制[J]. 焊接技术,2003,32(2):45-46.

[14] 任耀文. 真空钎焊工艺[M]. 北京:机械工业出版社,1993.

[15] 邹贵生,吴爱萍,高守传,等. Ag-Cu-Ti 活性钎料真空钎焊钨、石墨与铜的研究[J]. 新技术新工艺,2002,24(6):39-41.

[16] 中国焊接协会. 焊接标准汇编[M]. 北京:中国标准出版社,1997.

[17] 约翰·戴维斯. 感应加热手册[M]. 张淑芳,译. 北京:国防工业出版社,1985.

[18] 张子荣,时炜,郑华. 简明焊接材料选用手册[M]. 北京:机械工业出版社,1997.

[19] 李亚江,杨虎重,任树栓. 焊接材料选用指南[M]. 北京:中国建材工业出版社,1997.

[20] 梁启涵. 焊接检验[M]. 北京:机械工业出版社,1980.

[21] 关云隆. 无损检验[M]. 北京:国防工业出版社,1973.

[22] 美国金属学会. 金属手册. 第 6 卷[M]. 9 版. 北京:机械工业出版社,1994.

[23] 中国机械工程学会焊接分会. 焊接词典[M]. 北京:机械工业出版社,1997.

[24] 刘金状,段辉平,李树杰,等. 石墨/Ni+Ti 体系润湿性研究[J]. 粉末冶金技术,2005(3):9-12.

［25］林明清. 工业生产安全知识手册［M］. 北京:电子工业出版社,1985.

［26］国际劳工局. 劳动保护百科全书［M］. 劳保科研所,译. 北京:科学技术出版社, 1986.

［27］孟卫如,徐可为,杨吉军,等. 真空气氛中 CuMnCr 合金在石墨表面的润湿行为 ［J］. 中国有色金属学报, 2005(3):53-58.

［28］马鑫,何鹏. 电子组装中的无铅软钎焊技术［M］. 哈尔滨:哈尔滨工业大学出版 社,2006.

［29］朱艳,王永东,赵霞. 石墨与铜真空钎焊接头的组织与强度［J］. 焊接学报,2011 (6):85-88.

［30］方洪渊,冯吉才. 材料连接过程中的界面行为［M］. 哈尔滨:哈尔滨工业大学出版 社,2005.

［31］于启湛,史春元. 复合材料的焊接［M］. 北京:机械工业出版社,2012.